种子工程学

闫学林 著

天津大学出版社
TIANJIN UNIVERSITY PRESS

内 容 提 要

　　本书内容包括概论、种质资源管理、新品种引育、品种中间试验、品种审定、原种和亲本繁殖、种子生产、种子收购与贮藏、种子加工与包衣、种子包装与标签、种子检验、种子营销与售后服务及种子管理等内容。

　　本书可作为高等院校农学相关专业的教材，也可供种子生产、加工、销售等企业的管理人员和专业技术人员、农业行政主管部门和种子管理单位的工作人员学习使用。

图书在版编目（CIP）数据

种子工程学/闫学林著．—天津：天津大学出版社，2011.11（2021.7重印）
ISBN　978-7-5618-4224-9

Ⅰ．①种…　Ⅱ．①闫…　Ⅲ．①作物—种子　Ⅳ．①S330

中国版本图书馆 CIP 数据核字（2011）第 242065 号

出版发行	天津大学出版社
地　　址	天津市卫津路 92 号天津大学内（邮编：300072）
电　　话	发行部：022-27403647　邮购部：022-27402742
网　　址	www.tjup.com
印　　刷	天津泰宇印务有限公司
经　　销	全国各地新华书店
开　　本	185mm×260mm
印　　张	14.5
字　　数	362 千
版　　次	2011 年 11 月第 1 版
印　　次	2021 年 7 月第 2 次
定　　价	29.00 元

前　言

　　我国的种子产业经历了漫长而曲折的发展历程。1996 年种子工程的实施标志着我国的种子产业正式走上产业化发展的轨道。种子工程的实施是我国种子产业以及农业发展史上的大事，对我国农民致富、农业增效和农村经济繁荣发挥了重要作用。因此，总结种子工程实施的实践经验和探讨种子工程实施的客观规律，使之形成比较完整的理论体系，用以指导种子工程的实践，促进种子产业化的发展，显得十分必要。

　　自种子工程实施以来，本人始终关注种子工程的进展情况，搜集了大量有关种子工程的文献资料，对种子工程实施中的一些问题进行了研究和探讨，这些努力为本书的编写奠定了坚实的基础。

　　种子工程是一项复杂的系统工程，由 5 大系统和 15 个环节构成。本书按照种子工程的 15 个环节组织内容，形成了比较完整的理论体系。

　　由于本人才疏学浅，书中疏漏在所难免，敬请专家学者和广大读者批评指正。

闫学林

2011 年 6 月 20 日

目　　录

第一章　概　论

第一节　种子的概念、类别及作用

种子为高等植物所特有，是植物长期进化的产物。种子是植物个体发育的一个阶段。从受精开始，到种子成熟后的休眠、萌发，是植物发育中的一个微妙过程。种子既是上一代的结束，也是下一代的开始。小小种子，春种一粒，秋收万颗。"一粒种子可以改变世界"，其深奥的哲理已为越来越多的人们所认识。在农业生产上，产量的提高、品质的改良都离不开种子，一切科学技术、农艺措施也只有直接或间接通过种子这一载体，才能发挥作用。在科学技术突飞猛进的今天，种子的作用更加令人瞩目。科学家预言，21世纪将是生物学的世纪，而生物学的最大受益行业是农业，农业又主要通过种子而受益。这揭示了种子的无限增产潜力和广阔利用前景。

在进入21世纪之后，我国的传统农业正在发生深刻的变化。种子的生产与经营由一项增产技术措施已发展成为一种基础产业。种子工程的实施，为充分发挥种子潜力提供了前所未有的良好机遇。

一、种子的概念

在不同的领域，种子的概念也不同。

植物学上的种子是指从胚珠发育而成的繁殖器官。

农业上的种子是指一切可以被用做播种材料的植物器官，即不论植物的哪种器官或营养体的哪一部分，也不论它的形态构造是简单还是复杂，只要能繁殖后代和用来扩大再生产，统称为种子。它包括粮、棉、油、麻、桑、茶、糖、菜、烟、果、药、花卉、牧草及其他子粒、果实和根、茎、苗、芽等繁殖材料。一般情况下，我们所讲的种子多是指农业生产上所用的各种农作物的播种材料，也可称为农业种子。

法律上所称的种子是指农作物和林木的种植材料或者繁殖材料，包括子粒、果实和根、茎、苗、芽、叶等。

二、种子的类别

农业生产上常用的播种材料多种多样，但大体上可归纳为四类。

（一）真正的种子

这是指植物学上所称的种子，由胚珠发育而成，如豆类、棉花、烟草、蓖麻、芝麻、油菜、白菜、茄子、番茄、辣椒、茶、梨、苹果种子等。

（二）类似种子的果实

这一类种子在植物学上被称为果实，即由子房发育成的繁殖器官，如小麦、大麦、荞麦、燕麦、玉米、水稻、高粱、谷子、大麻、向日葵、草莓、胡萝卜、芹菜、菠菜、枣、桃、李、杏、杨梅等的种子。

（三）营养器官

营养器官主要包括根、茎类作物的无性繁殖器官，如常见的甘薯和山药的块根、马铃薯的块茎、洋葱和大蒜的鳞茎、藕和竹的地下茎、甘蔗的地上茎、茶的芽等。

（四）人工种子

这是相对于上述自然种子而言的一种新型种子，也称合成种子、无性种子或人造种子，是指以人工制作手段，将植物离体细胞产生的胚状体或其他组织、器官等包裹在一层高分子物质组成的胶囊种皮内形成的种子。它不是由胚珠发育而成的，一般是由体细胞经组织培养诱导形成的胚状体，在结构上缺少种被和胚乳。在其表面包上胶囊，不仅起到了自然种子种被的保护作用和胚乳贮藏、供应各种养分的作用，使之具有类似植物自然种子的结构与功能，可直接播种于大田，还可赋予人工种子多种功能。例如，把控制休眠和生长的物质掺入胶囊中，人工种子就具有耐贮藏和旺盛的发根、生长能力；把有用微生物、除草剂及其他农药掺入胶囊中，可使人工种子具有自然种子所不具备的优越性。

三、种子在农业生产中的作用

从国内外农作物品种改良史和农业生产发展史可以清楚地看到，种子是农业增产各种因素中最重要的因素，是最活跃和充满生机的领域，是农业生产发展的增长点。古今中外从事农业的生产者无不重视种子的改良、研究和推广。早在西汉时期，刘向在《说苑·杂言》中就有"田者择种而种之"的记述。南北朝后魏贾思勰撰《齐民要术》中写道："种杂者，禾则早晚不均"，阐述了种子混杂会导致产量低而米质差，要"选好穗纯色者"，单收单繁，作为种子。种子决定了农业发展水平的高低，种子也是农业发展阶段的标志。原始社会，人们只知道利用野生品种，出现了原始农业。奴隶社会、封建社会只是自然选种，出现了传统农业。到了现代农业阶段，人们运用现代遗传学，开发杂交优势，利用生物工程、细胞工程等新技术培育良种，优良品种对农业的贡献率越来越高。当代世界各国更是把种子工作放在突出位置，以种子的突破推动农业的飞跃。可以说一部农业发展史就是农业科技进步史，也是一部种子改良史。大量事实说明，不论国内还是国外，不论过去、现在还是将来，良种在农业生产中的巨大作用是其他任何因素都无法取代的。真抓农业，就要真抓科技；真抓科技，就要真抓种子。抓住了种子就抓住了关键和要害。

我国党和政府历来十分重视种子工作，一再强调："解决农业问题要靠科技，科技的重点又在种子。农业和粮食的希望在于种子。"早在 20 世纪 80 年代初，邓小平同志就强调"农业靠科学种田，要抓种子、优良品种"，农业问题"最终要由生物工程来解决"。中央领导同志在 1995 年全国农业种子工作会议上强调指出："种子是生命之源，在一定意义上说，世界上万物都是从种子而来的，也可以说万物都是种子的演化。""改良种子是一本万利，抓种子成本低、效益好、回报率高"。党的十四届五中全会通过的《中共中央关于制定国民经济和社会发展"九五"计划和 2010 年远景目标的建议》中提出："突出抓好'种子工程'，加快良种培育、引进和推广。"种子在农业生产中的作用有以下几个方面。

（一）能显著提高农作物产量

培育和推广优良品种，是提高农作物产量最有效、最经济的途径。我国粮食产量由解放初期的 1 000 亿 kg 上升到目前的 4 500 多亿 kg，最重要的原因是农作物品种改良不断有新的突破。我国和世界的农业发展历史都已证明，每更新一次品种，产量和效益就会上一次新的台阶。据国内外专家统计分析，在提高单产的农业增产技术中，优良品种的作用一般为 25%～30%，高的可达 50%以上。

（二）能增强抗性，实现稳产

推广抗病和抗逆能力强的优良品种，能有效地减轻病虫害和各种自然灾害对作物产量的影响，保证稳产。例如，20 世纪 50 年代中期，小麦条锈病大流行，全国小麦约减产 60 亿 kg。后来，由于育成并推广了一大批抗锈能力强的小麦新品种，从而有效地控制了条锈病的危害。又如，倒伏是许多农作物高产、稳产的限制因素，我国由于推广了矮秆水稻、矮秆小麦等一批新品种，倒伏问题基本上得到解决，产量大幅度提高。抗病、抗虫、耐旱、抗寒等抗逆性强的优良新品种的育成，为作物实现高产、稳产创造了有利条件。

（三）能改善和提高农产品质量

推广高产优质品种是提高农作物产量及品质的必由之路。目前我国品质育种已取得重大进展，一批高产优质新品种已经投入生产，前景令人鼓舞。例如，我国育成的高赖氨酸玉米杂交种"中单 206""新玉 6 号""鲁单 203""北农大 101"等，子粒中赖氨酸含量是普通玉米的 2 倍，而单产也比主要推广的玉米单交种略有增产。用优质蛋白玉米杂交种"鲁玉 13"作为饲料，可以代替豆饼，降低成本，提高经济效益。"高油 1 号"玉米品种含油高达 7%～8%，比普通玉米高出近 1 倍，不仅用途广，味道醇正，营养价值高，而且富含维生素 E。棉仁粉含酚量在国际卫生标准（0.02%）以下的"中 151""豫 19"等棉花品种的棉仁可直接作为饲料，甚至加工成饮料和食品。双低（低芥酸、低硫甙）油菜新品种中油酸和亚油酸含量比普通油菜品种高 1～3 倍，有利于人体健康，其饼中含 40%的蛋白质，是良好的饲料。这些优良品种，适应了农村商品经济发展的不同用途、不同规格和系列化生产的需要，在改进品质、发展农产品综合利用等方面起到了推动作用。

（四）能促进种植业结构的调整

优良品种在农业生产中不仅具有高产、稳产、优质的作用，而且由于推广熟期配套品种，还能促进种植业结构的调整，增加社会经济效益。在小麦—夏玉米两熟制的北方，由于推广中晚熟玉米和早熟小麦品种，充分利用了当地资源条件，发挥了品种的增产潜力，使单位面积产量大幅度提高，小麦、夏玉米两茬亩（1 亩=1/15 公顷，后同）产可达 900～1 000 kg。我国南方稻区，由于采用了双季稻熟期衔接的品种，结合采用水旱轮作熟期相宜的作物和品种，改进了粮食作物、经济作物和饲料作物的种植结构，有效地提高了单位面积的产量。

（五）能扩大作物栽培区域

优良品种能促进农作物向新地区扩展，从而扩大农作物种植面积。如法国 20 世纪 50 年代只在气温较高的南部和西部种植玉米，后来由于育成了"200"和"258"等早熟、抗寒、丰产的杂交种，玉米种植区向北推移了 150 km，单产由 83 kg 提高到 300 kg，成为欧洲共同体的主要粮食出口国。我国育成的蛋白质和油脂含量高达 63% 的大豆新品种"东农 36"，比已知当今世界大豆生产最早熟品种"快枫"等早熟 5～19 天，从而使我国大豆产区又向北推移了 100 km。我国育成的抗寒、早熟、对光反应不敏感的粳稻品种，使北纬 50 多度的地区也成为我国水稻的栽培区。我国古代没有玉米，在引进了玉米种子后，我国增加了这一大宗作物，改变了种植结构，现在全国每年玉米的种植面积已达 3 亿多亩，产量占到全国粮食总产量的 20% 以上。

综上所述，无论是国内还是国外、过去还是将来，种子在农业生产中都具有十分重要和不可取代的独特地位。特别是目前，我国农业正在从以追求产品数量增长与满足人民温饱需要为主，转向高产和优质并重与提高经济效益的阶段，这是我国农业发展史上的一个重大转折。高产高效农业要求农村产业结构要趋向合理，栽培技术要实现模式化，植物保护要最大限度地减少各种病虫害所造成的损失，这一切在相当程度上都依赖于优良品种的选育和推广。因此，种子是"农业依靠科学"的中心环节，必须抓紧、抓好。

第二节　种子工程综述

一、种子工程的概念和实施种子工程的意义

（一）种子工程的概念

工程有广义和狭义之分。狭义的工程是指以某种设想的目标为依据，应用有关的科学知识和技术手段，通过一群人的有组织活动将某个（或某些）现有实体（自然的或人造的）转化为具有预期使用价值的人造产品的过程。广义的工程是指一群人为达到某种目的，在一个较长时间周期内进行协作活动的过程。广义的工程又包括两种含义。一是指将自然科学的理论应用到具体工农业生产部门中形成的各学科的总称。例如，水利工程、化学工程、土木建筑工程、遗传工程、系统工程、生物工程、海洋工程、环境微生物工程等。种子工程就属于这种含义。二是指用较多的人力和物力，需要一个较长时间周期来完成的较大而复杂的工作。例如，城市改建工程、京沪高铁工程、菜篮子工程等。

种子工程，又称为种子产业化工程，是以农作物种子为对象，以为农业生产提供具有优秀生物学特性和优良种植特性的商品化种子为目的，通过利用现代生物学手段、工程学手段和农业经济学原理以及其他现代科技成果，按照种子科研、生产、加工、销售、管理的全过程所形成的规模化、规范化、程序化、系统化的产业整体。

种子工程是以种子市场为基础、品种为龙头、一体化为载体的产业体系，必须做到结构优化，布局合理，质量提高，服务完善，实力增强，管理规范，促进种子的科研、生产、加工、经营、管理等各个环节协调联动、有机结合、有序发展。实现种子产业化就是要达到集约生产、规模经营，实现最佳效益，使资源（包括人力、资金、物质、技术等）达到合理配置，生产、经营、管理达到最佳状态，实现集约化、现代化。

（二）实施种子工程的意义

我国农业发展面临着确保国家粮食安全、稳步推进农业结构调整和持续增加农民收入三大课题，客观要求种子工程必须大力加强种质资源保护利用、良种引育创新、品种审定展示、繁育基地建设和种子质量监督等公益性设施建设，创新运行机制，夯实发展基础，实现可持续发展。

实施种子工程有以下意义。

1. 实施种子工程有利于科技兴农战略的落实

科技兴农、振兴农业就要抓好科技。抓好科技首先要抓好种子，这个道理已经被越来越多的人所认识。人们重视种子是因为它的特殊性：种子是生命之源，没有种子就没有农业；种子有遗传基因，所谓"种瓜得瓜，种豆得豆"，什么样的种子就有什么样的产量和品质。国内外无数事实表明，种子改良是一本万利的事业，抓好了良种引育，就可以大大提高农产品的产量和质量。未来世界农产品的竞争，主要是种子的竞争。科技兴农首先要抓种子，抓住了种子就抓住了关键和要害。因此，实施种子工程，是科技兴农最有效的战略措施。

2. 实施种子工程有利于保障我国粮食安全

立足国内基本保障粮食供给是我国粮食发展的基本方针。近年来，在政策、价格、气候、投入等多种有利因素综合作用下，我国粮食连年增产，单产连创历史新高，出现了快速发展的良好势头。但是，我国粮食生产科技支撑能力不强，抗灾减灾能力薄弱，"靠天吃饭"的状况仍没有得到根本改变，持续增产的空间十分有限。此外，受耕地逐年减少、农业可用水量逐年下降等农业资源约束，我国粮食综合生产任务十分艰巨。在这种形势下，必须以主攻单产为核心，同时注重质量的提高，加快增长方式转变，促进种植业整体效益不断提升。因此，进一步强化种子工程建设，着力提高种子繁育基地的供种能力，提升种子资源保护与利用的科技创新支撑能力，强化种子市场监管和质量检测能力，有利于不断提升粮食等农作物的生产能力，增强农业的可持续发展后劲，为我国粮食基本自给，保障国家粮食安全目标的实现提供强力支撑。

3. 实施种子工程有利于促进农业结构调整

种子是农业结构调整的重要前提。我国农业结构调整已经取得了初步成效，许多经济作物和园艺作物产品的生产发展已成为农民增收的新亮点。但是，由于广大农户普遍缺乏技术和资金储备，良种仍然是至关重要的"瓶颈"环节，品种适宜度和品种优良率偏低的问题仍很突出。针对优质专用农产品的生产集中度不高，区域化布局、专业化生产格局尚不稳固等问题，国家农业部制定了《优势农产品区域布局规划》，引导各地积极推进优势产业带建设，以充分发挥自然资源和经济区位的优势，提高我国农产品的竞争力。这就要求种子工程建设进一步增强优质品种的筛选、繁育、展示和推广能力，为引导各地调整和优化品种结构，扩大优质、加工专用品种的种植，实现规模化生产、产业化经营，大力发展现代农业，提供重要的基础保障。

4．实施种子工程有利于应对日益激烈的国际竞争

在经济全球化的大背景下，我国种子产业面临新的压力和挑战。目前已经有很多家外商投资农作物种子企业在我国登记注册，位居世界前 10 名的种子公司都在我国设有办事机构。这些公司大多选择蔬菜、花卉、棉花等经济价值较高的作物种子进行研发，并针对我国生态环境选育出一批产量和品质具有明显竞争优势的品种。一些外国种子公司已在搜集我国的种质资源，研究我国种子市场的走势，寻找突破口和切入点，择机进入我国种子市场。跨国种子企业利用科技、资金、人才等优势，在种质资源的创新和利用、新品种选育、优良品种推广种植等方面，已对我国种子产业发展形成强大的冲击，使我国种子产业的生存和发展面临巨大压力。如何加速提高我国种业竞争力，牢牢掌控农业发展主动权，成为我国种业发展面临的严峻课题。按照《国家中长期科学和技术发展规划纲要（2006—2020年）》的要求，通过种子工程的项目建设，着力提高我国农作物种质资源发掘、保存和创新与新品种定向培育的能力，不断提升我国种业的核心竞争力，是应对挑战的关键措施。

5．实施种子工程有利于推动我国种业的产业化进程

市场机制给我国的种子产业带来了新的活力，促进了种子研发、繁育、推广的繁荣。经过近十余年的发展，我国种子产业体系已初步形成，但与发达国家相比，我国种子产业的整体水平还不高，产业化程度还很低，总体上处于传统农业经济管理模式向现代农业经济管理模式转型的过渡期，需要通过国家投资政策的扶持，加快实现种子产业的升级转型进程。为此，优先解决种质资源保护、良种研发、种子鉴定检测等基础性、公益性设施薄弱，科技创新能力不强，社会监管和公共服务手段不足等问题，为产业主体的发展壮大创造有利条件，是今后种子工程建设必须优先解决的重点环节。

6．实施种子工程有利于加强政府对种子的监管

随着种子工程的实施和政府职能的转变，种子管理的职责和任务进一步明确，品种管理、质量管理、市场监管、信息服务等已经成为政府种子管理工作的重点内容。但是，目前我国种业管理体系的设施装备水平依然较低，很大程度上影响了种子管理工作的正常开展。譬如，覆盖全国的品种区域试验、新品种展示示范、种子种苗质量检验和认证的网络体系不健全，种子行业信息服务体系尚未形成，种子种苗储备和应急保障制度还不健全，急需进一步落实相关扶持政策，通过继续实施种子工程建设，不断增强政府对种业的监管能力，保障种业的健康发展。

二、我国种子产业的发展历史及种子工程的提出

（一）我国种子产业的发展历史

中国是世界农业发源地之一，也是世界上历史最悠久的农业大国之一。在距今 7 000 多

年以前，中国人的祖先就已开始从事农业生产；早在2 300余年前的《诗经·大雅·生民》中就提到"嘉种"（良种），说明中国先民很早就认识到种子质量在农业生产中的重要性；公元前3世纪，《吕氏春秋》一书中就有关于种子选育加工的记载；16世纪出版的《天工开物》一书中提到的选种用的风车，与现在的农用风机结构很相似。中国农业的历史灿烂辉煌，在世界传统农业中占据领先地位。然而，近代以来，西方农业借助于工业革命的浪潮高速发展，而中国农业却闭关自守、停滞不前。尽管20世纪初中国就开始应用现代育种技术改良作物品种，但直至20世纪40年代末，中国农业还基本上停留在古代的水平上，种子工作处于放任自流状态，生产上使用的种子多是沿袭多年的农家种，类型繁多，产量低下；育种力量薄弱，种子繁育推广体系缺失，农业生产发展缓慢。

中华人民共和国成立后，党和政府对种子工作高度重视，建立、健全了良种繁育推广体系，使我国种子工作面貌发生了根本性的变化。概括来说，中华人民共和国成立以来，我国种子工作的发展，大体经历了三个不同的历史阶段。

1. 种子产业起步阶段（1949—1977年）

中华人民共和国成立是中国农业发展的转折点，也是中国种子产业发展的起点。

1949—1957年间，全国各级农业部门成立了种子机构，实行行政、技术两位一体。国家先后颁布了一系列有关种子工作的规定，农业部根据新中国成立初期的农业生产状况，制订了《五年良种普及计划》，要求开展群选群育运动，选育出的品种就地繁殖，就地推广，实行家家种田、户户留种。全国开展了水稻、小麦、棉花等25种主要农作物的育种工作，育成并用于生产的品种达2 700余个，这在当时对提高产量、改进品质、增加抵抗病虫害能力等起到了重要作用。但是，这种方式只能适用于生产水平很低的状况。由于户户留种，邻里串换，易造成种粮不分，以粮代种，很难大幅度提高单位面积产量。

1958年，由于农村普遍成立了人民公社，原有的家家种田、户户留种已不适应生产发展的需要。农业部在总结种子工作经验的基础上，提出了"依靠农业社自选、自繁、自留、自用，辅之以必要的调剂"的"四自一辅"的种子工作方针，同时充实了种子机构，并逐步开展了种子经营业务，实行行政、技术、经营三位一体。种子生产由户户留种发展为队队留种；以后又逐步发展形成以县良种场为核心、以公社和大队良种场为桥梁、以生产队种子田为基础的三级良种繁育体系；杂交种子的应用和推广突破了原有的种子供应体系，出现了统一计划、统一生产、统一供种的产供销一体化组织以及集中连片的专业化生产基地。

1962年11月，中共中央在《关于加强种子工作的决定》中明确指出，"种子第一，不可侵犯"，"种子站是良种的经营单位"，"种子站又是全县种子工作的管理机构"，"通过技术服务，在技术上帮助和指导生产队选种留种、保管种子以及在播种前进行消毒处理"等。20世纪70年代中期，为了加强领导，充分发挥集体的力量，全国不少地方都推广实行了社队"三有三统一"的良种繁育推广体制，即生产大队要有一个种子基地，有一支种子队伍，有一个种子仓库，统一繁殖、统一保管和统一供种，对保证"四自一辅"种子工作方针的贯彻落实起到了积极的促进作用。在当时的情况下，做到了种子队伍专业化，繁殖、选择、留种、用种、贮藏、保管一条龙，有效地防止了品种的混杂退化，减少了用种量，推动了群众性良种繁育活动的开展，普及了农业科学知识，为以后的农业科学技术推广、普及奠定了基础。"四自一辅"种子工作方针是自给自足的自然经济产物，在当时条件下有利于保证生产用种，但限制了种子商品化的发展。这一时期，种子生产、加工、储运方面的装备与设施基本上还是空白，是种子产业的起步阶段。

2. 种子产业发展阶段（1978—1994 年）

改革开放使中国农业发生了根本性的变化和质的飞跃，取得了举世瞩目的成就，种子产业也得到了高速发展。

随着农业生产水平和科学种田水平的提高，"四自一辅"种子工作方针已不适应生产力的发展。1978 年 4 月，国务院批转了农业部《关于加强种子工作的报告》，要求在全国建立种子公司和种子基地，健全良种繁育推广体系，并继续实行行政、技术、经营三位一体。同时，提出"品种布局区域化、种子生产专业化、种子加工机械化、种子质量标准化和以县为单位组织供应良种"的"四化一供"种子工作方针。种子工作由此得到迅猛发展：一是育种科研已初步形成体系；二是种子繁育经营已有了一定的实力；三是基础设施有了一定的规模；四是初步形成了一套行之有效的管理制度。从此，全国相继成立了各级种子公司；大规模建设各类原（良）种场和种子繁育生产基地；健全了国家农作物品种区域试验网；强化了种子市场管理和种子质量监测；特别是"六五""七五"期间，利用各种投资从美国、丹麦、德国、奥地利、瑞士、日本等国引进了具有 20 世纪 80 年代先进技术水平的种子加工成套设备和单机，通过消化吸收和研究开发，设计制造出了一批适合中国国情的种子加工成套设备和单机，有的技术和装备（如棉籽泡沫酸脱绒成套设备与技术）达到国际先进水平，并初步形成了具有中国特色的种子加工科研生产体系。"四化一供"的种子工作方针是在特定的历史条件下提出的，对提高我国的用种水平与促进农业生产和种子产业的发展起到了重要作用。

1989 年，国务院颁布实施《中华人民共和国种子管理条例》，1991 年，国家农业部颁布了《中华人民共和国种子管理条例农作物种子实施细则》，标志着种子经营管理进入有法可依、依法治种的阶段，这为各级种子部门强化种子管理提供了法律依据。这一时期，种子产业得到全面快速推进，是我国种子产业的发展阶段。

3. 种子工程阶段（1995 年以后）

随着中国特色社会主义市场经济体制的建立，我国开始实施种子工程，形成了种子产业化发展的新局面。

"四化一供"种子工作方针，是我国在总结了建国近 30 年种子工作经验和吸取国外先进管理技术的基础上提出的。10 多年的实践证明，它符合当时农业生产发展的要求，是我国种子工作发展的必然。特别是党的十一届三中全会以后，农村普遍实行了家庭联产承包责任制，生产杂交种和常规作物的原种是一家一户想办而又办不到的，只有在"四化一供"的体制下，按照生物科学的原理和规律实行技术集约型种子生产，才能满足现代化农业对高质量种子的要求。但是，"四化一供"也有其历史的局限性，随着我国社会主义市场经济的逐步建立，原有种子体制存在的一些矛盾日益突出，阻碍了种子产业的进一步发展。特别是采取行政命令划定供种的范围，阻碍了种子行业的市场竞争，限制了种子产业化的发展。

随着改革开放的深入和社会主义市场经济体制的完善，我国农业开始从计划经济向市场经济转化。为了适应社会主义市场经济发展的要求，1995 年，党中央、国务院不失时机地正式做出了实施种子工程的战略部署，从而把我国种子工作推向了一个崭新阶段——种子工程阶段，开始谱写我国种子工作新的历史篇章。

（二）种子工程的提出

我国原有的种子体系是在计划经济体制下按行政区划建立的，其特点是政、事、企合一，育、繁、推脱节，经营小、全、散，靠行政指令和独家垄断经营，市场竞争和法制意识淡薄，这种体制已越来越不适应建立社会主义市场经济体制的要求，不能满足社会化大生产和集约化经营的要求。

1995 年初，国家农业部为了实现粮棉等农产品增产的战略目标，根据我国农业的形势与特点，决定实施种子产业化工程，成立了种子工作领导小组和种子工程实施小组，着手种子工程的规划论证和筹划准备工作。1995 年 9 月，在天津召开的"全国农业种子工作会议"上，适应建立社会主义市场经济的要求，正式提出了"实施种子工程，推进种子产业化"的种子工作意见，党中央、国务院和各级政府对此给予了高度重视。同月，中国共产党十四届五中全会通过的《中共中央关于制定国民经济和社会发展"九五"计划和 2010 年远景目标的建议》提出："突出抓好种子工程，加快良种培育、引进和推广"；通过实施种子工程，推进种子产业化进程，实现种子工作向产业化转变，建立适应社会主义市场经济的现代化种子产业体系，形成结构优化、布局合理的种子产业体系和富有活力的、科学的管理制度，实现种子生产专业化、经营集团化、管理规范化、育繁推销一体化、大田用种商品化。1996 年 3 月，第八届全国人民代表大会第四次会议通过的《中华人民共和国国民经济和社会发展"九五"计划和 2010 年远景目标纲要》明确指出："突出抓好种子工程，实施种子工程，完善优良品种的繁育、引进、加工销售、推广体系"。1996 年，《中共中央、国务院关于"九五"时期和今年农村工作的主要任务和政策措施》中进一步提出："各级政府要把实施种子工程作为依靠科技进步发展农业的一件大事，安排专项资金，组织专门力量，确保种子工程顺利实施。"国家农业部集中力量、精心组织，完成了《种子工程总体规划》编制和《"九五"种子工程项目建议书》编写，第一期种子工程项目从 1996 年开始实施；同时，以加工、包装和标牌统供为突破口，重点抓主要农作物的"四统一"供种，即统一质量标准、统一加工要求、统一标志包装、统一标牌销售，在水稻、小麦、玉米、棉花四大作物上已取得明显成效。实施种子工程成为促进中国农业发展的重大举措和新的经济增长点，并成为社会关注的热点和全国上下的共识。

三、种子工程的指导思想、建设思路和建设原则

（一）指导思想

实施种子工程要按照中央提出的积极发展现代农业、推进社会主义新农村建设的总体部署，紧紧围绕持续增强农业综合生产能力的工作主线，依据《中华人民共和国种子法》的总体要求，坚持与《优势农产品区域布局规划》紧密结合，通过政府支持公益性、

战略性、高技术性基础设施的建设,突出强化基础条件,不断完善监管手段,努力创新运行机制,全面改善服务能力,促进种子产业向市场化发展的平稳转型,稳定提高良种促进农业增产、农民增收的贡献水平,逐步提升种子产业的核心竞争力。适应经济体制从传统的计划经济体制向社会主义市场经济体制的转变,经济增长方式从粗放型向集约型转变的需要,坚持统筹规划、因地制宜、合理布局的原则,依靠各级政府领导,依靠有关部门支持,依靠国有种子公司发挥主体作用,依靠科技进步,依靠深化改革,以市场为导向,以增产增收为目标,以质量为核心,以商业化为途径,以宏观管理为保证,在充分挖掘现有品种、技术设施和管理的潜力,发挥最大效益的同时,增加投入,上规模、上档次、上水平、上效益,建设有中国特色的现代化的种子产业,保证我国农业、农村经济和整个国民经济快速、协调、健康发展。

(二)建设思路

种子工程的建设思路是围绕确保粮食安全、促进结构调整、持续增加农民收入、促进现代农业发展的总体目标,立足"资源保护与开发、良种创新与应用、市场监管与引导"的工作任务,重点强化"种质资源保护利用、新品种改良、品种区域试验展示、良种繁育、种子质量监督检测"五大环节,着力提升下面三大能力。

(1)提升种业发展的科技创新能力。围绕强化种质资源保护利用和新品种改良体系建设,补充完善种质资源保护的国家三级体系,优先完善已有工作基础和建设条件的农作物改良中心(分中心)技术装备条件,不断提升种子产业的核心竞争力。

(2)提升新品种供给与推广应用能力。突出良种繁育和品种区域试验展示,依托优势农产品布局和粮食生产能力布局,着力改造完善一批重点产区的良种繁育基地的基础设施,补充完善主要农作物品种区域试验和田间对比展示网点设施装备条件。

(3)提升种子质量监督检测能力。以服务于粮食生产布局为重点,适当兼顾其他优势农产品生产布局,在继续补充完善国家、省两级种子质量监督检测技术装备的同时,在制种优势区和主要用种区,依托种子管理机构,选建一批种子质量监督检测分中心,初步构建覆盖主要农作物生产区的种子质量监督检测体系,提高种子监管的技术支持和服务水平。

(三)建设原则

与国民经济和社会发展水平相适应、与种子产业发展相协调,种子工程建设应重点把握好以下原则。

1. 坚持以市场需求为导向,突出优势农产品和优势区域

紧密围绕发展现代农业的首要任务,根据资源禀赋和优势农产品区域布局,以优质水稻、专用小麦、专用玉米、高油大豆、棉花、双低油菜、双高甘蔗、柑橘、苹果等优势农产品及特色经济作物为重点,突出优势农产品和优势区域,适度集中建设,促进优势农产品产业带建设和区域特色农产品开发。同时,依据农业和农村经济发展的现实要求,在规划实施中适度调整完善扶持的重点品种和建设布局。

2. 坚持以政府公共职能为主体,强化重点支持领域

国家投资主要用于公益性、基础性、战略性等方面的基础设施建设,以充分体现并

强化政府的社会管理和公共服务职能。投资方向以种质资源保存、品种改良、良种繁育基地、区域试验、质量检测等为主。考虑到国家财力与种业发展的实际需求存在较大差距的现实情况，国家投资建设的项目安排，要突出重点，择需布局；引导和调动社会力量投资，充分发挥社会各方面的积极性和能动性。

3. 坚持整体设计与系统布局相结合，考虑长期效益的发挥

依据总体建设任务和建设目标，按照子系统项目功能整体协调的要求，综合考虑不同地区的农业生产需求、技术优势、自然条件、基础力量、区域环境等因素，对各类项目的建设布局实行整体设计、系统布局，确保工程建设的科学化、合理化、标准化，促进各类项目形成合力，发挥整体优势和功效。

4. 坚持利用现有资源，避免重复建设

充分利用项目已有条件，采取填平补齐的方法，拓展和完善服务功能。全面考虑新建项目的辐射半径，避免同类功能项目在布局上的重复交叉。良种繁育基地和质量检测中心、分中心的规划布局和数量安排要与国家优质粮食产业工程有机衔接，统筹安排，避免重复建设。根据国家财力的可能，分步推进工程建设。

5. 坚持鼓励企业参与，提高核心竞争力

创新机制，引导企业参与项目建设和运行，吸引社会资本参与建设，扩大种子产业的资金投入，促进项目效益的稳定发挥，提高种子产业的核心竞争力。

四、种子工程的总体目标和建设重点

（一）种子工程的总体目标

种子工程的总体目标是促进我国种子工作迅速实现"四个转变"，即由传统的粗放生产向集约化大生产转变，由行政区域的自给性生产经营向社会化、国际化市场竞争转变，由分散的小规模生产经营向专业化的大中型企业或企业集团转变，由科研、生产、经营相互脱节向育、繁、推、销一体化转变。根据事权划分的要求，最终建立适应社会主义市场经济体制和产业发展规律的现代化种子产业体制，形成结构优化、布局合理、相互促进、良性循环的种子产业体系和富有活力的、科学的管理制度，实现种子生产专业化、经营集团化、管理法制化、加工机械化、质量标准化、育繁推销一体化、大田用种商品化。以优先选择种质资源保护与利用、提高农作物育种创新能力、良种繁育基地建设、构建覆盖全国的品种区域试验和质量检测体系五个方面为建设突破口，带动种子产业综合竞争能力的整体提升，迅速提高我国良种的供应数量、商品质量和科技含量，为农业和农村经济的发展发挥基础性作用。

（二）种子工程的建设重点

1. 农作物种质资源保护设施建设

农作物种质资源是作物育种和农业生物技术发展的战略资源。它以各类作物品种、品系、野生种和农作物野生近缘种为载体，为高产、优质、抗病、节水、环保、营养健

康的新品种选育提供丰富的生物多样性遗传材料。种质资源保护工作主要包括：种质资源库、种质资源圃、离体库（试管苗库、超低温库）、DNA库、种质繁殖更新基地、引种站等基础设施建设，种质资源的收集保护、鉴定评价、编目保存、交流展示和开发利用，种质资源材料与方法的创新等。种质资源保护设施直接关系到国家种质资源的拥有数量、质量和竞争力，关系到种质资源能否得到安全保存和有效利用等重大问题。因此，种质资源保护基础设施建设是确保我国作物育种竞争力的基础支撑。

按照"安全保存、高效利用、共享服务、主权保护"的指导方针，以确保国家种子安全和抢占农业科技制高点为目标，根据保存设施实际需求的迫切程度，以建设农作物种质资源离体与DNA保存设施为核心，初步建立起种质库、种质圃、试管苗库和DNA库等各类种质资源设施齐全、水平先进、总体布局合理的国家种质资源保存体系。通过基础设施建设，使我国初步建成完整的国家农作物种质资源保存体系和开发利用平台。

2. 农作物品种改良中心、分中心建设

品种改良是种业科技创新的核心环节，是增加农作物产量、改善品质、提高抗性和解决优良品种不断"退役"问题的根本措施。我国农作物品种改良主要包括亲本材料创制、育种方法研究、新品种选育、原原种扩繁和原种提纯复壮等。目前，此项工作主要由国家农作物改良中心和分中心承担，部分种子企业也开始介入该领域，启动了国家航天育种中心建设，有力地促进了农作物品种的选育和开发，提升了育种创新能力。根据《优势农产品区域布局规划》和种子产业发展的实际需要，考虑农作物种类和分布及生态类型的差异情况，到2015年，全国至少应建设30类作物160个农作物改良中心和分中心。

以作物遗传育种为核心，结合耕作栽培、生理生化、植物保护、生物技术等学科，建成多学科联合协作、仪器设备先进、基础设施配套、管理运行机制优良、具有国际领先水平的农作物改良平台，为我国农业生产和种子产业的持续发展提供新品种支撑。改良中心主要负责农作物育种理论与方法、育种材料和种质创新研究，为各分中心及全国农作物育种单位提供技术保障和优良育种材料；组织种质资源的引进、鉴评和交流，指导和协调各分中心的业务工作，研究解决育种工作和农业生产中的重大技术问题。改良分中心主要从事所在生态区或相邻生态区优良新品种的组配和选育工作，进行良种良法研发和应用。航天育种中心继续建设种子筛选、装载、地面育种试验等地面育种工程。

3. 农作物品种区域试验体系建设

农作物品种的区域试验和审定是科研育种成果转化为生产力的重要环节。通过农作物品种区域试验站统一安排品种对比鉴定试验，对新品种的产量、品质、抗性、适宜范围等方面进行鉴定，确定品种推广利用价值，以确保因地制宜地推广良种，保障农业生产用种安全。区域试验质量直接关系到试验结果的真实性、客观性，关系到科学公正地评价新品种，关系到育种者、农业生产者的切身利益。《中华人民共和国种子法》明确规定："主要农作物品种在推广应用前应当通过国家级或者省级审定。"完善国家农作物品种区域试验体系，改善试验条件是提高农作物品种试验质量的重要保障。

区域试验站重点建设三个方面：一是品种试验和新品种展示用地，包括田间排灌系统、田埂硬化、作业道路、挡鼠墙（稻区）、防雀网（稻区）、日光温室、塑料大棚等；二是品种检验检测、储藏设施，包括试验室、考种室、挂藏室、仓库、晒场、农机库房等；三是配备种子检验检测以及品种生产所必要的仪器、机具等设备，包括供试验田用的小型拖拉机、播种机、收割机等机具以及数粒仪、水分仪、烘干机、发芽箱等仪器。

4. 农作物良种繁育基地建设

良种繁育基地建设的主体是制种基地的田间或园地标准化工程，并辅之以必需的储运加工设施，以增强标准化商品供种能力，满足现代农业产业发展对农产品优质化、标准化、规模化的要求，具备基础性、公益性、战略性的基本特征。在种子产业化发展的"过渡期"应当作为被政府扶持的对象。

良种繁育基地建设要根据各种农作物品种的自然生育特性和产业化发展程度以及已有的基础条件确定具体的建设内容。良种繁育基地重点建设四个方面的内容：一是良种繁育区域的农田基础设施，如排灌沟渠、土地平整、田埂硬化、土壤改良、田间灌溉、机耕路桥等；二是购置田间耕作机械，如翻耕、整地、播种、收获等机械；三是种子质量检验检测、品种分析、病虫害鉴定等配套设备、实验检测仪器以及仓储设备，包括实验室、检验室、质量鉴定温室、温室、防虫网棚等基础设施建设以及晒场、种子苗木周转库、原种及原原种仓库、农机库房、薯类、苗木等，还需建病毒检测实验室、脱毒试管苗生产车间等；四是商品种子仓库，购置基地良种精选、包衣等机械设施，工厂化生产车间，种子加工车间。

5. 种子质量监督检测体系建设

种子质量监督检测体系是实现依法监管种子市场的重要技术支撑，能够为社会安全和经济发展提供坚实的技术保障，为种子产业发展提供可靠的技术服务。种子质量监督检测体系按照"宝塔型"建设的思路，重点是"树塔尖、强塔身、夯塔基"，即建立一个综合检测能力和科技创新能力强大的国家种子检验中心作为"塔尖"，以省级种子检测中心为中坚力量，强化重点明确、特色突出的"塔身"；以承担日常监管检测和基础服务工作的种子检测分中心为基础，夯实分工明确的"塔基"，形成上下相通、左右相连、覆盖全国的"宝塔型"检测网络。通过科学合理的种子质量检测网络和完善种子检验设施建设，推动种子质量检测制度的建立和完善，打击假冒伪劣种子，最大限度地降低因种子质量给农业生产造成的损失，确保农业生产用种安全和粮食安全。

种子质量监督检测体系主要完成三项建设任务：一是完善国家级种子检测中心，提高检测水平，拓宽原有功能；二是对已建成又没有给予过更新改造的省部级检验测试中心进行改扩建，采用国内外先进的检测方法与先进装备和手段，在原建设水平上更新仪器设备，提高检测设备水平，进一步扩展能力和完善功能；三是新建检验测试分中心，夯实基础，完善全国种子监督检测网络。

五、种子工程的实施

（一）种子工程的实施步骤

实施种子工程是通过深化改革、行政推动、政策引导、法律规范、强化管理和增加投入等措施，建立和完善五大系统，使各个系统和环节协调联动，形成一个结构优化、布局合理、相互促进、良性循环的种子产业整体。在较短时间内迅速提高我国良种的供应数量、商品质量和科技含量，为实现国民经济和社会发展远景目标发挥基础性作用。实施种子工程，具体应采取以下步骤。

1. 以种子加工、包装为突破口，抓中间带两头

从种子加工、包装和标牌统供入手，实行"中间突破"，带动育种科研和良种生产推广。一手抓现有设施和技术的挖潜利用，一手抓种子加工包装系统的建设和完善，按照种子生产、加工和营销网络的区域布局，本着"填平补齐、上档次、上水平、上规模、上效益"的原则，利用多渠道投资，建设和完善一批不同加工能力的粮食、棉花、蔬菜、油料等作物种子加工中心及其配套的晒场、仓库和经营设施。同时，建设与改造一批重点种子相关企业（如种衣剂厂、包装材料厂和种子加工机械厂），使种子企业的种子加工、包装和标牌销售能力大幅度提高。

2. 以建设种子生产基地为基础，促进种子生产专业化

结合种子晾晒、仓储、加工、包装等基础设施建设，建设和完善种子生产系统；按照专业化、商品化、社会化原则，根据自然生态类型、生产条件和经济条件，采取国家、地方和种子企业联合投资的方式，建立和完善一批国家级原种场和主要农作物种子专业化生产基地及国家"南繁基地"。国家级原种场除承担原种繁殖任务外，还负责新品种、新技术的试验、示范和国外引进品种的检疫、隔离、种植和农艺性状的观察等工作。国家级种子专业化生产基地按照规定的技术规程和预定的生产计划组织种子生产。国家"南繁基地"主要承担育种加代、种子纯度鉴定、亲本繁殖、调剂种子生产等任务。在此基础上，逐步理顺良种选育、生产和经营单位的关系，使之联为一体，发挥整体优势。

3. 以组建集团为途径，促进种子育繁推销一体化

在调整运行机制和利益关系的基础上，通过行政引导、典型示范和投资扶持，结合育种、引种系统的建设和完善，推动种子科研、生产、经营和种子相关的企业等单位走向联合，利用自然、技术和人才优势，组建一批专业化、社会化、规模化、育繁推销一体化的大型种子企业或企业集团。

4. 以良种的选育、引进、筛选、提纯、扩繁为重点，加速品种的更新换代

本着"稳住一头，放开一片"的原则，在调整、改造现有国家育种和引种机构基础上，择优扶持、建设国家级农作物种质引进与保存中心和国家水稻、小麦、玉米、棉花、大豆等作物改良中心。以改良中心为龙头，带动全国育种科研工作。在此基础上，引导和推动育种科研单位以多种形式进入大中型种子企业或企业集团，或开展联合、合作育种，逐步使大中型种子企业或企业集团成为科研育种和技术开发的主体，育出一批有突破性的农作物新品种。通过建设和完善良种推广、营销系统，实施国家引进国际先进农业项目和科技兴农良种推广计划，选育、引进、筛选、提纯、扩繁一批优良品种。

5. 强化宏观调控和监督管理，保证各项目标的顺利实现

通过建设和完善一批国家和部级农作物种子质量检测认证中心、国家级区域试验站、国家救灾备荒种子储备库、国家级种子信息服务网络终端等基础设施，完善种子法规及配套的种子生产、经营的技术标准和管理制度，改革种子经营管理体制，健全种子管理机构，建设和完善宏观管理系统，加大宏观调控和监督管理的力度，确保种子工程各项

目标的顺利实现。

（二）种子工程的实施方法

种子工程的实施方法包括以下几方面。

（1）实施种子工程应贯彻以促进"两个根本性转变"为核心的思想。《中华人民共和国国民经济和社会发展"九五"计划和2010年远景目标纲要》明确指出："促进国民经济持续、快速、健康发展，关键是实现两个具有全局意义的根本性转变：一是经济体制从传统的计划经济体制向社会主义市场经济体制转变；二是经济增长方式从粗放型向集约型转变。"实施种子工程，应以促进"两个根本性转变"为核心，加速实现种子行业的政企分离、事企分离、管理与经营分离，加速全国性和区域性种子产业集团的组建与集约化运行，加速种子繁育、生产、加工、销售、推广一体化和种子商品化的进程，加速种子企业的联合、重组和内部运行机制的转换，建立起与社会主义市场经济相适应的、符合现代化大生产要求的种子产业体系。

（2）实施种子工程应依靠深化改革、依靠行政推动、依靠科技进步、依靠有关各方面力量，抓住重点，突破难点。种子工程近期的实施重点是以加工包装和良种统供为突破口，推动向良种选育和良种推广应用两头延伸。以种子加工包装和良种统供为突破口，是实施中国种子工程最经济、最有效、最快捷的手段。通过建设和完善一批设施齐全、技术先进、规模适宜的种子加工中心，形成种子行业的"龙"型企业，带动整个产业链的发展；通过种子加工包装和实施名牌战略，提供符合国家标准的高质量商品种子，抵制和打击假冒伪劣种子，保护农民利益；通过推行良种统种，加速提高良种的普及应用率，促进农业增产。促进科研育种、种子生产、经营推广的紧密结合（即育繁推一体化）和打破区域封闭、各自为营、条块分割（即地方保护主义下的小生产方式）是实施种子工程的两大难点，涉及一系列深化改革和观念更新的问题。国家应充分利用加大投入的机遇，制定明确的政策导向，采取有力的具体措施，促进种子行业的体制转轨，促进种子企业的结构优化，促进种子领域的科技进步；应重点扶持大中型种子企业集团的组建，重点扶持育繁推销一体化的形成，重点推动集约化生产和规模化经营，重点促进种子管理和技术保障体系的完善。

（3）实施种子工程应统筹规划、综合协调、优势集成、整体推进。种子工程的实施是一项涉及多领域、多学科、多部门的系统工程。因此，国家必须强化宏观指导，以市场为基础，通过制定实施发展战略、产业政策和总体规划，运用国家掌握的财力、物力和经济调节手段，引导种子产业结构优化和生产力合理布局；必须按照社会化大生产与合理经济规模的要求，按照区域、品种、作物带的分布，根据现有基础和发展需求确定主要实施项目的内容与布局，选择对种子工程全局影响较大的、社会经济效益较好的项目和具有科技先导作用的项目先行建设，突出重点，分步实施；必须充分发挥现有基础的潜力，避免低水平重复建设，新建、改建项目要提高技术起点，达到经济规模，形成系统配套。

（4）实施种子工程应充分体现工程建设的特点，严格遵循工程建设的规律、规范和程序，建立完善的项目管理系统与质量保证体系，实行全面的、全过程的项目管理。要按照项目规划、可行性研究、审查评估、工程设计、仪器设备采购、土建施工与设备安装、技术培训、竣工验收、财务评价等步骤逐步展开、逐一落实。项目申报要严格按程序办事,立项和技术方案要经过专家咨询论证,仪器设备采购要通过招标竞争,项目要严格按照规划和设计内容组织实施,施工过程要有工程技术人员提供技术指导和进行质量监督。要重视对项目人员的技术培训,项目建成后要按市场经济规律和现代企业制度实行科学管理,确保投入产出的效益发挥和实现良性循环。对于种子工程中的重大项目和关键环节,应组织对方案进行充分论证,组织联合攻关,组织进行标准化、规范化设计,做到精心规划、精心组织、严格管理、严格把关,确保种子工程项目的顺利实施。

（5）通过实施种子工程,建成一批农作物品种改良中心、种子区域试验站、良种场、种子生产繁育基地、种子加工中心、种子质量检测认证中心、种子批发市场、种子救灾备荒储备库及用种相关企业与技术服务机构。以此为基础,形成以一批大中型种子企业或企业集团为龙头的、育繁推销一体化的种子产业体系;形成市场机制完善、法律健全、政策配套的政策法规体系;形成区域试验、审定手段齐全,质检设备先进的品种审定与质量监督体系;形成以大中型种子企业或企业集团为主体、以基层农技服务组织为依托、以批发市场和信息网络为纽带的良种营销、推广体系;形成以救灾备荒为目的、同时发挥调剂种子余缺、平抑种子价格功能的种子保障体系以及由种子机械质量监督鉴定中心、种子加工工程技术中心和其他用种相关企业组成的种子工程技术服务体系。

六、种子工程的进展

自从1995年种子工程被提出以后,第八届全国人民代表大会第四次会议将种子工程正式列入了《中华人民共和国国民经济和社会发展"九五"计划和2010年远景目标纲要》。1997年3月20日,国务院颁布了《中华人民共和国植物新品种保护条例》。1999年6月16日农业部发布了《中华人民共和国植物新品种保护条例实施细则(农业部分)》。2000年7月8日,全国人大颁布了《中华人民共和国种子法》(以下简称《种子法》)。自此,比较完整的种子法律法规体系建立起来,使种子产业走上了法治轨道,并使种子工程有法可依,做到了依法治种,保证了种子工程的顺利实施。

农业部依据相关法律法规先后印发了《种子工程总体规划》、《国家"十五"种子工程建设目标与项目》、《种子工程建设规划(2006—2010年)》,对我国种子工程的实施和顺利发展起到了有力的指导作用,推动了我国种子工程的实施和发展。

农业部于1995年制定的《种子工程总体规划》对我国"十五"期间实施种子工程做出了全面的安排和部署。从此,种子工程在全国范围内迅速实施。《种子工程总体规划》的内容主要包括种子工程的实施基础、发展目标、指导思想、发展潜力、制约因素、实施内容、实施步骤、保证条件等。农业部于1997年又提出"三级跳"的发展战略,也就是种子工程分三个阶段发展。第一阶段,行政推"三率",就是用行政的力量、行政的手段推动种子统供和加工工作,使种子精选率、包衣率和标牌统供率逐年大幅度提高。第二阶段,竞争建中心,就是使种子走向市场,进入市场竞争阶段。通过竞争,使一些在品种、人才、技术、设备、自然条件、种子质量和服务信誉等方面有优势的种子企业逐步发展成为各方面的中心。这些中心有综合性的,也有专业性的。第三阶段,联合成集团,就是通过竞争形成若干中心,中心之间联合形成集团,真正实现产供销一条龙,育繁推一体化，形成种子产业的良性循环。当然，这三个阶段不是截然分开的，各地进展也不平衡。农业部又根据全国已有种子公司的实际情况，打破行政区划，计划实施"111"工程，即重点扶持 1 个部级种子公司、10 个省级种子公司、100 个地区和县种子公司，目的就是加快发展"三级跳"战略，实施种子工程。

《国家"十五"种子工程建设目标与项目》的主要内容包括："十五"期间种子工程建设五大目标，即建设和完善育种引种系统、建设和完善种子生产系统、建设和完善种子加工包装系统、建设和完善良种推广营销系统、建设和完善宏观管理系统；"十五"期间种子工程的十大非经营性基建项目，即农作物种质资源保存与繁殖圃，农作物育种中心，国家农作物品种区域试验站，农作物种子质量认证、检测中心，转基因种子检测中心，主要农作物常规品种繁育基地，马铃薯、甘薯种薯脱毒快繁中心、分中心，种业信息网建设，蔬菜花卉组培育苗中心，果茶良种苗木繁殖中心。

《种子工程建设规划（2006—2010 年）》对我国"十一五"时期种子工程建设做出了总体规划和部署。其主要内容有种子工程的建设回顾、继续实施种子工程建设的必要性、建设的指导思想和目标、五大建设重点、总投资匡算与筹措、运行机制、效益分析、保障措施等。

通过连续 15 年的建设，我国的种子工程取得了举世瞩目的巨大成就，极大地促进了我国种子产业的发展，为实现农业增产、农民增收和农村发展起到了很好的作用。

第三节 种子工程学的概念和主要内容

一、种子工程学的概念

工程学是研究自然科学在各行业中的应用方式、方法的一门学科，同时它也研究工程进行的一般规律，并进行改良研究。工程学又是一门应用学科，是用数学和其他自然科学的原理来设计有用物体的过程。因此，关于工程的研究称为工程学。

种子工程学是以种子工程为研究对象的科学，是研究种子工程发展实施及其规律的科学。它不仅涉及农作物育种、栽培等农艺学，还涉及种子储运、营销等经济学，种子企业管理等管理学、种子加工工艺学等多门学科，是一门多学科交叉的边缘学科。种子工程学是随着我国种子工程的提出和实施而产生和发展的。

二、种子工程学的主要内容

因为种子工程学是以种子工程为研究对象的科学，所以种子工程的内容也就是种子工程学研究的内容。种子工程的内容按照其功能分为 5 大系统，按照其过程分为 15 个环节。因此，种子工程学研究的主要内容也就是以下 5 大系统和 15 个环节。

（一）5 大系统

1. 新品种引育系统

建设国家种质引进与保存中心和国家级稻、麦、玉米、棉花、大豆等农作物种质改良中心。国家种质引进与保存中心主要承担农作物种质资源的收集、引进、鉴定、保存和开发工作，国家级农作物种质改良中心主要负责育种新材料、新方法、新技术的研究，同时，以高产、优质、多抗为目标，重点主攻粮棉油主要农作物单产，开展优良新品种的选育工作。在此基础上，引导和推动育种科研单位以多种形式进入大中型种子企业或企业集团，或与企业（集团）开展联合、合作育种，逐步使大中型种子企业或企业集团成为科研育种和技术开发的主体。

2. 种子生产系统

根据自然生态类型、生产条件和经济条件，采取国家、地方和种子企业联合投资的方式，建立和完善一批国家级原种场和国家"南繁"基地以及国家级专业化种子生产基地。国家级原种场除承担原种繁殖任务外，还负责新品种、新技术的试验、示范和国外引进品种的检疫隔离种植和农艺性状观察等工作。国家"南繁"基地主要承担育种加代、种子纯度鉴定、亲本繁殖、调剂种子生产等任务。国家级专业化种子生产基地按照规定的技术规程和预定的生产计划组织种子生产。在此基础上，逐步理顺良种选育、生产和经营单位的关系，使之联为一体，发挥整体优势。

3. 种子加工系统

为适应商品种子都要进行加工、包装的要求，要按照种子生产、加工的区域布局及销售网络，选择有一定基础设施和条件的单位，重点扶持一批良种经营量大、覆盖面广、信誉高、效益好的重点国有种子公司，建设与完善一批不同加工能力的粮食、棉花、蔬菜、油料等作物种子加工中心及其配套的晒场、仓库和经营设施。同时，建设与改造一批重点种子相关企业，如种衣剂厂、包装材料厂和种子加工机械厂等。

4. 种子销售系统

扶持和建立一批能有效发挥自然、经济、技术优势的跨地区的大中型种子企业或企业集团。建立为全国服务的种子贸易或批发市场和国家、省、地、县四级联网的信息服务网络。形成以大中型种子企业或企业集团为主体，以基层农业技术服务组织为依托，以批发市场和信息网络为纽带的良种推广、营销体系。

5. 种子管理系统

改革现行的种子经营管理体制，完善种子管理体系和制度，健全执法管理队伍。建立和完善种子质量检测和认证体系，在现有的种子质量检验机构的基础上，重点建设全国农作物种子检测中心和省级种子检测中心，逐步推行种子质量认证制度。建立和完善国家救灾备荒种子储备体系，重点建立和完善国家和省级救灾备荒种子储备库。建立和完善品种区域试验、审定体系，根据作物生态布局，建立和完善国家区域试验网络。

（二）15 个环节

1. 种质资源管理

农作物种质资源管理的内容包括农作物种质资源收集、整理、鉴定、登记、保存、交流、研究、创新和利用。

2. 新品种引育

新品种引育包括引种和育种两个方面，是种子工程中最重要的一环，是育（选育）、繁（繁殖）、推（推广）一体化的种子工作运行机制中的龙头。引种是指从不同农业区域或者其他国家引进作物新品种，经过在本地进行适应性鉴定和试种比较，把表现优良的品种直接繁殖、推广的方法。育种就是育种者利用农作物种质资源，通过科学的方法，培育筛选具有符合需要的特征特性品种的过程，是农作物新品种的主要来源。

3. 品种中间试验

品种中间试验是在自然条件下、耕作栽培管理水平大体相同的区域内的若干试验点上，对新选育出或新引进品种的丰产性、抗逆性、适应性、生育期以及其他经济性状进行鉴定，从中选出优秀者参加生产试验；另外，在不同自然区域的试验点上，对其区域适应性进行鉴定，以确定其最适宜推广区域，为审定推广生育期适宜、高产、高抗、优质的新品种及指定其最适宜推广区域提供科学依据。

4. 品种审定

品种审定是对新育成和新引进的品种，由专门的组织根据品种区域试验、生产示范结果，审查评定其推广价值和适应范围的活动。

5. 原种和亲本繁殖

原种或亲本繁殖是一门研究保持品种种性的优质种子生产技术的科学，它的内涵和外延涉及作物遗传学、育种学、种子学、栽培学、生态学、病理学、农业昆虫学等学科的原理和规律，是一门多学科交叉型的应用科学。原种或亲本繁殖是指有计划地、迅速地、大量地繁殖优良品种的优质种子和亲本材料的工作。

6. 种子生产

种子生产是指对选育出并经审定合格需要大面积推广的新优良品种和现有推广品种，继续大量繁殖以备生产上使用的过程。种子生产与一般的作物生产不同。种子生产要求所生产的种子遗传特性不会改变，产量潜力不会降低，种子活力得以保证。因此，种子生产需要在特殊的环境、特殊的生产条件下进行，并要求有一定数量的种子生产专业技术人员在生产过程中进行技术指导。

7. 种子收购

种子收购是种子工程必不可少的重要内容和重要的子系统。在种子工程这个大系统中，种子收购子系统有着重要地位和作用。种子收购是指种子经营者向种子生产者收购种子的过程。我国种子行业目前普遍采用的是种子生产与经营分离、种子经营者预约种子生产者生产种子的模式。因此，种子经营者必须将种子生产者生产的种子及时收购回来，才能进行种子销售。

8. 种子贮藏

种子贮藏指种子从母株成熟开始到播种为止的全过程。在此期间，种子会经历不可逆转的劣变过程。劣变导致种子生活力、发芽率、幼苗生长势以及植株生产性能下降。农作物种子贮藏的任务就是要保持种子的生活力和播种品质。

9. 种子加工

在实施种子工程中，种子加工是启动点和突破口。种子加工主要是实行种子加工机械化，而种子加工机械化是种子工程的主要内容之一。种子机械加工就是将种子进行脱粒、清选分级、干燥、药物处理等机械化作业。

10. 种子包衣

种子包衣是以种子为载体，种衣剂为原料，包衣机为手段，集生物、化工、机械多学科成果于一体的综合性种子处理高新技术。因此，种子包衣既是实施种子工程的关键，也是衡量种子产业现代化的重要标志之一。

11. 种子包装

种子包装一是指盛装商品种子的容器和包扎物，二是指利用适当的容器或包扎物对商品种子进行包裹、保护和装饰。在种子市场营销中，一方面，包装是种子产品生产加工的最后一道工序，是种子商品不可分割的重要组成部分；另一方面，包装既附加种子商品的物质价值，又追加劳动，增加新的价值。

12. 种子标签

种子标签，又称为种子标牌，是标注内容的文字说明及特定图案。农作物种子作为商品流通，必须用标签公告生产者、经营者的责任。为了加强农作物种子标签管理，规范标签的制作、标注和使用行为，保护种子生产者、经营者、使用者的合法权益，销售或经营的农作物种子应当附有标签，标签的制作、标注、使用和管理应遵守相关法规。

13. 种子检验

种子检验是指种子收获后，收购、调运或播种前对每批种子进行的检验。收购时主要检验种子纯度、净度、发芽率、水分以及健子率等；种子精选入库后，还需检验千粒重、病虫害等；播种前主要检验种子发芽率。

14. 种子营销

种子销售也就是农作物种子营销，是指种子企业为满足种子使用者或种子用户的需求而提供种子商品，以获得经济效益的经营活动和过程。随着我国市场经济体制的建立和完善，我国农作物种子的生产经营进入市场化运行轨道，市场竞争日益激烈，如何搞好种子营销，占领市场，是种子企业必须解决的关键问题。

15. 种子售后服务

种子售后服务是指种子企业在种子销售以后为购买了种子的顾客所提供的各种服务，主要包括临时贮藏保管、代办托运、送货上门、技术咨询、技术指导、技术培训等一系列活动。种子售后服务的目的就是解决种子使用中的问题，降低种子用户使用成本和风险，增加种子的使用价值和用户的满意度，促进种子销售，最终实现种子营销业绩的提升。

第二章　种质资源管理

种质资源是育种工作的物质基础。育种目标确定后，即可通过适宜的育种途径来选育新品种。但是，无论采用哪种育种途径，首先都要准确地选择符合育种目标要求的种质资源。也就是说，种质资源是育种的物质基础，种质资源选用是否恰当，是育种成败的关键。我国育种工作要取得突破性成就，其关键在于发掘、创造和利用具有突出优良性状的种质资源。正因为如此，对种质资源的广泛搜集、深入研究、充分利用和妥善保存，就成为育种工作不断取得新进展的前提和保证。

我国对种质资源管理和保护极为重视，《种子法》强调指出："国家依法保护种质资源，任何单位和个人不得侵占和破坏种质资源。"《种子法》第二章专门对种质资源保护做出了明确规定。国家农业部为了加强农作物种质资源的保护，促进农作物种质资源的交流和利用，根据《种子法》的规定，于 2003 年 7 月颁布了《农作物种质资源管理办法》（以下简称《管理办法》）。这是我国农作物种质资源管理的专门规章，对我国农作物种质资源的收集、保存、研究、利用等方面做出了明确规定，对我国农作物种质资源的管理具有极其重要的意义。

第一节　种质资源的概念、类别和重要性

一、种质资源的概念

种质资源是指选育农作物新品种的基础材料，包括农作物的栽培种、野生种和濒危稀有种的繁殖材料以及利用上述繁殖材料人工创造的各种遗传材料，其形态包括果实、子粒、苗、根、茎、叶、芽、花、组织、细胞和 DNA、DNA 片段及基因等有生命的物质材料。

用以培育新品种的原材料，过去称为育种的"原始材料"。在我国，20 世纪 60 年代初改称为"品种资源"。现代育种所利用的现有品种材料和近缘野生植物，主要是利用其内部的遗传物质或种质，所以现在国际上大都采用"种质资源"这一名词。在遗传育种领域内，把一切具有一定种质或基因的生物类型总称为种质资源，包括品种、类型、近缘种和野生种的植株、种子、无性繁殖器官、花粉甚至单个细胞，只要具有种质并能繁殖的生物体，都能归入种质资源之内。又因为现代的遗传育种研究不但利用现有的种质资源，而且要进行染色体工程、基因工程，所以，遗传学上也常称种质资源为"遗传资源"。说到底，遗传、育种研究上主要利用的是生物体中的部分基因，甚至是个别基因，所以种质资源又称为"基因资源"。

二、种质资源的类别

（一）按来源划分

按来源划分，种质资源可分为以下几类。

1. 本地种质资源

本地种质资源指在本地区经过长期自然和人工选择而培育成的地方品种和当前推广的改良品种。古老的地方品种是长期自然选择和人工选择的产物，不仅深刻地反映了本地的风土特点，对本地的自然条件和栽培条件具有高度的适应性，对本地的不利气候、土壤条件有顽强的抗性和耐性，而且还反映了当地人民生产、生活需要的特点，是育种的宝贵种质资源和改良现有品种的基础材料，应该注意保护和利用。

2. 外地引进种质资源

外地引进种质资源指从其他国家或地区引入的新品种或新类型。它们反映了各自原产地区的生态和栽培特点，具有各种各样的生态类型和极其多样的宝贵性状，也具有不同的生物学、经济学和遗传性状，其中有些是本地种质资源所不具备的，特别是来自起源中心的材料，集中反映了遗传的多样性，是改良本地品种的重要材料。这些材料有的可以直接用于生产，有的则可间接利用，成为改造本地品种的主要亲本材料。它们对丰富品种的遗传基础和提高育种成效均有重要的作用。

3. 野生种质资源

野生种质资源主要指在育种上有利用价值的各种作物的近缘野生种和有价值的野生植物。它们是在特定的自然条件下，经长期的自然选择而形成的，往往具有一般栽培作物所缺少的某些重要性状，如对不良环境的顽强抗逆性，对某些病虫害所表现的极强的免疫能力，独特的品质性状以及培育雄性不育系所需的特殊种质等，对解决品种间杂交所不能解决的困难有着特殊作用，是培育新品种的宝贵材料。

4. 人工创造的种质资源

人工创造的种质资源主要指通过选择、杂交、诱变、基因工程等各种途径和方法创造的各种突变体或中间材料等种质资源新类型。它们常具有某些特殊的优异性状，虽不一定能在生产上直接利用，却是培育新品种的珍贵原始材料，并为育成新的突破性品种提供了条件。因此，这些都是丰富种质资源、扩大遗传变异性的珍贵材料。

（二）从育种角度划分

从育种角度划分，种质资源可分为以下几类。

1. 地方品种

地方品种指那些在局部地区内栽培的品种，多半没有经过现代育种技术的改进。其中有些材料虽有明显缺点，但往往具有某些罕见的特性，如特别能抗某种病虫害，适合当地人们的特殊饮食习惯，适应特定的地方生态条件等以及具备一些在目前看来虽然并不重要的特殊经济价值。地方品种还包括那些过时的或极为零星分散的品种。这些地方品种中具有很大而且很有价值的遗传潜力，所以应十分重视地方品种的收集和保存。

2．主栽品种

主栽品种指那些经由现代育种技术改良过的品种。这类品种可能是从外地或外国引入的，也可能是本国（地）育成的。它们具有较好的丰产性和较广的适应性，是育种的基本材料。

3．原始栽培类型

原始栽培类型指具有原始农业性状的类型。它们大多是现代栽培作物的原始种或参与种，是经数千年的发展而产生的。由于种种原因，不少原始栽培类型已经绝灭，现今往往要在人们不容易到达的地区才能搜集到。它们又常与作物的杂草和野生种共存。

4．野生近缘种

作物的野生近缘种包括与作物近缘的杂草。杂草种类包括介于栽培类型和野生类型间的各种等级。有些地区，人们还收割杂草类型充当食粮，它们往往又通过种子混杂的形式被种在田里。这类种质资源具有作物所缺少的某些抗逆性，常可通过细胞遗传工程作为外源种质抗源利用。但是，由于人类对它们所适应的生态环境的不断干扰和破坏，很多野生亲缘种已从开垦地上退走。此外，大规模地施用除草剂，使有些种已濒于绝灭。

5．育种材料

这种材料可以是杂种后代诱变育成的突变体，有人称之为中间材料。虽然它们具有某些缺点而不能成为新的品种，但因具有一些明显的优良性状，仍不失为一种优良的亲本或种质资源。这类材料因育种工作的不断发展会日益增加，这样会大大丰富种质资源的遗传多样性，所以对这类材料也应该有选择地加以保存。

三、种质资源的重要性

种质资源是在漫长的历史过程中，由自然演化和人工创造而形成的一种重要的自然资源。它积累了由于自然和人工引起的、极其丰富的遗传变异，即蕴藏着各种性状的遗传基因。种质资源是人类用以选育新品种和发展农业生产的物质基础，也是进行生物学研究的重要材料，是极其宝贵的自然财富。未来农业的发展，在很大程度上将取决于掌握和利用作物种质资源的深度和广度。在生命科学高度发展的今天，人们越来越认识到作物种质资源的重要性。

（一）种质资源是人类用以选育新品种和发展农业生产的物质基础

作物育种成效的大小，很大程度上取决于掌握种质资源的数量多少和对其性状表现及遗传规律研究的深浅。在世界育种史上，品种培育的突破性进展，往往都是由于找到了具有关键性基因的种质资源。

（二）种质资源是极其宝贵的自然财富

植物种质资源是人类的宝贵财富，掌握种质资源可以培育新的作物和优良品种，为人类提供生活资料、药物来源和工业原料。所以，生物科学和农业科学的发展在某种程度上将取决于对种质资源的发掘和掌握。

（三）种质资源是进行生物学研究的重要材料

丰富多彩的种质资源在作物产量和品质抗逆性等的改良上常起着关键性的作用。现代的育种是人工促进植物向人类所需要的方向演化的科学，即用不同来源的能实现育种目标的各种种质资源，按照尽可能理想的组合方式，采用适合的育种方法，把一些有利的基因组合到一个好的基因型中去。所以，育种工作的实质就是按照人们的意志，对各种各样的种质资源以各种方式进行利用、加工和改造。

第二节 种质资源收集的必要性和迫切性、方法和要求

《管理办法》规定："国家有计划地组织农作物种质资源普查、重点考察和收集工作。因工程建设、环境变化等情况可能造成农作物种质资源灭绝的，应当及时组织抢救收集。"《管理办法》还对农作物种质资源收集的具体问题做出了明确规定。

一、种质资源收集的必要性和迫切性

为了很好地保存和利用自然界生物的多样性，丰富充实育种工作和生物学研究的物质基础，种质资源工作的首要环节和迫切任务是广泛发掘和收集种质资源。

（一）新的育种目标必须有更丰富的种质资源才能完成

农业生产的不断发展和人民生活水平的日益提高，对良种提出了越来越高的要求。要解决这些日新月异的育种任务，使育种工作有所突破，迫切需要更多、更好的种质资源供人们选用，以便按照人们的需要，将其有利基因转育到现有品种中去。

（二）为了满足人口增长和生产发展的需要，必须不断地发展新作物

地球上有记载的植物约有 30 万种，其中陆生植物约有 8 万种，而其中只有 150 余种被用以大面积栽培。人类粮食的 90% 只来源于约 20 种植物，其中 75% 是由小麦、稻米、玉米、马铃薯、大麦、甘薯和木薯 7 种植物提供的。所以，迄今人类利用的植物资源是很少的，发掘植物资源的潜力还是很大的。

（三）不少宝贵种质资源大量消失，函待发掘保护

种质资源的流失即遗传流失由来已久，如自地球上出现生命至今，约有 90% 以上甚至 99% 以上的物种已不复存在。这主要是物竞天择和生态环境的改变所造成的。人类出现以后，人类活动的影响对种质资源的流失也具有特别大的影响，尤其到了 20 世纪，由于人口的激增和科学技术的迅速发展，人类戏剧性地改造了地球表面，其结果是造成了许多种质的迅速消失，使大量的生物种濒临灭绝的边缘。这些种质资源一旦从地球上消失，就难以用任何现代技术重新创造出来。所以必须采取紧急的有效措施，来发掘、收集和保护这些种质资源，为子孙后代造福。

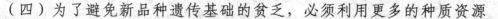

（四）为了避免新品种遗传基础的贫乏，必须利用更多的种质资源

农田基本建设的进展和耕作栽培体系的改变以及植物保护技术的提高等，使大面积的环境差异不断缩小，日益减少了品种的多样性。特别是少数遗传上有关联的优良品种的大面积推广，使许多具有独特抗逆性和其他特点的地方农家品种逐渐被淘汰，导致不少改良品种的遗传基因单一化。这种遗传多样性的大幅度减少和品种的单一化，增加了对严重病虫害抵抗能力的遗传脆弱性，即一旦发生新的病害或寄生物，会产生新的适应性而使作物失去抵抗力。

二、种质资源收集的方法和要求

各国国情不同，收集种质资源的途径和着重点也各异。我国的作物种质资源十分丰富，所以目前和今后相当一段时间内，主要着重于收集本国的种质资源，同时也注意发展对外的种质资源交换，加强国外引种。

（一）种质资源收集的方法

1. 考察收集

有计划地组织国内外的考察收集是收集种质资源常用的方法。除到作物起源中心和各种作物野生近缘种众多的地区去考察收集外，还可到本国不同生态地区去考察收集。为了收集到各种变异类型，考察路线要注意选择：①作物本身表现不同的地方，如熟期早晚、抗病虫害程度等；②地理生态环境不同的地方，如地形、地势和气候、土壤类型等；③农业技术条件不同的地方，如灌溉、施肥、耕作、栽培与收获、脱粒方面的习惯不同；④社会条件不同的地方，如务农和游牧等的不同。

2. 征集

种质资源的收集除考察收集外，更多的是征集。征集大多是通过通信、访问或交换等方式收集种质资源的方法。中华人民共和国成立后，国家曾经多次组织大规模的种质资源征集。20 世纪 50 年代中期，在农业合作化高潮中，为了避免由于推广优良品种而使地方品种大量丧失，农业部曾于 1955 和 1956 年两次通知各省（市、区），以县为单位进行大规模的群众性品种征集。据 1958 年初统计，全国共征集到 40 多种大田作物约 40 万份材料。另据 1963 和 1965 年两次不完全统计，全国共征集到蔬菜种质资源 1.7 万余份。20 世纪 70 年代末 80 年代初，各省、市、自治区贯彻执行农业部和国家科委《关于开展农作物品种资源补充征集的通知》，1979—1982 年全国共征集到作物种质资源约 9 万份。特别是自 1983 年以来，全国收集种质资源总数达 33 万余份，按植物学分类统计，分属 30 科、174 属、600 个种（含亚种），其中 85%原产于我国，种类极其丰富，总数上已跃居世界第一。到 1992 年，中国农业科学院国家种质库中保存的主要作物种质的记录总数为 221 567 份，其中部分种质包括：水稻 48 655 份，小麦 30 527 份，大豆 17 037 份，玉米 11 090 份，大麦 10 712 份，高粱 10 035 份，棉花 4 296 份，油菜 3 233 份。

收集到的种质资源应及时整理，首先应将样本对照现场记录，进行初步整理、归类，将同种异名者合并，以减少重复；将同名异种者予以订正，并给以科学的登记和编号。还要进行简单的分类，确定每份材料所属的植物分类学地位和生态类型，以便对收集材料的亲缘关系适应性和基本的生育特性有个概括的认识和了解，为保存和进一步研究提供依据。

（二）种质资源收集的要求

（1）收集的资源样本应能充分代表收集地的遗传变异性，并要求有一定的群体。例如，自交草本植物至少要从 50 株上采取 100 粒种子，而异交的草本植物至少要从200～500 株上各采取几粒种子。收集的样本应包括植株、种子和无性繁殖器官。

（2）农作物种质资源的采集数量应当以不影响原始居群的遗传完整性及其正常生长为标准。

（3）收集种质资源应当建立原始档案，详细记载采集材料名称、基本特征特性、采集地点和时间、采集数量、采集人等。要求在采集样本时，详细记录品种或类型名称，产地的自然、耕作、栽培条件，样本的来源（如荒野、农田、农村庭院、乡镇集市等），主要形态特征、生物学特性和经济性状，群众反映及采集的地点、时间等。

第三节　种质资源鉴定、登记和保存

一、种质资源鉴定和登记

（一）种质资源鉴定

对收集的所有农作物种质资源应当进行植物学类别和主要农艺性状鉴定。农作物种质资源的鉴定实行国家统一标准制度。

（二）种质资源登记

收集的所有农作物种质资源及其原始档案应当送交国家种质库登记保存。申请品种审定的单位和个人，应当将适量繁殖材料（包括杂交亲本繁殖材料）交国家种质库登记保存。单位和个人持有国家尚未登记保存的种质资源的，有义务送交国家种质库登记保存。农作物种质资源的登记实行统一编号制度，任何单位和个人不得更改国家统一编号和名称。

根据规定，中国农业科学院国家种质库对种质资源的编号办法如下。

（1）将作物划分成若干大类。Ⅰ代表农作物，Ⅱ代表蔬菜，Ⅲ代表绿肥、牧草，Ⅳ代表园林、花卉。

（2）各大类作物又分成若干类。1 代表禾谷类作物，2 代表豆类作物，3 代表纤维作物，4 代表油料作物，5 代表烟草作物，6 代表糖料作物。

（3）具体作物编号。IA 代表水稻，IB 代表小麦，IC 代表黑麦，2A 代表大豆等。

（4）品种编号。IA00001 代表水稻某个品种，IB00001 代表小麦某个品种，IC0001 代表黑麦某个品种等。

二、种质资源保存

保存种质资源不仅是保存样本的数量，更主要的是保持其原有的种性。种质资源是进行品种改良必不可少的"基因库"，因此，收集到的种质资源经整理归类后，必须妥善加以保存，使之能维持样本的一定数量，保持各样本的生活力和原有的遗传变异性，以供研究和利用。

（一）种质资源保存的范围

种质资源的保存范围会随着研究的不断深入而有变化。根据目前的条件，应该先考虑保存以下几类。

（1）有关应用研究和基础研究的种质，主要指进行遗传和育种研究的所有种质，包括主栽品种、当地历史上应用过的地方品种、过时品种、原始栽培类型、野生近缘种、育种材料等。

（2）可能灭绝的稀有种和已经濒危的种质，特别是栽培种的野生祖先。

（3）具有经济利用潜力而尚未被发现和利用的种质。

（4）在普及教育上有用的种质，如分类上的各个作物种、类型、野生近缘种等。

（二）种质资源保存的方式

《管理办法》规定：农作物种质资源保存实行原生境保存和非原生境保存相结合的制度。原生境保存包括建立农作物种质资源保护区和保护地，非原生境保存包括建立各种类型的种质库、种质圃及试管苗库。种质资源实行长期、中期两级保存制度。国家建立国家农作物种质库，并在农业植物多样性中心、重要农作物野生种及野生近缘植物原生地以及其他农业野生资源富集区，建立农作物种质资源保护区或者保护地。各省、自治区、直辖市根据需要建立本地区的农作物种质资源保护区、保护地、种质圃和中期种质库。种质资源保存的方式主要有下面几种。

1. 种植保存

为了保持种质资源的种子或无性繁殖器官的生活力并不断补充其数量，种质资源材料必须每隔一段时间（如 1～5 年）播种一次，即种植保存。种植保存时，一般可分为就地种植保存和迁地种植保存。前者是通过保护植物原来所处的自然生态系统来保存种质，后者是把植物迁出其自然生长地，保存在植物园、种植园中。在我国，作为育种用的资源材料主要由负责种质资源工作的单位进行种植保存。来自自然条件悬殊地区的种质资源，都在同一地区种植保存，不一定都能适应。因此应采取集中与分散保存的原则，把某些种质资源材料在不同生态地点种植保存。

在种植保存时，每种作物或品种类型的种植条件，应尽可能与原产地相似，以减少由于生态条件的改变而引起的变异和自然选择的影响。在种植过程中应尽可能避免或减少天然杂交和人为混杂的机会，以保持原品种或类型的遗传特点和群体结构。为此，像玉米、高粱、棉花、油菜等异花授粉和常异花授粉作物，在种植保存时应采取自交、典型株姐妹交或隔离种植等方式，进行控制授粉，以防生物学混杂。

2. 贮藏保存

贮藏保存就是利用农作物种质库对种质资源进行保存，即恰当控制种质库的温湿度，尽可能地延长种子的寿命。我国的国家农作物种质库包括长期种质库及其复份库、中期种质库、种质圃及试管苗库。长期种质库负责全国农作物种质资源的长期保存；复份库负责长期种质库贮藏种质的备份保存；中期种质库负责种质的中期保存、特性鉴定、繁殖和分发；种质圃及试管苗库负责无性繁殖作物及多年生作物种质的保存、特性鉴定、繁殖和分发。

长期贮藏时工作量小，可以避免混杂和自然串粉，而且世代进展缓慢，有利于保持原有性状。对于数量众多的种质资源，如果年年都要种植保存，不但在土地、人力、物力上造成很大负担，并且往往由于人为差错、天然杂交、生态条件的改变和世代交替等原因引起遗传变异或导致某些材料原有基因的丢失。因而，近年来各国对种质资源的贮藏保存极为重视。贮藏保存主要是用控制贮藏时的温湿条件的方法，来保持种质资源种子的生活力。种子寿命的长短取决于植物种类、种子成熟状态及贮藏条件等因素。一般说来，禾谷类作物的比油料作物的种子寿命长，成熟适度的比未成熟的种子寿命长。大多数作物的种子寿命，在自然条件下只有 3～5 年，多者 10 余年。低温、干燥、缺氧是抑制种子呼吸作用从而延长种子寿命的有效措施。所以，只要能保持低温、干燥条件，便可采用各种方法来保存种质资源的生活力。

较理想的方法是建立现代化的低温贮藏库。为了更有效地保存众多的种质资源，我国十分重视现代化种质库的建设，新建的种质资源库都充分利用先进的技术装备，创造适合种质资源长期贮藏的环境条件，并尽可能提高运行管理的自动化程度。从 20 世纪 70 年代后期以来，我国陆续在北京、湖北、广西等一些农业科学院建造了自动控制温湿度的种质资源贮藏库，其中长期库的温度指标一般为–10 ℃，相对湿度为 30%～40%；中期库为 0～5 ℃，相对湿度为 50%～60%。中国农业科学院建立的国家种质库的任务是把全国送存的长期贮藏种子进行一系列严格的科学加工处理（包括接收、清选、发芽、干燥等），使其达到入库标准并妥善保存和开展种质贮藏研究，以便实现国家种质库的规范化、科学化管理和种子的长期、安全贮藏。

此外，还可利用自然条件保存种子，如在我国新疆干燥的自然条件下，水稻种子可保存 11 年，小麦种子可保存 18～19 年。

3. 离体保存

植物体的每个细胞在遗传上都是全能的，含有发育所必需的全部遗传信息。所以，20 世纪 70 年代以来，国内外开展了用试管保存组织或细胞培养物的方法，来有效地保存种质资源材料。目前，作为保存种质资源的组织或细胞培养物有愈伤组织、悬浮细胞、幼芽生长点、花粉、花药、体细胞、原生质体、幼胚、组织块等。利用这种方法保存种质资源，可以保存用常规的种子贮藏法所不易保存的某些资源材料，如具有高度杂合性的、不能产生种子的多倍体材料和无性繁殖植物等；可以大大缩小种质资源保存的空间，节省土地和劳力。另外，用这种方法保存的种质繁殖速度快，还可避免病虫害等。

对组织和细胞培养物采用一般的试管保存时，要保持一个细胞系，必须做定期的继代培养和重复转移，这不仅增加了工作量，而且植物细胞在多次继代培养后，会产生遗传变异。因此，近年来发展了培养物的超低温（−196 ℃）长期保存法。在超低温下，细胞处于代谢不活动状态，从而可防止或延缓细胞的老化；由于不需多次继代培养，也可抑制细胞分裂和 DNA 的合成，因而保证资源材料的遗传稳定性。所以，超低温培养对于那些寿命短的植物、组织培养体细胞无性系、遗传工程的基因无性系、抗病毒的植物材料以及濒临灭绝的野生植物，都是很好的保存方法。

4. 基因文库技术

近年来，面对自然界每年都有大量珍贵植物灭绝、遗传资源日趋枯竭的情况，建立和发展基因文库技术为抢救和长期、安全保存种质资源提供了有效方法。这一技术是用人工的方法，从植物中抽取大分子量的 DNA，用限制性内切酶把所抽取的 DNA 切成许多 DNA 片段。再通过一系列的复杂步骤，把这些 DNA 片段连接在载体上。然后再通过载体把该 DNA 片段转移到繁殖速度快的大肠杆菌中去，通过大肠杆菌的无性繁殖，产生大量的、生物体中的单拷贝基因。这样当需要某个基因时，就可通过某种方法去"钩取"获得。因此，建立某一物种的基因文库，不仅可以长期保存该物种的遗传资源，而且还可以通过反复培养繁殖、筛选来获得各种基因。

种质资源的保存，除资源材料本身的保存外，还应包括种质资源各种资料的保存。每一份种质资源材料应有一份档案。档案中记录编号、名称、来源、研究鉴定年度和结果。档案按材料的永久编号顺序排列存放，并随时将有关各种材料的试验结果及文献资料登记在档案中。根据档案记录可以整理出系统的资料和报告。档案资料输入电子计算机贮存，建立数据库，便于资料检索和进行有关的分类、遗传研究。

第四节　种质资源的研究、利用及信息管理

《管理办法》规定："国家鼓励单位和个人从事农作物种质资源研究和创新。"为使收集到的种质资源充分发挥作用，必须对其进行系统的研究和鉴定，并在此基础上分不同情况加以合理利用。对优点突出，能解决生产上存在的问题，对当地生态条件适应性良好，能比当地当家品种显著增产的材料，可以在生产上直接推广利用。对有某些突出优点但综合性状表现不够全面的材料，可以作为育种的原始材料间接加以利用，以便选择、培育出新品种。

一、种质资源的研究

对收集来的种质资源必须通过研究才能形成正确认识并有效地利用。种质资源的研究内容包括性状、特性的鉴定，细胞学研究，遗传性状的评价，进而进行作物的起源、进化和分类等研究。

种质资源鉴定的内容因作物不同而异。一般包括农艺性状，如生育期、形态特征和产量因素等；生理生化特性，如抗逆性、抗病性、抗虫性、对某些元素的过量或缺失的抗耐性；产品品质，如营养价值、食用价值及其他实用价值。为了提高鉴定结果的可靠性，供试材料应来自同一年份、同一地点和相同的栽培条件；同时取样要合理准确，尽

量减少由于环境因素的差异所造成的误差。对抗逆性和抗病虫害能力的鉴定，不但要进行诱发鉴定，而且要在不同地区、不同生态条件下进行异地鉴定。经初步筛选后，取出部分重点材料，广泛布点，检验其在不同环境下的抗性、适应性和稳定性。国际上已有冬、春小麦产量、锈病、颖枯病和叶枯病的联合鉴定。

鉴定出的具有优异性状的种质材料能否成功地用于育种工作，很大程度上取决于对材料本身各性状遗传特点的认识。因此，现代育种工作要求种质资源的研究，不仅局限于外观特征、特性的观察鉴定，还必须深入研究其主要经济性状的遗传特点，这样才能有的放矢地选用种质资源。

我国对种子入库质量及低温保存技术进行了系统研究，开展了作物种质资源抗病虫、抗逆及综合鉴定评价研究，并在种质创新和利用研究上获得显著进展。此外，我国广泛开展作物种质国际间交换与合作研究，并建设了国家农作物引种检疫基地。

二、种质资源的利用

利用已有种质资源通过杂交、诱变及其他手段创造新的种质资源，这是资源利用的一个重要方面。国际上一些研究单位，为了育成在抗性、品质或丰产性方面有重大突破的新品种，一方面继续广泛收集新的种质资源，另一方面就是利用现有种质，包括近缘野生种，积极创造新的类型，为育种提供半成品。育种工作者利用种质资源，可直接从中选出优良个体培育成新品种，也可用做亲本，通过杂交或人工诱变，从其后代中选出优良变异个体培育成新品种。

除了将野生植物发展为新作物外，还可以通过人工合成创造新作物，如人工合成的异源多倍体小黑麦，具有特殊的生产价值。从其他国家和不同生态地区引种前所未有的新作物及品种，对发展各国和各地区的作物生产常起到重要的促进作用。通过现有作物的遗传改良，可以提高作物品种的适应性和改良其农艺性状，从而扩大该作物的种植区域和面积。作物遗传改良更主要的作用在于提高作物增产潜力，提高单位面积产量，改进产品品质，增强对病虫害和环境胁迫的抗耐性等。遗传改良有力地促进了各国作物生产的发展。随着遗传育种等理论与方法研究的深入和生物技术的应用，遗传改良的效率得到进一步提高，也就更有效地促进了作物生产的发展。当然，作物生产发展还有赖于耕作栽培条件的改进，因为遗传改良毕竟只是改良作物生产的内在潜力，而改进耕作栽培条件可促使这种内在潜力得到更充分的发挥。

三、种质资源的信息管理

《管理办法》规定："国家农作物种质资源委员会办公室应当加强农作物种质资源的信息管理工作，包括种质资源收集、鉴定、保存、利用、国际交流等动态信息，为有关部门提供信息服务，保护国家种质资源信息安全。""负责农作物种质资源收集、鉴定、保存、登记等工作的单位，有义务向国家农作物种质资源委员会办公室提供相关信息，保障种质资源信息共享。"我国已建立了包括种质管理数据库、特性评价数据库和国内外种质信息管理系统在内的国家农作物种质信息管理系统，实现了种质资源信息的规范化、标准化管理。

第三章　新品种引育

新品种引育包括引种和育种两方面，其中新品种育种（选育）就是育种者利用农作物种质资源，通过科学的方法，培育筛选具有符合需要特征特性品种的过程，是农作物新品种的主要来源。新品种选育是种子工程中最重要的一环，是育繁销一体化的种子产业化发展的龙头。没有优良新品种源源不断育成，种子工作就成了无源之水，无本之木，品种的更新换代、良种的繁育推广也就无从谈起。《种子法》第十一条规定："国务院农业、林业、科技、教育等行政主管部门和省、自治区、直辖市人民政府应当组织有关单位进行品种选育理论、技术和方法的研究。国家鼓励和支持单位和个人从事良种选育和开发。"建国以来，由国家每年投入大量的人力和经费，组织有关科研、教学和生产经营单位进行育种攻关，同时还鼓励集体和个人选育农作物新品种。我国农作物育种工作取得了举世瞩目的重大成就，特别是在矮秆育种和杂种优势利用方面取得了突破性进展，其中水稻杂交育种更是居于世界领先水平，使我国育种工作的面貌发生了根本性的变化，步入了育种现代化的行列，为我国农业生产不断迈上新台阶做出了重要贡献。

第一节　育　种　目　标

一、品种和优良品种的概念

农作物品种是人类在一定的生态和经济条件下，根据自己的需要而培育的具有相对稳定的遗传性和生物学、形态学上的相对一致性，适应一定的自然和栽培条件，有一定的经济价值的某种作物的一种群体。作物品种并不是植物分类学上的单位，而是栽培植物在生产上的类别，是一种重要的农业生产资料。

优良品种是指能够比较充分利用自然、栽培环境中的有利条件，避免或减少不利因素的影响，并能有效解决生产中的一些特殊问题，表现为高产、稳产、优质、低消耗、抗逆性强、适应性好，在生产上有其推广利用价值，能获得较高的经济效益的品种。优良品种是一个相对的概念，它的利用具有地域性和时间性。也就是说，品种的优良性状只能在一定的自然环境和栽培条件下表现出来，超过一定范围就不一定表现优良。当地种植的优良品种到外地不一定能够适应，外地的优良品种到本地也不一定能够增产；过去的优良品种现在不一定优良，现在的优良品种将来也会被逐步淘汰。因此，不存在永恒不变的优良品种，必须不断培育出适合当时、当地的新品种替换生产上那些相形见绌的老品种，及时组织品种更新换代，才能使优良品种在生产上充分发挥增产作用。

二、制定育种目标的原则

育种目标，就是对所选育的新品种的要求，也就是在一定的自然、经济和栽培管理条件下，选育的新品种应该具有哪些优良特征、特性。能否正确制定育种目标，是能否选育出在生产上有推广利用价值的优良新品种和提高育种效果的关键。制定育种目标应掌握以下原则。

（一）根据当前农业生产的需要

在以经济建设为中心，加快改革开放步伐的形势下，我国农业生产水平得到显著提高，但各个地区之间还存在着很大的不平衡性。因此，既要选育适合高产地区种植的品种，又要选育丰产潜力大、能促进低产变高产的品种，也即高产是首要的育种目标。同时，由于我国幅员辽阔，自然条件复杂，各地生产条件和生产水平也不尽相同，还应注意选育适应性广、抗逆性强的稳产品种。随着人民生活水平的不断提高，对品种的品质也提出了越来越高的要求。为适应农业机械化的快速发展，还要求新选育的品种便于机械化管理，适于机械化收获。因而，选育高产、稳产、优质并适于机械化操作的品种，以适应当前我国由传统农业向现代农业发展的需要，是我们制定育种目标的基本原则。

（二）考虑农业生产发展的前景

一个优良品种，从开始选育到大田推广，通常需要5～6年，甚至更长一些的时间。目前我国国民经济正处在大发展时期，如果制定育种目标时只着眼于当前的生产水平，不考虑生产发展的趋势，预见不到将来生产条件的发展变化，则一个新品种育成之日，往往即是淘汰之时，形成"短命品种"，造成人力、物力和财力的浪费。例如，为适应农业机械化程度逐步提高的需要，小麦应考虑选育抗倒伏、抗落粒性好的品种；大豆应考虑选育结荚部位较高，不易炸荚的品种。随着施肥水平的不断提高，要求更耐肥、抗倒伏和抗病的高产品种。为适应立体农业的发展和耕作制度的改革，则要求不断育成株型理想、生育期与之相适应的高产新品种。

（三）根据当地的自然和栽培条件

品种的丰产和稳产首先决定于品种对当地自然和栽培条件的适应程度。不同地区的气候、土壤、肥力水平、耕作制度、栽培条件、病虫害等各不相同，就是同一生态类型区产量水平也不尽一致，因而不同地区对品种有不同的要求，同一地区也可能要求不同的品种。因此，只有在了解当地气候、土壤、病虫分布和耕作栽培制度的基础上，针对现有品种存在的优缺点，扬长避短，抓住主要矛盾加以改进，制定出明确具体的育种目标，才有可能育成适应当地生态条件、符合当地栽培制度要求的新品种，在大面积生产中得到推广应用。

（四）育种目标要明确具体

制定育种目标仅仅笼统地提出高产、稳产等要求是不够的，一定要落实到具体的目标性状上，以便有针对性地进行育种，提高育种的效果。例如，高产育种应具体落实到植株形态结构和产量构成因素等具体性状上，并根据当地生态条件，合理确定各个性状的具体选择指标，如株高要多少厘米，生育期要多少天，是选多穗型品种还是选大穗型品种，抗哪几种病害或某种病害的某个生理小种等。再如，选育早熟品种，就应根据当地条件确定最适宜的天数，以达到既早熟又高产的目的。

（五）注意品种搭配

生产上对品种的要求是多种多样的，同时各种条件特别是栽培条件也是不断变化的，要想选育一个能满足各种要求、常盛不衰的"万能品种"是不可能的。因此在制定育种目标时，应考虑不同品种的合理搭配，有计划地组配优良品种群，以适应生产上的不同需要。

三、育种目标的内容

现代化农业对作物品种的共同要求是高产、稳产、优质、抗逆性强、适应性广、早熟和适于机械化操作，但就某个地区、某个品种来说，要求的侧重点和具体内容又各不相同，并随着生产的发展而不断变化。育种目标应包括以下几方面的内容。

（一）产量性状

高产是优良品种应具备的最基本的条件。选育的高产品种要求综合产量性状优良、协调，或者是某一产量要素超群出众，能对产量做出较大贡献。影响作物产量的性状因作物而异。例如，小麦、水稻包括分蘖力、成穗率、穗粒数、千粒重、单位面积产量等；玉米主要是果穗性状，包括果穗数、穗行数和行粒数、千粒重、出籽率、单位面积产量等；棉花包括单位面积株数、单株结铃数、铃重、籽指、衣分、霜前花率、子棉产量、皮棉产量等；大豆包括单位面积株数、单株荚数、每荚粒数、千粒重、单位面积产量等。

高产品种还应具有合理的株型。株型是指植株的高矮、分蘖（或分枝）的多少及角度、叶片的长宽面积及倾斜角度等性状所构成的植株外形。水稻根据植株高矮分为高秆型和矮秆型两大类，根据分蘖习性、叶片大小、长短及披散程度，又可分为紧凑型、松散型等。玉米根据叶片与茎秆的夹角大小可分为竖叶型和平展叶型。棉花根据果枝和叶枝形态，分为筒型、塔型、丛生型三类。由于株型研究与抗倒性和光能利用及光合产物分配有关，能直接影响作物产量，因而在育种工作上已引起广泛重视，并取得一定成效。如矮秆、半矮秆小麦、水稻品种的育成，有效地解决了高产与倒伏的矛盾，对提高产量起到了重要作用。在玉米育种中，由于培育出了叶片上冲（竖叶型）株型紧凑、透光性好、适于密植的单交种，使产量出现了新的突破。

（二）生育期

为了提高复种指数，躲避病虫和自然灾害，各类作物均需适当早熟。特别是在无霜期较短的东北、西北地区以及丘陵山区，对品种早熟性的需要更为突出，这已成为实现高产稳产和全年增产的关键。但早熟也并非越早越好，因为丰产性和早熟性存在一定矛盾，生育期太短的品种一般丰产性较差。因此，早熟性程度应以充分利用当地作物的生育期，适合当地耕作制度的需要为原则。同时应注意针对早熟品种的特点进行栽培，通过合理密植克服其单株生产力偏低的缺点，把早熟性与丰产性结合起来，实现丰产、早熟的目的。

（三）抗逆性

抗逆性的内容很广，当前比较普遍的是以抗病虫为主要对象。抗病虫育种是防治病虫害最经济、有效、安全的方法。通过育种途径培育多抗品种，是控制病虫害、夺取作物高产、稳产的根本措施。除此以外，抗逆性的内容还包括抗旱、抗寒、耐瘠薄、抗盐碱、抗干热风等。由于自然条件的特定性，在某一地区某一抗性可能成为主要对象。如在小麦锈病易发区，抗锈病就是主要育种目标；在多风雨的高肥水地区，抗倒伏性至关重要；而在干旱少雨区，则要求品种具有良好的抗旱性。

（四）生态类型与适应性

这是关系到品种能否推广普及的重要性状之一，在制定育种目标时应根据作物的特点列出要培养的生态类型。例如，小麦的冬性、春性、耐肥性、耐瘠性以及品种适应的区域与条件等。

（五）品质

随着国民经济的发展和人民生活水平的日益提高，对农产品品质的要求越来越迫切，因此改进品质已成为重要的育种目标。例如，小麦以提高蛋白质和赖氨酸含量为主；棉花则需要提高纤维强度，以满足纺织业的需求；大豆需要提高蛋白质含量；谷子（小米）、甘薯需要改进适口性等。

（六）对农业机械化的适应性

随着农业机械化的发展，育种目标还必须考虑适应机械化耕作和收获的要求。例如，小麦茎秆坚韧抗倒、抗落粒；玉米穗位整齐、不倒伏；大豆植株直立抗倒，成熟后果荚不易开裂等。

第二节　作物繁殖方式与育种的关系

一、作物繁殖方式

作物在长期的进化过程中，由于自然选择和人工选择的作用，形成了有性繁殖、无性繁殖和无融合生殖三大类繁殖方式。

（一）有性繁殖

通过有性过程产生的雌雄性细胞（或雌雄孢子）相互结合形成种子而繁殖后代的过程，称为有性繁殖。现在栽培的作物中，多数是进行有性繁殖的。有性繁殖作物按花器构造、开花习性、传粉方式的不同，又分为自花授粉、异花授粉和常异花授粉作物。

（二）无性繁殖

利用植物体的营养器官，如利用根、茎、芽、叶等进行繁殖，形成与母体表现型相似的新个体，这种繁殖方式称为无性繁殖。这类植物在一般条件下不能开花，或者开花而不结实，不能通过两性细胞的结合产生后代。但在适宜的自然或人工控制条件下，无性繁殖作物也可以进行有性繁殖，也有自花授粉和异花授粉的区别。例如，马铃薯是典型的自花授粉作物，甘薯则为典型的异花授粉作物。

（三）无融合生殖

无融合生殖是指一种近于有性繁殖的无性繁殖方式，即有性繁殖作物的雌雄配子不发生核融合，不通过雌雄细胞的受精而发育成后代的方式。例如，近年来国内外广泛采用的孤雌生殖、孤雄生殖和花粉培养技术，都属于这种繁殖方式。孤雌生殖是由未受精的雌配子（卵细胞）发育成孢子体，它们可以是单倍体，也可以是二倍体。在玉米、油菜育种中，可以利用其中的单倍体培育纯合自交系。孤雄生殖，即利用花粉培养诱导雄配子，从花药中直接发育成胚状体并培育成单倍体植株。在小麦、水稻、玉米、烟草育种中，应用花粉或花药培养技术获得单倍体，并将单倍体植株染色体加倍，经选择和培育，已育出一些新品种。此外，由体细胞组成的某些组织、器官（根、茎、叶等）以及细胞群体（如离体培养的体细胞）或某些特殊繁殖器官（如马铃薯的块茎），在一定的条件下具有与生殖细胞相似的功能，也可脱离母体而发育成后代植株。

二、作物繁殖方式与育种的关系

各种作物的繁殖方式不同，它们的遗传特点也就不一样，必须采用不同的育种方法和育种程序培育新品种。这里介绍有性繁殖和无性繁殖与育种的关系。

（一）有性繁殖

1. 自花授粉作物

自花授粉作物指通过同花所产生的精细胞和卵细胞相结合繁殖后代的作物，如小麦、大麦、水稻、谷子、燕麦、豌豆、大豆、绿豆、花生、马铃薯、烟草等以及蔬菜类的番茄、茄子、菜豆、豆角、莴苣等。它们的花是雌雄同花，同期成熟，花瓣大多没有鲜艳的颜色和特殊的香味，开花时间短，花器保护严密，不易接受外来花粉，多为闭花授粉，其天然异交率一般在 1%以下。但因作物类型、品种和环境条件不同，天然异交率有一定差异。例如，开颖授粉的小麦品种天然异交率高达 4%，而闭颖授粉的品种天然异交率在 1%以下；水稻因品种不同，天然异交率为 0.2%～4%。自花授粉作物由于两性细胞来源于同一个体，所产生的合子是同质结合体，所以群体内的个体在外观表现上基本相似。这种基因型和表现型的一致性是自花授粉作物遗传行为的一个显著特点。这类作物以自交方式传宗接代，所以同品种内个体间的基因型较纯合，表现比较整齐一致，并且有相对稳定的遗传性，通过自交保持纯合的后代。但这种纯合是相对的，不是绝对的，即并非绝对的自花授粉，有时也会发生天然异交、突变以及机械混杂，而使纯合的群体中发生自然变异的个体。在育种工作中可以利用其自然变异，通过人工选择，保留优良变异，培育新品种，即为系统育种。自花授粉作物以杂交育种为主要的育种方法。在杂交优势的利用上，这类作物品种间杂交种的第一代性状整齐一致，有一定的杂种优势。但自花授粉作物都是雌雄同花，不易去雄，制种困难，当雄蕊拔除不净时会自交结实，降低制种质量。因此，要利用杂种优势必须培育雄性不育系、保持系和恢复系，实现"三系"或"两系"配套，或者利用化学杀雄等途径来配制杂交种。在良种繁育时，还要适当隔离，以防自然异交和机械混杂。

2. 异花授粉作物

异花授粉作物指主要是通过异株或异花所产生的精细胞和卵细胞相结合而繁殖后代的作物。这类作物的花器构造有三种类型：一是雌雄异株，如大麻、菠菜等，雌花和雄花分别生长在不同的植株上，异交率为 100%；二是雌雄同株异花，如玉米、蓖麻以及瓜类作物等；三是雌雄同花，但自交不亲和，同一株的花粉落到自己的柱头上不发芽或发芽不受精，不能自交结实，主要通过风或昆虫传粉异交结实，异交率在 95%以上，如黑麦、向日葵、荞麦、甘薯、白菜型油菜及蔬菜类的菜花（花椰菜）、大白菜、萝卜、芹菜、大葱、韭菜等。这类作物在自然条件下都是异花传粉，天然异交率高。由于双亲的来源不同，遗传基础也不同，产生的结合子是异质结合的。在同一群体内，由于个体间遗传基础不同，性状一般表现为多样性。这种个体内的异质性和个体间的在基因型和表现型上的不一致性，是异花授粉作物遗传行为上的一个显著特点。由于异花授粉作物的个体是异质结合的，遗传基础比较复杂，基因型呈杂合状态，后代总是出现性状分离，优良性状不能稳定遗传下去，所以异花授粉作物的品种群体实质是由各种基因型构成的复合群体。为了获得较稳定的纯合后代和保证选择的效果，必须采取人工控制授粉的方法，如自交或近亲繁殖，再进行多次选择，才能获得遗传性状纯合的后代。但是人工强制自交后常引起生活力显著衰退，如玉米自交系植株变矮、果穗变小、雌花不实、雄花结子、白化苗等，产量明显下降。

异花授粉作物的品种间杂种虽有优势，但因亲本遗传性复杂，产生的第一代生长不整齐，优势相对较差，产量不高。为克服异花授粉作物的杂合状态，提高杂交亲本的纯合性，可利用自交手段人工控制授粉，强迫自交，育成自交系再进行杂交。这是异花授粉作物利用杂种优势的一个重要特点。在良种繁育中，为了保持自交系的纯度和杂交种质量，必须严格隔离，防止串花异交。

3. 常异花授粉作物

这类作物虽以自花授粉为主，但常常发生异花授粉，故称"常异花授粉作物"。其花器构造为雌雄同花，花瓣鲜艳有蜜腺，极易引诱昆虫传粉杂交。由于雌雄蕊不等长，成熟不一致，也容易引起异花授粉。它们的天然异交率介于自花授粉和异花授粉两种作物之间，一般为 4%～5%。常异花授粉作物有棉花、高粱、蚕豆、辣椒等。因作物不同，天然异交率差别很大，如棉花一般为 1%～5%，高的可达 50%；高粱最低的只有 0.6%，高的可达50%。因此，在自然群体中，常有一定数量异质结合的基因型个体，遗传基础比较复杂，自然群体一般处于异质结合状态，只是异质化程度不及异花授粉作物显著。同时，在主要性状上多处于同质结合状态，这又与典型的异花授粉作物有所不同。由于常异花授粉作物表现为自花授粉占优势，大部分是属于自交产生的基因型纯合的个体，在人工控制下连续自交，后代一般不会出现明显退化现象。因此，在育种方法上与自花授粉作物一样，多采用系统育种和杂交育种。在进行杂交育种时，要对亲本进行必要的自交和选择，淘汰杂系，选择遗传性状趋于纯合的优系作为杂交亲本，育种成效更为显著。在良种繁育过程中，必须隔离繁殖，品种要实行区域化种植，良种繁育基地绝对禁止种两个品种，以防止生物学混杂。在杂种优势的利用上，品种间杂交种的杂交第一代性状整齐一致，有一定优势。该类作物都是雌雄同花，除棉花花器较大容易去雄可以人工制种外，其他作物和自花授粉作物一样去雄比较困难，利用杂种优势必须实现"三系"配套或"两系"配套。

（二）无性繁殖作物

无性繁殖作物指能够利用根、茎、叶、芽等营养器官产生新个体而繁殖后代的作物。例如，甘薯、马铃薯、甘蔗、大蒜等以及许多果树、花卉植物，不仅能繁殖同一基因型的纯合个体，也能繁殖同一基因型的杂合个体。在通常情况下，无性繁殖作物是以无性繁殖为主要繁殖方式，并且在进行有性繁殖时，同样有自花授粉（如马铃薯）和异花授粉（甘薯、甘蔗、大蒜等）之分。由一个个体（母体）通过无性繁殖而产生的后代称为"无性繁殖系"，简称"无性系"。无性繁殖是由母体的体细胞组织经过无性繁殖而获得的。由于它没有经过雌雄配子的有性结合过程，所以在遗传组成上是母体遗传组成的重复，在生长发育上是母体生长发育的继续，即在遗传组成和性状表现上与母体完全相同。因此，无性繁殖作物品种性状的稳定性和后代个体间性状的相对一致性，是该类作物的一个显著特点。当然，一个无性系群体内的有些个体可能会因某些原因发生退化或芽变。无性系一旦发生芽变，又可以利用无性繁殖的方式育成新的无性系。

无性繁殖作物的品种虽然个体间表现一致，没有分离现象，但由于无性系的许多基因位点都是杂合的，一经有性繁殖就可以表现出多样化的分离。例如，甘薯品种自然结实或有性杂交的种子，其后代表现出各种各样的分离，茎蔓有长有短，有缠绕、匍匐，也有直立，薯块有大有小，皮色有深有浅，结薯有多有少。无性繁殖作物所具有的这种遗传异质性，为育种提供了丰富的材料，'增加了选择优良个体的机会。因此，选择杂交第一代优良个体育成新品种，是无性繁殖作物育种的有效途径。无性繁殖作物的杂交育种是通过有性繁殖和无性繁殖相结合进行的，即利用有性杂交第一代产生的大量分离材料，选择具有较强杂种优势的优良变异个体，再利用无性繁殖的方式把该个体的杂种优势和优良性状固定下来，育成一个稳定的品种。因此，无性繁殖作物的育种方法简便，速度快，年限短，而且所育成的品种能通过无性繁殖在生产上长期利用，这是有性繁殖作物所不具备的独特优点。

第三节　育种程序

新品种的选育程序一般包括准备、选择和比较三个阶段。

一、准备阶段

这一阶段的工作包括育种目标的制定，原始材料的收集、整理、研究，引种和育种规律的研究，杂交组合的配制，选择适当的原始材料，进行种子辐射或药剂处理等。如果是单倍体育种，则要从花粉诱导出植株，直到分离成品系，从而为下一步的培育和选

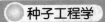

择做好准备。

二、选择阶段

选择的目的是使自然发生或人为创造的作物有利变异得到保存、积累和加强，进而培育出新的品种。按照既定的育种目标，选择优良单株育成优良品系是这一阶段工作的主要内容，也是育种工作的关键环节。

（一）选择的基本原则

（1）根据育种目标进行选择。必须自始至终严格按照既定的育种目标进行选择，才可能收到预期效果。

（2）必须使选择的材料处于均匀一致的条件下。选择时应将原始材料布置在土壤肥力、耕作方法、施肥水平均匀一致的田块，因为只有在相同条件下比较、选择，才能鉴别出个体之间在遗传性上的差异。

（3）必须对选择的田块采用较好的农艺措施。有机体只有在优良的培育条件下，其遗传性才能获得充分的表现。因此，对选择的田块必须加强田间管理，使植株能够在优良的栽培条件下生长发育，才能提高选择的效果。

（4）按照综合性状进行选择。根据综合性状进行选择，往往可以较快地收到预期的效果。同时，在重视综合性状的基础上，还应当有所侧重，注意某一性状的选择，以满足特定环境对品种的特殊要求。

（二）选择的基本方法

在进行育种时，应根据不同作物的授粉方式和遗传特点，采用不同的选择方法。选择的基本方法有单株选择法和混合选择法，其他方法都是由这两种方法演变而来的。

1．单株选择法

从原始品种群体中或杂交群体中，按照育种目标选择一定数量的优良变异个体（单株、单穗或单铃），分别脱粒、编号和保存，于下年或下季按单株种成一个小区，并设置对照区，经选优去劣保留最优良的单株后代（株系），再经过一系列选择、鉴定、比较，培育出新品种的方法，称为单株选择法。根据当选单株后代的稳定程度，单株选择法又可分为一次单株选择法和多次单株选择法。

（1）一次单株选择法，即从原始群体中进行一次单株（穗）选择，如当选单株后代性状优良且稳定，即可进行产量比较，不再进行单株选择。自花授粉作物和常异花授粉作物的系统育种就是采用这种方法。

（2）多次单株选择法，指进行一次单株选择后，如果单株后代优良但性状仍有分离，须在后代继续进行几次单株选择，直到性状稳定不再分离为止，然后再经鉴定、比较育成新品种。杂交育种和辐射育种多采取这种选择方法。

2．混合选择法

根据被选材料的遗传稳定性，混合选择法可分别采用一次混合选择法、多次混合选择法和集团选择法。

（1）一次混合选择法。对原始群体进行一次单株选择，把符合要求的个体（单株、单穗、单铃）选出来，然后混合脱粒。播种时，将混合脱粒的种子种成一个小区，把未经选择的原始群体和对照品种进行比较，以衡量选择的效果和当选材料的优劣。这种只经过一次选择即可使群体整齐一致的方法称为一次混合选择法。这种方法常用于自花授粉作物的良种繁育。

（2）多次混合选择法。在原始群体中进行一次混合选择后，如性状仍不能达到整齐一致，还需连续几次选择单株混合繁殖，直到符合要求，再与原品种及对照种进行比较。这种连续多次进行选择、比较的方法称为多次混合选择法。这种方法常用于异花授粉作物的群体改良和常异花授粉、自花授粉作物较为混杂的品种的提纯。

（3）集团选择法。对分离有几种不同性状的复杂群体按不同的方向分别进行混合选择，称为集团选择法。方法是：在原始群体中，根据性状的不同特点分别选择几种类型的单株，将同一类型的当选单株混合脱粒，第二年分别种成不同的集团，培育成新品种。例如，谷子品种的群体中有紧码穗和散码穗类型，利用这种方法可使品种性状达到相对一致，又可以防止多次单株选择所引起的遗传基础贫乏和遗传漂变。

3．改良混合选择法

此方法是混合选择法与单株选择法的结合。有两种方式：一是先进行几代混合选择，然后从中选择优良单株进行分系比较，当选株系下年继续比较选择育成新品种，这种方法在原始群体比较复杂时应用，在杂交育种中可采用这种方法进行后代选择；二是先在原始群体中选择单株进行分系比较，然后将优良而又整齐一致的株系混合脱粒进一步繁殖，即所谓"单株选择，分系比较，混系繁殖"。在良种繁育中生产原种时常采用这种方法，也即通常所说的"三圃制"和"两圃制"原种生产法。

三、比较阶段

比较阶段的工作内容包括品系鉴定试验、品种预备试验、良种区域试验、品种生产试验、良种良法配套研究等。这个阶段是对育种成果的检验过程，是育种之尾、推广之首，是联系育种和推广的纽带和桥梁。只有严格认真地搞好新品系、新品种的比较鉴定，才能使真正优良的新品种脱颖而出，并进而通过品种审定，走向大面积推广，使育种成果尽快转化为生产力。

第四节　育　种　方　法

一、系统育种

系统育种也称"一粒传"或"一穗传"育种。它是从现有作物品种群体中选择优良自然变异个体，通过培育、比较和鉴定获得新品种的一种方法。因为育成的新品种是由一个自然变异个体发展形成的一个系统，故称"系统育种"。这是自花授粉作物、常异花授粉作物和无性繁殖作物常用的育种方法，也是最基本的育种方法之一。

（一）系统育种的特点和原理

系统育种的优点是：直接利用自然变异，省去了人工创造变异的环节；选到的优良个体一般是纯合的，性状基本稳定，能较快地育成新品种，应用于生产；在原品种的基础上优中选优育成的新品种，既改进了缺点，又保持了原品种的优良性状，因此适应性好，容易推广；育种方法简便，容易掌握，省时省工，收效显著。系统育种也有它的缺点和局限性，即它仅能改良现有品种的个别缺点，而不能有目的地创造新类型，难于育成突破性的新品种。

任何一个优良品种，都具有相对稳定的遗传性，在一定时期内可以保持性状的整齐一致。但是，随着自然条件和栽培条件的不断变化，品种群体内总会出现变异。例如，天然异交、品种性状继续分离、环境因素引起突变等，使得品种出现各种变异单株。尤其是从外地引入和杂交育成的品种，由于环境条件变化，较易出现变异单株，如确属优良变异，就可以通过选择育成新品种。

（二）系统育种的方法和程序

系统育种一般经过选株和株行试验，品种鉴定试验，品种比较试验、区域试验和生产示范等几个阶段。

1. 选株和株行试验

优良变异单株的选择应该在各个生育阶段，按照预定育种目标在大田、良种繁殖田、引种试验田进行。在选择时除重视目标性状的选择外，还应注意综合性状的选择。决选的优良变异单株分别种成株行。株行试验的目的是鉴定当选单株后代的目标性状是否优于对照品种以及性状是否表现一致。对株行应当详细观察，反复比较，提高选择效果。在整个生育期间，对主要生育阶段的抗逆性、丰产性等性状应做详细的记载，以便优中选优。对性状表现优良一致的株行分别混收脱粒即成为一个品系，下年可提交鉴定试验。对性状优良但不稳定的株行，按多次单株选择法继续选株，直至性状稳定再做株行试验。

2. 品种鉴定试验

品种鉴定试验的目的是对当选品系的生育期、抗逆性和丰产性等性状进行全面鉴定，并计算其产量，以便确定最优品系提交品种比较试验和区域试验。对表现优异的品系可同时加速种子繁殖，安排多点试验。

3. 品种比较试验、区域试验和生产示范

把品系鉴定试验中选拔出来的优系，通过较大面积种植，进一步与本地推广品种和新品种进行比较，从中选拔出优良品种，申请参加国家或省的区域试验。可同时进行多点试验和生产示范，从多方面测定品系的利用价值。

（三）系统育种应注意的问题

1. 在适宜的材料中选择

利用什么材料作为选株的原始群体，是系统育种成败的关键。作为系统育种的原始材料必须符合两条要求：一是出现优良变异个体的频率较高；二是本身综合性状好，只有个别缺点。因此，从当前生产上广为栽培或即将推广的品种中进行选择，可以做到优

中选优，容易收到良好效果。

2. 选择的标准要准确

首先应对被选择的品种群体进行具体的调查分析，然后根据育种目标确定哪些性状是要保持和提高的，哪些不良性状是必须克服改进的，抓住主要矛盾，制定出明确具体的选择标准。

3. 在相应条件下，从生长均匀一致的群体中进行选择

作物性状的表现是遗传性和环境条件共同作用的结果，特别是与产量有关的一些优良性状，只有在优良的栽培条件下才能充分表现出来。对于一些适应特定环境条件的品种，则应在相应条件下选择。例如，选育抗旱品种，就应在旱地进行选择；选育高产品种，就要求在高水肥条件下选择。为避免环境条件的影响，选择必须在生长均匀一致、保持原品种特点的田块中进行，尽量不在田边地头、缺株断垄等不正常的地方选株。

4. 在作物生长的关键时期认真选择

在大田选择时，由于所观察的材料来源于一个稳定的品种，株间差异较小，不像杂交后代那样容易识别，因此必须在品种生育的全过程中多看精选、分段观察、多次选择，特别是在欲改良性状显现的关键时期进行观察和选择，才可能选出优良的变异单株。

5. 选择的数量应视具体情况而定

如发现有突出优良变异单株时，应有几株选几株。一般来说，由于可遗传的优良变异出现的概率很小，供选择的群体应尽量大些，即进行大群体选择，以便优中选优，提高育种成效。

二、杂交育种

杂交育种是指将遗传性不同的品种或类型，进行有性杂交获得杂种后，经选择培育新品种的方法。杂交可将两个或两个以上亲本的优良基因结合于一体，通过后代的基因分离、重组，产生新的优良个体，有时还会出现超亲的变异类型。这种方法在我国应用最广，成效也最显著。

（一）杂交育种的基础知识

1. 有性杂交的概念

杂交育种通常是指有性杂交育种。有性杂交是指将两个具有不同遗传性的品种或类型进行杂交，通过雌雄性细胞的结合，产生新类型的杂交方法。根据杂交所用亲本来源的不同，有性杂交还可分为种间杂交、品种间杂交和远缘杂交等。

2. 杂交育种常用符号

在有性杂交中，接收花粉的植株称母本，用符号"♀"表示；供给花粉的植株称父本，用符号"♂"表示；父本和母本通称亲本，用字母"P"表示；符号"×"或"/"表示杂交，符号"⊗"表示自交。杂交所得的种子称杂种。杂种播种后长出来的植株称杂种第一代，用"F_1"表示；收取"F_1"的种子播种后长出来的植株称杂种第二代，用

"F₂"表示，以此类推。

3. 花期调节

开花期不同的品种，通过一定的措施达到花期相遇的过程，称为花期调节。它是杂交育种和制种取得成功的关键环节。目前一般采用的措施有下面几种。

（1）分期播种。分期播种是最常用的方法，是指将早开花的亲本晚播，晚开花的早播；或母本正常播种，父本分期播种，使花期不同的亲本花期相遇。具体错期日数，应根据对各个亲本的花期观察结果确定。

（2）春化处理、日照处理和调节生育期温度。春化处理可促进提早抽穗。缩短或延长光照，能使开花提早或延迟。例如，使晚稻提早抽穗，可用短日照处理；使小麦提早抽穗，则必须用长日照处理。对于喜温作物通过增温或降温，也能提早或延迟开花。

（3）栽培措施调节。例如，对早熟亲本追施氮肥可延迟开花；对晚熟亲本增施磷肥可促进开花。此外，还可用生长激素来调节双亲花期。

4. 有性杂交的方式

（1）单交，又称简单杂交或成对杂交。单交一般只涉及两个亲本，此法简便易行，工作量小，后代稳定较快，只要亲本选择得当，较易获得新品种。

（2）复交，也称复合杂交，是指用三个以上亲本进行两次或两次以上的杂交。复交的目的是把多个亲本的优良性状和特性集合于一体，丰富杂种的遗传基础，以便对多个性状进行改良，使选育出来的品种更符合育种目标。复交按其所用亲本数目和杂交方式不同，又可分为三交（先把两个亲本配成单交，再用单交第一代与另一亲本杂交）、双交（两个单交 F₁ 代再进行杂交）、四交（先将两个亲本配成单交，用单交 F₁ 代和第三个亲本配成三交，最后再和第四个亲本杂交）、聚合杂交（通过一系列杂交，将多个亲本的优良基因聚合在一起）。

采用复交的不足之处是育种年限长，比较费工，杂种群体较大，后代处理比较麻烦。一般在目标性状要求较多、需要综合多个亲本优良性状时采用。

（3）回交，又称重复杂交，是将单交所获得的杂种与亲本之一再进行重复杂交。重复杂交的亲本称轮回亲本，另一个亲本称非轮回亲本。回交育种的目的是通过连续回交，保留轮回亲本的优良性状，改良其个别缺点。回交有一次回交法和连续多次回交法两种。

（4）多父本杂交，也称多父本混合授粉。将两个以上父本的花粉混合后对一个母本品种授粉的方式称为多父本杂交。由于多个父本参加授粉，杂种第一代就出现分离，因此杂种第一代就应开始单株选择。另一种方法是先将母本植株去雄后，不经人工授粉，让其自由串粉授粉，即为自由授粉。

（二）杂交亲本选配的原则

根据育种目标正确选配杂交亲本，才能达到预期的效果。选用亲本性状的好坏直接关系到杂种后代的优劣，因此能否正确选配亲本是杂交育种能否成功的关键之一。选配亲本的基本原则包括下面几方面。

1. 掌握好双亲优缺点

双亲优点尽可能多，缺点尽可能少，主要优缺点互补，双亲均不能有突出的和难以克服的缺点。

2. 选用当地推广品种作为骨干亲本

一般来说，当地推广品种具有较多的优良性状，对当地条件有较强的适应性，抗御自然灾害的能力也较强。因此，用推广品种作为亲本之一和外来种杂交，后代出现优良变异的概率较高，有利于优中选优，育成新品种。

3. 选用生态类型差异较大、亲缘关系较远的材料作为亲本

这样的亲本遗传基础一般差异较大，其杂交后代遗传基础丰富，能分离出较多的变异新类型，有更多的选择机会。所以在选配亲本时，要竭力避免与同一来源或"血缘"十分相近的品种进行杂交。

4. 选用一般配合力好的材料作为亲本

一般配合力是指某一品种与其他若干品种杂交后，杂种后代在某个性状上表现的平均值。用一般配合力好的品种作为亲本，往往会得到优良的变异个体，容易从中选出好品种。一个品种一般配合力的高低，必须通过杂交后才能测知，因此在杂交育种中要注意积累资料，以便选出配合力好的亲本材料。

（三）北方主要作物杂交技术

进行有性杂交首先要了解该作物的花器构造和开花规律等生物学特性，在此基础上有步骤地进行杂交操作。

1. 小麦杂交技术

小麦为复穗状花序，由穗轴和小穗组成。每个小穗有 2 个护颖和 3～7 朵小花。每个小花由内颖、外颖和 3 个雄蕊、1 个雌蕊、2 个鳞片组成。小麦属自花授粉作物，通常抽穗后 2～4 天开花，有的抽穗当天即开花。每天有两次开花高峰，即上午 7～10 时和下午 3～5 时。同一麦穗中，上部小穗先开花，然后依次向中、下部开放，全穗开花期为 3～5 天。柱头保持授粉能力一般可达 8～9 天，以 1～3 天最为适宜，3～4 天后结实率显著下降。花粉粒维持生活力的时间很短。

（1）选穗整穗。选择性状典型、生长健壮的母本植株中穗中部花药呈黄绿色的穗子，剪去穗子上部和基部的小穗，只留中间 8～10 个小穗，每个小穗只留基部 2 朵花，把小穗中部的小花用镊子夹除。若是有芒品种，把芒也一起剪去，便于操作。

（2）去雄。去雄时用左手大拇指和中指捏住麦穗，用食指轻压外颖的顶部，右手将镊子轻轻插入内外颖的合缝里，夹住 3 个雄蕊顶部轻轻地夹出。注意不要把花药夹破（如花药破裂，则应剪去该朵小花），也不能碰伤柱头，并检查雄蕊是否已全部取出。去雄要有一定次序，从穗子的一边开始，从下向上做完一边再做另一边。去雄后，要把用过的镊子用酒精棉球擦干净，以免把花粉带到其他花上。

（3）套袋隔离。去雄完毕后，立即将穗子用玻璃纸袋套上，把袋口折叠，并用回形针或大头针别住，以免被风吹落。

（4）挂牌。纸牌挂在去雄穗的穗下茎残旗叶下面的茎秆上，并写明母本名称、去雄日期和工作者姓名。

（5）授粉。在去雄后的第 1～3 天上午 7～10 时或下午 3～5 时开花盛期进行授粉。如果去雄后遇到阴雨低温，可在去雄后 3～4 天内授粉。授粉的方法可根据小麦开花习性完成，即见到父本穗子中部一两朵小花已开花，靠近它的一些花也将开放时，可将父本麦穗拔下，用镊子夹取花药，或者把这些将开的花朵剪去一些颖壳，促使开花后采集花粉。授粉时把去雄穗隔着纸袋轻抹 1～2 次，促使颖壳张开，然后取下隔离纸袋，用扁头镊子粘取花粉，撒放到每朵花中，或者把父本花药夹破直接放在母本柱头上。授粉完毕把隔离纸袋套上，在纸牌上写上父本名称和授粉日期等。

2. 棉花杂交技术

棉花为常异花授粉作物，单生两性花由花萼、花冠、雄蕊、雌蕊组成。花冠由 5 个花瓣组成，花的中央有一个雌蕊和多个雄蕊。雄蕊由花药和花丝组成，花丝基部连成一体形成雄蕊管，套在雌蕊花柱的外面。雌蕊由柱头、花柱和子房三个部分组成。棉花为无限花序，花期很长，一般每株可延续两个月左右。棉花全天都可以开花授粉，但以上午 9 时左右开花最盛，下午 3～4 时后花冠渐渐萎缩，第二天以后凋谢，并连同雄蕊管及柱头一起脱落。在开花的同时，花药开裂，散出花粉粒，落在柱头上即可受精。棉花开花的顺序，就一个棉株来看，是由下向上，由内向外，沿着果枝呈圆锥螺旋式顺序进行。

（1）去雄。选择母本第 3～6 果枝，靠近主茎第一、二果节的花朵去雄。去雄的时间以开花前一天下午 4 时后较为适宜。去雄一般采取手剥去雄法，即用右手大拇指从萼管外面切入，然后将花萼管、花冠和整个雄蕊管一齐剥下，只保留雌蕊。去雄后用麦管套住柱头到子房上端（麦管一端开口，一端有节密闭），麦管顶端应高于柱头 1～2 cm，以防损伤柱头。

（2）授粉。选择与母本花朵同时开放的父本花朵，在开花前一天用长约 10 cm 的双条棉线扎住花冠的顶部，准备作为采集花粉用。授粉最好在上午 9～10 时前后进行。授粉时把隔离的父本花朵摘下来翻开花冠，把母本隔离麦管去掉，用父本雄蕊在母本柱头上轻轻涂抹。授粉后仍套上麦管进行隔离。最后挂上小纸牌，写上父母本名称、授粉日期、工作者姓名。

3. 玉米杂交技术

玉米是雌雄同株异花的异花授粉作物。雄蕊是由主茎顶端的生长锥分化而成的圆锥花序。雌穗为肉穗花序，由叶腋中的腋芽发育而成。雄穗抽出后，早的 1～4 天，晚的 10 天左右便开花散粉，开花后的 3～4 天为盛花期。每天上午 7～11 时开花最多，中午以后开花失生活力。雄穗开始散粉后 2～4 天，雌穗的花丝才开始外露。花丝从开始伸长到结束，一般 5～7 天。花丝是雌穗的须状花柱，有茸毛，能分泌黏液粘着花粉。花丝伸出苞叶外就有受精能力，从开始伸长到结束一般 5～7 天，而以第 2～3 天最易授粉。花丝的受精能力可维持 10 天左右。

（1）雌穗的套袋隔离。在母本植株的雌穗露出而没有吐丝以前，用牛皮纸袋套住雌穗，下边用细绳扎住。当花丝抽出时，在当天下午就要用牛皮纸袋套在父本植株的雄穗上，第二天上午 8 时以后可采集花粉进行授粉。

（2）授粉。采集花粉时，应将父本雄穗稍稍弯下轻轻摇动，使花粉落在牛皮纸袋（或辅助授粉器）内，然后小心取下雄穗袋，迅速折叠袋口，以防其他花粉进入。授粉时工作者要头戴草帽，遮于果穗上方，轻轻取下雌穗上的纸袋。看一下如果花丝过长可剪去一部分，然后立即进行授粉，将牛皮纸袋口向下倾斜，使花粉均匀地撒在花丝上。授粉后，仍用原来的牛皮纸袋套在果穗上。最后挂上纸牌，写明父母本名称、授粉日期、工作者姓名。

（四）杂交后代的选择和培育

F_1 代按组合种植，在第一组合的左或右应种植父、母本品种各一行，每隔一定行数种植一区对照品种，用以比较优劣。为了增加繁殖系数，扩大 F_2 代的群体范围，杂种第一代应种在肥水条件较好和农业技术优良的条件下，并采用单粒点播，适当加大行株距，以保证充足的营养面积，使杂种性状得到充分发育，以利于观察和选择。单交的杂种第一代因植株性状比较一致，一般只选组合，不选单株，但应剔除假杂种。成熟时一般是将当选组合考种后混合脱粒，留待下年种植。复交组合或亲本不纯、F_1 代有分离现象时，可选单株，并注明组合号和单株号。杂种第二代由于基因重组性状发生强烈分离，以后几代仍有分离，一般至 F_4 或 F_5 代以后性状趋于稳定。因此，从杂种第二代起，就可根据育种目标进行选择，直至选出优良稳定的新品系出圃，育种周期始告完成。具体来说，对杂种后代的选择有以下几种方法。

1. 系谱法

系谱法即连续多代个体选择法。从第二代起，先比较组合的优劣，表现差的组合全部淘汰，然后在当选的杂交组合里，选择优异单株。入选的单株，以单株为单位分别收获、考种、脱粒、贮藏，并分别编号，下一年即 F_3 代以株为单位种植，即为一个个株系。株系内植株性状仍有分离，须从中再选择优良单株，表现不好的株系则全部淘汰。来年仍按株系分别播种选择。对于表现整齐一致的株系，可混收为品系，升入品系鉴定圃。系谱选择法有严格的编号，根据编号就可以知道第几代，有系谱可查。来自同一 F_1 代株系的单株到 F_4 代所形成的株系为株系群。株系群内各株系称为姊妹系。

2. 混合法

混合法是指除第一代淘汰不良组合外，在杂种分离世代，按组合混合种植，不选单株，直到一定世代性状纯合率达 80% 左右时，即 F_5 或 F_6 代再进行一次选株，形成稳定株系，进而育成品种的方法，一般适用于自花授粉作物的杂种后代选择。用混合法选择杂种后代，方法比较简单，省工、省时，容易掌握。并且，由于早代不选株，便于保留较多的有利基因，增加重组机会，到晚代基因型达到一定程度的纯合后再选株，更有利于产量性状的选择。此方法的缺点是各株系的亲缘无从查考，育种年限较长。

3. 派生系统法（混合系谱法）

F_2 或 F_3 代的一个单株繁殖的后代群体，称为 F_2 或 F_3 代的派生系统。派生系统法是在 F_2 或 F_3 代的群体内选一次单株，以后各代均按当选的派生系统混合种植，不选单株，只淘汰一些不好的派生系统，直至性状趋于稳定，到 F_5 或 F_6 代时再从中选择优株，进而培育成品种。此法兼具系谱法和混合法的优点，在一定程度上克服了两者的缺点，具有简单易行、能保留较多基因型个体的优点，但在查考系谱及缩短育种年限方面不如系谱法。

4. 单粒传法

从杂种分离世代开始，按组合每株采收一粒种子，混合繁殖进行至 F_5 或 F_6 代。在变异丰富的 F_5 或 F_6 代群体中，选择大量稳定而纯合的优良单株，于下年种成株系，再从中选拔优系育成新品种，称为"单粒传"。此法适用于温室或异地加代。单粒传法的主要特点是：尽量保持组合内的株间变异，保留群体的丰富遗传性；每株采用等量种子，可以维持不同类型在群体中的比例，减少种植规模；分离世代不选单株，节省人力和地力，有利于加速世代。在大豆育种中多用此法。

三、杂种优势的利用

杂种优势是指两个遗传性不同的亲本杂交产生的杂种一代在生长势、生活力、抗逆性、产量和品质等性状上优于双亲的现象。杂种优势普遍存在于生物界，如能科学地加以利用，则可促进生产，造福人类。在我国，玉米、高粱、水稻、油菜以及一些瓜菜类作物杂交优势得到普遍利用，取得了举世瞩目的成就。小麦、谷子等的杂种优势利用也取得一定进展，有希望在不久的将来应用于生产，从而使育种工作实现新的突破，大幅度提高农作物产量。

（一）杂种优势利用的特点

不同繁殖授粉方式的作物，利用杂种优势的特点各不相同。

1. 自花授粉作物和常异花授粉作物

自花授粉作物的遗传特点是品种群体往往具有一定的异质性，而群体中个体的基因型是纯合的。因此，在利用杂种优势时，只要在原群体中进行一次单株选择，然后进行株系繁殖，可获得基因型高度纯合的亲本材料。用这些材料彼此杂交，即可配制出高度整齐一致的杂种一代。所以，自花授粉作物利用杂种优势的特点就是直接利用品种间杂交种。

常异花授粉作物是以自花授粉为主，其遗传特点和杂种优势利用与自花授粉作物相似。但由于常异花授粉作物的天然杂交率较高，对所利用的亲本材料要结合选择进行人工自交，以提高亲本的纯合性，保证杂种优势的发挥。

自花授粉和常异花授粉作物都是雌雄同花，其利用杂种优势的关键是解决去雄问题。对去雄比较容易的作物（如棉花）和繁殖系数较高的作物（如烟草），可采用人工去雄的方法制种；而对于人工去雄困难，繁殖系数又低的作物，如小麦、水稻、谷子、高粱等，则应采用雄性不育系或化学杀雄等方法制种。

2. 异花授粉作物

异花授粉作物由于天然杂交率很高，品种的遗传基础相当复杂，不但群体内植株间遗传组成不同，即使是同一植株其基因型也是高度杂合的。因此，用两个品种直接杂交所产生的杂种一代，生长不整齐，产量不高，不能充分发挥杂种优势。为了有效地克服异花授粉作物品种的杂合状态，就要采用人工控制授粉、强迫自交的方法来提高亲本的纯合性。经过多代的选择鉴定，即可育成基因型纯合、配合力高的优良自交系。将这些自交系相互组配，就可以选出优良的强优势组合，配制出优良的自交系间杂交种。因此，人工自交、选育自交系、配制自交系间杂交种，是异花授粉作物利用杂种优势的主要特点。

3. 无性繁殖作物

无性繁殖作物如甘薯、马铃薯、大蒜等，其品种是通过有性杂交，从杂种一代中选择优良单株，继而进行无性繁殖育成的无性系。无性系能够在较长时期内维持与杂种一代同样的优势，因此不必年年制种。这种利用有性杂交产生杂种优势，再用无性繁殖来"固定"杂种优势的方法，是无性繁殖作物利用杂种优势的特点。虽然无性繁殖可以"固定"杂种优势，但由于无性系本身的高度杂合性，所以当再作为亲本进行杂交时，杂种一代就会发生多样性的分离。因此，要更好地利用无性繁殖作物的杂种优势，就必须采用自交选择的方法来提高亲本的纯合性。不论是异花授粉的甘薯，还是自花授粉的马铃薯，都可以像玉米一样，先选育优良自交系，然后进行自交系间杂交。在获得强优势的自交系间杂交种后，再利用无性繁殖的方式"固定"杂种优势，供生产上利用。

（二）杂种优势利用的方法

杂种优势利用的关键之一是解决杂交制种，特别是去雄问题。目前解决这一问题常用的方法有下面几种。

1. 人工去雄

人工去雄是在雄花散粉前，人工去掉雄蕊，以免发生自交。这种方法适用于去雄容易（如玉米）和繁殖系数高的作物（如烟草）。小麦、水稻、高粱等作物去雄困难，又是一花一粒，繁殖系数较低，则不可能用人工去雄的方法生产出大田生产所需的杂交种子。

2. 化学杀雄

化学杀雄选用特定的化学药剂，在作物生长发育的一定时期，喷洒于母本植株上，直接杀伤或抑制雄性器官，造成生理不育，以达到去雄的目的。目前效果较好的杀雄剂主要有适用于水稻的杀雄剂一号（甲基砷酸锌）、杀雄剂二号（甲基砷酸钠），适用于小麦的乙烯利以及青鲜素（玉米用）和三氯丙酸（棉花用）等。

3. 标志性状的利用

在杂种优势利用中，利用标志性状可以识别和剔除杂种一代中的假杂种，保留真杂种，以供生产利用。方法是选出优良的杂交组合后，给父本转育一个苗期出现的显性性状，或者给母本转育一个苗期出现的隐性性状，然后将父母本相邻种植，让其自由授粉杂交，可从母本上获得自交和杂交的两种种子。播种后根据标志性状间苗，拔除隐性性状的幼苗（即假杂种或母本苗），留下具有显性性状的幼苗（即杂种苗）。

4. 自交不亲和性的利用

自交不亲和性是指一些作物的某些品系，虽然雌雄同花，雌雄蕊发育正常，开花散粉也正常，但自交或兄妹交均不结实或结实极少。具有这种特性的品系称自交不亲和系。由于自交不亲和性是一种可遗传的特性，故可采用连续 3～4 代套袋自交和定向选择的方法，培育自交不亲和系。不亲和系相互杂交，从双亲上采收的种子都是杂种，可供生产使用。据试验，自交不亲和性与花龄大小有密切关系，在正常开花期（开花前 1～2 天至后 1～6 天）自交不结实，但在蕾期授粉（剥蕾授粉自交）却能结实。因此，可在正常开花期配制杂种，而在蕾期采用人工剥蕾授粉的方法繁殖和保存自交不亲和系。在十字花科作物中，自交不亲和性已应用于生产，特别是油菜、大白菜已选配出一批较优良的组合，取得显著增产效果。

5. 雄性不育性的利用

此方法是用具有雄性不育特性的品系作为母本，用雄性不育恢复系作为父本，可配制杂交种子，用于生产；而用雄性不育保持系作为父本，其杂种后代则能保持其不育性。

利用雄性不育性配制杂交种，可以省去人工去雄，降低生产成本，提高制种质量，更重要的是为一些不易人工去雄的作物，如水稻、高粱、小麦等杂种优势利用开辟了新途径。我国利用雄性不育性配制水稻杂交种，不仅在国内显著增产，而且打入国际市场，其发展前景令人鼓舞。雄性不育性有质核互作不育型、核不育型两大类型。目前生产上利用的主要是质核互作不育型。

（1）质核互作不育型的应用。

由细胞质基因和核基因互相控制的不育类型，称质核互作不育型。由其遗传特点所决定，其雄性不育性在杂种一代可以得到保持，也可以被恢复。因此可以利用三系配套来配制杂交种。三系是指雄性不育系（简称不育系）、雄性不育保持系（简称保持系）和雄性不育恢复系（简称恢复系）。

1）不育系是指具有雄性不育性的品种或自交系，常用 A 表示。其主要特点是雌蕊发育正常，能接受外来花粉而受精结实，但雄蕊发育不正常，没有花粉或花粉无生活力，不能自花授粉，故在制种时作为母本，可以不用人工去雄。

2）保持系是指给不育系授粉后，杂交后代能保持其不育性的品种和自交系，常用 B 表示。保持系有同型和异型之分。与特定不育系有共同血缘，有姊妹关系的保持系，称为不育系的同型保持系。这种保持系除育性不同于特定的不育系外，其他特征、特性与特定的不育系几乎完全相同，制种效果也相同。任何一个不育系，都有其同型保持系，并靠其传宗接代，繁殖种子。异型不育保持系是指具有保持不育性的能力，但与特定的不育系没有姊妹关系的品种或自交系，其形态特征与特定的不育系不同，容易鉴别，主要用于配制三交种（或双交种）。

3）恢复系是指给不育系授粉后，能恢复其雄性繁育能力的品种和自交系，用英文字母"R"表示。制种时用恢复系作为父本，不育系作为母本，在制种区内自然授粉杂交，便可得到杂种种子，而且杂种一代能顺利地开花授粉，正常结实。

"三系"的选育方法如下。

1）不育系和保持系的选育。一个优良不育系必须具备以下条件：不育度高，达到或接近 100%；不育性稳定，不因多代回交或环境条件变化而变化；可恢复性能好；配合力高；农艺性状优良并具有特殊性状，如柱头外露率高，开颖时间长，张开角度大等。不育系的选育方法主要有三种。①利用自然不育株。在作物群体中，由于基因突变或其他原因，往往会出现一些自然不育株，可用人工控制授粉的方法使其结实，并保持不育性。然后用多个品种与其杂交，从杂交后代中选出不育性高、性状优良而又相似于父本的植株进行成对回交，一般连续回交 4～5 代，不育性就基本稳定，大多数状都和父本相同，就育成了不育系和保持系（原品种）。②种间杂交法和类型间杂交法。不同的物种和类型血缘关系较远，遗传性差异较大，质核之间有一定的分化。如果一个物种（类型）具有不育细胞质 S（MSMS）作为母本，另一个物种（类型）具有核不育基因 F（msms）作为父本，通过杂交并与原父本连续回交，就有可能将不育细胞质和核不育基因结合在一起，获得不育系 S（msms）。该不育系除雄性不育外，其他特征特性与原父本基本相似，而且整齐一致，原父本就是它的保持系。小麦 T 型不育系和高粱不育系以及许多水稻不育系就是通过种间杂交法和类型间杂交法选出来的。③回交转育法。这是目前常用来选育新不育系的方法，其程序简便，容易见效。它可把现有不育系的不育特性转移到适于当地条件的某些优良品种中，培育成新不育系。

2）恢复系的选育。优良的恢复系应具备恢复度高且恢复性稳定，配合力高，综合性状良好等特征特性。选育恢复系常用的方法有三种。①测交筛选法。这是用特定不育系与广泛搜集的现有品种（系）测交，从中筛选出恢复系。②回交转育法。这是用回交的办法把没有恢复能力的优良品系转育成恢复系。方法是先用任一不育系与任一恢复系杂交，然后从杂交后代中选择恢复力最强的植株作为母本，与被转育的品种杂交，并用被转育的品种连续回交 4～5 代，最后将回交后代自交两次，就可得到恢复性好，且性状和被转育品种几乎完全相同的恢复系。这种方法不但能转育恢复系，而且可同时转育出不育系。须注意的是，在转育过程中应加强恢复性的选择。③杂交选育法。杂交选育法通过品种（品系）间杂交，把双亲的优点结合在一起，从而选育出农艺性状优良、恢复性能好的新恢复系。方法是按育种目标选配杂交组合，从杂种一代开始，代代选择性状优良、恢复性好的单株。在适当的世代，用不育系测定其恢复力和配合力，最终选出优良的恢复系。

除以上主要方法外，还可用人工诱变法选育恢复系，也可采用系统育种法对现有恢复系进行系统选择，以提高其恢复力和改进性状。无论哪种作物，采用何种方法选育不育系和恢复系，都必须进行配合力的测定，然后再根据育种目标的要求和杂种优势利用的亲本选配原则，选用高配合力的优良不育系和恢复系杂交从中选育出优良的杂交种应用于生产。

（2）核不育型的应用。

由细胞核内染色体上纯合的不育基因所决定的雄性不育型，称为核不育型。其主要遗传特点是多数核不育型均受一对隐性基因所控制，纯合体表现雄性不育。这种不育性能为相对可育显性基因所恢复，杂合体自交后代呈简单的孟德尔式分离，因此核不育型只有恢复系，没有保持系。这一特点使核不育型的利用受到很大限制。人们正在尝试采用特殊的细胞遗传技术和两系法来应用核不育型。

两系法是指只用不育系和恢复系配制杂交种子的方法。在这种方法中，不育系起着保持系和不育系的作用，即以不育系中的可育株给不育株授粉或可育株自交繁殖不育系种子，从而使不育性得到保持；以不育系中的不育株与恢复系杂交生产杂交种子。但制种区的母本和大田种植的杂交种，都要根据形态特征拔除可育株和假杂种。

四、无性繁殖作物育种

无性繁殖作物的育种方法主要有利用芽变育种和有性杂交育种两种。

（一）芽变育种

无性繁殖作物及果树、花卉等常常在分生组织芽原始体的细胞内发生突然变异的现象，称为芽变。无性繁殖作物通过无性繁殖的方式可以将这种变异固定下来，形成新的无性繁殖系，简称无性系。芽变可以发生在植株的任何部位。由芽变得到的新个体称为芽变体。芽变通常在个别性状上发生，发生的频率一般较低。芽变系除变异性状外，其余性状与原品种相似，这是芽变的特点。所以，在利用芽变选育新品种时，应特别注意区分哪些芽变是有利的，哪些芽变是不利的，以便利用芽变育成更好的新品种。

以甘薯为例，芽变选种的具体方法如下。

第一年，在苗床或田间选择变异薯苗、茎蔓或薯块。对选出的变异苗、茎蔓，要在当年加紧插植繁育成薯块，单独留种收藏；而对选出的变异薯块也需单收单藏，以便进一步繁殖。经过繁殖的变异的单株、单块，其后代就自成为新系。第二年，以各个新系材料为基础，从中进行优中选优，经过连续选择，并经过鉴定试验和生产示范，证明该品系确系优良并符合育种目标要求，即成为新品种。

（二）有性杂交育种

有性杂交育种是无性繁殖作物应用最普遍、成效最大的主要育种方法。无性繁殖作物的有性杂交育种是以有性繁殖和无性繁殖两种方式结合进行的，它既能利用有性杂交实现基因重组，在实生苗（由无性繁殖作物种子长成的苗）当年即发生复杂的分离，又能利用无性繁殖的方法将重组类型繁殖下来，还能将重组中所产生的杂种优势通过无性繁殖方式固定遗传下来，育成新的品种。所以，它既不像小麦、水稻等自花授粉作物那样，需要经过连续多年多代分离纯化，直至主要性状趋于稳定才能利用；也不像玉米等异花授粉作物只能利用杂种一代，需要年年制种。无性繁殖作物杂交育种的程序如下。

1. 有性杂交

无性繁殖作物的栽培品种开花习性很复杂：有的不能开花，甚至不能形成花器；有的在一定条件下才能开花（如甘薯需采取近缘植物嫁接、短日照、环状剥皮、重复法等以诱导和促进开花），有的开花不结实，有的杂交种或实生苗能够开花结实。所以，要根据具体作物品种的花器构造、开花习性诱导和促进开花，然后进行有性杂交。

2. 实生苗单株选择（杂种圃）

这是无性繁殖作物杂交后有性时代的选择，同一杂交组合甚至同一蒴果内的不同种子间 F_1 代就产生极为多样化的分离现象。因此，应根据育种目标要求对实生苗进行单株选择。F_1 代实生苗选择是整个育种工作的基础，是能否育出新品种的关键。

3. 无性系选择（选择圃）

由实生苗单株长成的茎或块根称为株系或无性系。对在选择圃种植入选的实生苗单株的无性系进行进一步复选，在全生育期要对所有无性系的主要特征特性进行全面、系统的观察记载，并对产量和品质进行初步测定。在一个无性系中，只要出现一株不抗病或退化植株，即应全系淘汰。通过选择圃复选，一般需要连续进行 1～3 年。

4. 品系鉴定圃

实生苗株系或无性系的无性繁殖后代称为品系。品系鉴定是对株系选择可靠性的复核，一般需进行 1～2 年。

5. 品系产量比较试验

品系产量比较试验的目的在于鉴定各个参试品系的丰产性及稳定性，了解其种性及适宜的栽培技术措施，择优选荐参加品种区域试验和生产示范。与此同时，要注意加速繁殖种子，以备推广。

五、远缘杂交育种

（一）远缘杂交育种的概念

远缘杂交一般是指不同种、属甚至科间的杂交，也包括栽培植物与野生植物之间的杂交。有时把亚种之间的杂交，如籼稻和粳稻之间的杂交，也称为远缘杂交或亚远缘杂交。通过远缘杂交创造新变异并从中选育新品种的方法称远缘杂交育种。

（二）远缘杂交育种的意义

一般来说，种内不同个体之间有基本相同的遗传基础，杂交很容易成功；而不同物种间在遗传上则有很大差异，因此彼此相互杂交很难成功，即使偶尔杂交结实，后代通常夭亡或不育。这是各物种在漫长的进化过程中形成的一种共同特性，称为生殖隔离。不同种、属间的生殖隔离并不是绝对的，在某种特定条件下是可以打破的。实践证明，远缘杂交一旦成功，则对生物进化，新物种、新类型的形成，新品种的选育等都具有极其重要的作用。

（三）远缘杂交育种的现状

尽管远缘杂交难度较大，我国在远缘杂交育种方面还是取得了较大成就。例如，中国农业科学院用小麦与黑麦杂交，育成的八倍体小黑麦，既有小麦的丰产性，又有黑麦的抗逆性，同时还兼备了小麦蛋白质含量高和黑麦赖氨酸含量高的特性。又如，西北植物研究所用野生偃麦草和小麦杂交，育成了小偃麦系优良新品种，其中"小偃 6 号"自 1981 年以来在全国 10 个省区种植。再如，我国籼型水稻雄性不育系是用原产于海南省三亚市的花粉败育型野生稻作为母本，普通栽培稻作为父本，经远缘杂交和连续回交而育成的。这一成就使得我国水稻杂种优势利用工作走在了世界前列。

六、诱变育种

利用物理、化学等因素诱导农作物发生突变并从中选育作物新品种的方法，称诱变育种。由于诱变因素不同，诱变育种可分为物理诱变育种和化学诱变育种两种。

（一）物理诱变育种

物理诱变育种是指用超声波、高温、激光及各种射线处理而诱发突变（包括基因突变、染色体畸变和核外突变）进行的育种。在这些物理因素中，利用射线进行诱变的育种，称辐射育种。

1. 辐射育种的优点

同其他育种方法相比，辐射育种有以下优点。

（1）提高突变率，扩大突变范围。

（2）辐射能使染色体断裂并以新的方式连起来，从而打破决定某一优良特性的基因与决定另一不良特性的基因之间的"连锁"，获得性状更为优良的新品种，如小麦的高产和晚熟两个性状往往连在一起，用辐射处理就可能得到高产而早熟的变异类型。

（3）可以有效地改良作物品种的某个不良性状，而使其他优良性状不变；变异稳定快，能缩短育种年限（杂交育种一个周期一般需七八年时间，而辐射育种一般只需三四年时间）。

（4）方法简便，只要有辐射源，把种子或植株放在射线中照一下就行了，其余的操作与常规育种大同小异。

2. 辐射射线的种类和诱变的剂量

电离辐射是指能量较高、能引起物质电离的射线。目前在诱变育种中最常用的电离射线有下面几种。

（1）X 射线。X 射线是由 X 光机产生的高能电磁波，最早应用于辐射诱变。

（2）γ 射线。γ 射线是由放射性同位素 Co^{60} 或 Cs^{137} 产生的射线，其波长很短，穿透能力强。

（3）β射线。β射线穿透能力弱，一般采用同位素 P^{32} 和 S^{35} 等处理种子。

（4）中子。中子是不带电的粒子流。

此外，紫外线、红外线、激光等也可用来辐射诱变，但它们不属电离辐射，而是光辐射。

剂量是指单位质量的被照射物质（如种子）所吸收的能量的数值。常用的剂量单位有伦琴、拉特、积分流量和居里。辐射育种时，对生物体的各个器官都可以进行处理，其中以处理种子最为方便。确定剂量大小的最佳标准是用受照射种子长出植株的成活率来表示，可分致死剂量（照射后至生育完成前植株全部死亡的剂量）和临界剂量（植株成活率为40%的剂量）。临界剂量是诱发突变时不宜再超过的界限剂量，一般宜采用半致死剂量。

3. 辐射处理的方法

辐射处理的方法分为外照射和内照射两种，目前我国育种多采用外照射。

外照射指被照射的器官接受外部辐射源的照射。常用的射线源有 Co^{60} 或 Cs^{137} 放射出的 γ 射线，其次也有用α射线、β射线和 X 射线的。因为这些射线能量较高，能直接引起染色体分子的电离，所以这种射线称为电离射线。外照射对植物种子、花粉、子房、营养器官、整个植株等都能处理，但以处理干种子最为方便、适用。照射种子量，小麦、水稻一般一次处理 100 g，棉花种子以 250～300 g 为宜。其他外照射源还有中子、紫外线、红外线、激光等。

内照射指辐射源引入被照器官内部的照射。一般是利用放射性同位素 P^{32}、S^{35}、C^{14}、Zn^{65} 的化合物，配成一定浓度的溶液浸渍种子，或使作物吸收，或注射茎部。由于内照剂量不易测定，且被照射的材料在一定时间内因有放射性而不安全，因此不常使用。

4. 辐射材料的选择和后代处理

辐射材料的选择和杂交育种选用亲本材料同样重要。原则上宜选用综合性状优良，仅有个别缺点需要改进的优良推广品种，也可选用优良的杂交材料，以扩大其变异范围，丰富变异类型。此外，单倍体轻辐射诱发产生的突变易于表现出来，便于识别和选择，加倍后即可获得稳定的后代，能缩短育种年限。选用多倍体的最大好处是随着材料倍数性增加，抗诱变剂的遗传损伤能力随之提高。

和杂交育种的"杂交"一样，辐射仅仅是创造变异，还需要进行选择、鉴定、产量比较等一系列程序，才能最后选育出新品种。辐射后代和杂交后代的遗传特点不尽相同。杂交育种主要是根据基因重组规律，而辐射育种则主要根据基因突变或染色体畸变，所以后代处理方法也不尽相同。

辐射育种的后代处理程序如下。

第一代（M_1）。辐射突变往往是基因突变，大多数属隐性突变，因而在 M_1 不表现性状分离，所以通常在 M_1 不进行选择。但对异花授粉作物，对杂交的当代或后代，或者对单倍体群体进行诱变育种时，M_1 即发生分离，所以 M_1 就应进行选择。

第二代（M_2）。第二代是分离最大的一个世代，也是选择优良变异类型的关键世代。M_2 群体要大。根据育种目标选择优良单株分别脱粒，下年种成株行圃。

第三代（M_3）及以后各代。M_2 出现的突变类型到 M_3 时性状多趋于稳定。M_3 以选择优系为主。对 M_3 表现性状良好又整齐一致的株系，应混合收获脱粒，升入品系鉴定试验。对 M_3 性状优良但株间差异较大的株系，可继续从中选单株，直至后代株系稳定为止。

此外，激光育种是物理诱变育种的一种新方法。激光是由激光器产生的辐射光，能量密度高，单色性好，方向性强，具有光效应、热效应、压力效应、电磁效应等综合作用。利用激光可诱发作物变异，再通过选择和培育，可以育成新品种。其育种程序和辐射育种大体相同。我国利用激光育种已培育出水稻、小麦、玉米、棉花等作物新品种。

（二）化学诱变育种

利用化学因素处理生物体，使其性状发生遗传性变异，从中选育新品种的方法，称为化学诱变育种。应用较早的化学诱变剂是秋水仙碱。诱变剂按其作用分为两类，一类可诱发生物体基因发生突变，另一类则具有和辐射相类似的生物学效应，如引起染色体断裂等。按化学结构分，诱变剂可分为烷化剂、碱基类似物、抗生素、中草药等，常用的是烷化剂和碱基类似物。

在诱变育种中，将辐射处理和化学诱变相结合效果更好。这是因为辐射改变了生物膜的完整性和渗进性，促进了化学诱变剂的吸收。

七、倍数性育种

在正常环境条件下，自然界同属不同种的植物染色体的数目是不同的，而同种植物的染色体数目则是相对稳定的。当环境条件异常时，植物的染色体数目则可能发生变化，从而导致植物性状发生变异。倍数性育种就是通过人工控制染色体数目的变化创造变异类型，通过选择和培育获得新品种的一种育种方法。它是近代作物育种的一种新方法，主要包括多倍体育种和单倍体育种两类。

（一）多倍体育种

多倍体育种是指用化学药剂或物理法在细胞分裂中期处理植物（一般以处理植物分裂旺盛的生长点等分生组织效果较好），使细胞核里的染色体加倍，形成多倍体植株，再经选择和培育，育成新品种的方法。物理方法主要有温度激变、机械创伤（摘心）、γ射线处理等；化学方法多用秋水仙碱、富民农、甲基乙烷磺酸盐、三氯甲烷等药剂处理，其中尤以秋水仙碱和富民农处理效果较好。人工育成的多倍体在生产上栽培应用的还不多。目前应用较广、优点较突出的人工育成的多倍体作物主要有以下几种。

1. 异源多倍体小黑麦

小黑麦作为一种人工合成的新物种，近年来逐渐受到人们重视。目前栽培的小黑麦有两种：一种是异源六倍体小黑麦（硬粒小麦或波斯小麦×黑麦）；一种是异源八倍体小黑麦（普通小麦×黑麦）。

2. 三倍体甜菜

三倍体甜菜是用二倍体甜菜与四倍体甜菜杂交而产生的。三倍体甜菜由于减数分裂时 3X 染色体组产生染色体数不平衡的配子，所以育性很低。但三倍体糖用甜菜的块根产量高，含糖量也高，因此三倍体糖用甜菜已被国内外广泛栽培。

3. 三倍体无子西瓜

生产上种植的普通西瓜为二倍体（2n=22），如果苗期用 0.2%～0.4%的秋水仙碱处理，便可获得四倍体（4n=44）西瓜。用二倍体西瓜和四倍体西瓜杂交，便可得到三倍体西瓜（3n=33）。减数分裂时三倍体西瓜的染色体不能正常配对，形成染色体数目不等的无子西瓜，不但吃起来方便，而且水分多，含糖量高，瓜瓢脆爽。

（二）单倍体育种

1. 单倍体植物和单倍体育种的概念

单倍体是指具有配子体染色体数目的植物体。各种植物体细胞的染色体数目是一定的，如玉米体细胞内含有 10 对（20 条）染色体，水稻含 12 对（24 条）染色体，普通小麦含 21 对（42 条）染色体。当植物生长发育到一定阶段就要进行有性生殖，在性细胞产生之前，要进行一次特殊的细胞分裂，称减数分裂。经过减数分裂之后形成的配子体细胞（胞囊和花粉）的染色体数目都比原来减少一半，这样的细胞称为单倍体细胞。由植物的生殖细胞（精细胞或卵细胞）不经受精结合而发育成的植株，其染色体只有一套，所以称单倍体植株。具有配子体染色体数目的植物，统称为单倍体植物。在自然界是通过孤雌生殖、孤雄生殖、无配子生殖等方式产生单倍体的；人工诱发单倍体的途径主要有花药或花粉培养、远缘杂交、理化处理、延迟授粉、实生苗的选择等。

单倍体育种是指通过花粉或花药培养等各种手段获得单倍体植株，并将单倍体植株染色体加倍，经选择和培育，从中育成新品种的方法。

2. 单倍体育种的意义和途径

单倍体在生产上没有利用价值，但在育种上却有特殊意义。

（1）克服杂种分离，缩短育种年限。杂交育种时要得到一个稳定的品系，一般要经过 4 或 5 个世代或更长的时间。利用单倍体育种，将杂种 F_1 或 F_2 代的花药离体培养，诱导花粉发育成单倍体，再使其染色体加倍，就可以得到纯合植株，这一过程只需两年时间，大大缩短了育种年限。

（2）提高选择效率。利用单倍体育种方法，不但能迅速获得纯系，而且能大大提高选择效率，节省从杂种二代起到获得稳定品系这一段时间内所花费的劳力和土地。

（3）可以迅速获得异花授粉作物的自交系。利用单倍体方法得到纯合自交系只用一年时间，而常规育种法获得自交系需连续多年（5～6 年）自交，耗时费力。

（4）克服远缘杂种的不育性，创造新类型。

目前国内外单倍体育种采用的主要方法是花粉培养，一般是培养离体的整个花药，花粉细胞在培养的花药内发育。具体方法如下。

（1）选择杂种 F_1 或 F_2 代的优良变异单株，采用适当发育时期的花粉，在无菌操作条件下用适当的培养基诱导花粉分裂增殖，长出愈伤组织。

（2）将愈伤组织移换到新的培养基上继续进行培养，即可分化成幼苗（单倍体植株）。

（3）待幼苗有 1～2 cm 高时，将幼苗移换到渗透压比较低而没有生长素一类物质的培养基上，使它正常生长。

（4）待根系有了良好的发育后，即可移出培养基，进行沙培或土培，长成单倍体植株。

（5）由花粉培养成的花粉植株不经自然恢复或人工加倍成二倍体是不能结实的，因此单倍体植株还需进行人工加倍才有育种价值。加倍的方法一般是用秋水仙碱处理。单倍体植株经秋水仙碱处理后，染色体数目加倍，即恢复为正常的二倍体，得到基因型纯合的纯系，再经选择和培育，即可育成新的品种。

八、其他育种新技术

随着科学技术的突飞猛进，近年来国内外在育种技术方面不断取得新的突破，并育成了一批新的品种或物种，使植物品种改良呈现出无限广阔的美好前景。现将部分育种新方法简介如下。

（一）太空育种

太空育种也称航天育种，是利用航天器把种子送入太空，接受一定时间的太空辐射，产生变异后，再在地面种植，并进行有效的选择，是物理诱变的一种新方法。该法具有突变率高、变幅大、稳定快（2～3 代即可稳定）、育种年限短等优点。我国是继美国、俄罗斯之后从事太空育种的第三个国家。

（二）基因工程育种（分子育种）

基因工程育种是近年发展起来的育种新方法。基因工程育种是分子水平的杂交，也称为分子育种。其主要程序是：采用花粉管途径导入外源 DNA，就是把供体的染色体提取后，加入 DNA 分解酶，把染色体分解为很小的 DNA 片段，然后再注入受体的子房中，从而创造变异，从中选育出新品种、新物种。

（三）细胞工程育种（体细胞杂交育种）

细胞工程育种是指将两种植物的体细胞用分解酶除去细胞壁，分离成裸露的原生质体，再融合成杂种细胞，在培养基上重新增生细胞壁，并诱导成苗，从中可选育出新品种或新物种。体细胞杂交可以打破有性杂交种间障碍，扩大基因交流，综合不同物种的优良性状，为育种工作开辟了前所未有的新途径。目前世界上已有 16 个科的 70 多个种间体细胞杂种。

（四）无融合生殖育种

不经过雌雄配子融合而形成有活力的胚和种子的生殖方式，称为无融合生殖。通过无融合生殖，可控制杂种后代的分离，保持杂种优势，育成新品种。无融合生殖可存在于任何植物中，禾本科是拥有无融合生殖的种、属最多的科之一。无融合生殖育种成败的关键在于能否获得无融合生殖基因。

（五）胚培育种

利用幼胚离体培养，可防止远缘杂种胚夭亡，获得远缘杂种，从中可选育出新品种、新物种。目前，用胚培技术已获得大麦与小麦、小麦与燕麦、大麦与黑麦、玉米与高粱等作物的远缘杂种。

第五节　引　　种

生产上的引种是指从不同的农业区域或者其他国家引进作物新品种，经过在本地进行适应性鉴定和试种比较，把表现优良的品种直接繁殖推广的方法。引种是育种工作的重要组成部分，是解决农业生产上迫切需要新品种问题的一条最经济、最简单、最有效的途径。广义的引种还包括对自己所没有的各种植物原始材料的收集、研究和利用，是丰富种质资源、提高育种成效的重要手段。

一、引种的方法

为了确保引种效果，避免盲目引种带来不应有的损失，引种时首先必须确定引种的目标和任务，研究不同地区作物的生态环境和生态类型，有计划地引进品种材料，坚持"一切经过试验"的原则，按一定的步骤进行。

（一）引种材料的搜集

搜集引种材料首先必须掌握有关品种的情报，研究每个品种的选育历史、生态类型、遗传特性以及原产地的生态条件、耕作制度和生产水平等，然后分析哪些品种可能适应本地的自然条件和生产要求，有针对性地进行引种。引入的品种宜多些，以便筛选比较；每个品种数量宜少，以满足初步试验为限，避免大量引种造成损失。

（二）引种试验

对于引进的品种，首先要在小面积上进行引种观察，从中选出优良的品种材料参加品种比较试验和区域试验、生产示范。对表现优良的新品种，在多点试验的同时，还要进行生育规律的研究，摸清其栽培要点，为大面积推广做好准备。

（三）植物检疫

加强种子检疫和种子检验工作，防止危险性病、虫、草害的蔓延传播，并确保种子质量。

（四）引种与选择相结合

一个品种引进新地区后，由于生态条件的改变，往往会发生变异，必须进行选择，以保持其优良种性。例如，采用混合选择法进行提纯选优生产原种，可以保持品种的典型性和一致性。同时，对少数表现突出的优良变异单株，可采用单株（穗）选择法，按系统育种程序育成新品种。

二、引种的原则

为了增加引种的预见性，提高引种的成功率，必须掌握引种原则。

（一）气候相似

品种是在一定的生态环境下选育出来的，因此每个品种都有其最适应的地区。也就是说，品种在其原产地能比较好地利用光热资源，正常生长发育，并最后形成可观的产量。如果把品种引种到其他地方，就要看该品种所需的光热条件能否得到满足。如能满足就能正常生长发育，否则就会生长不良，甚至出现不能正常抽穗、结实或成熟特晚等现象；同时气候因素也影响到其他生态因素，如土壤、病虫害及耕作制度，在引种时也应注意。特别是品种的抗病性，不同地区因气候不同，病害的种类和发生程度可能有较大差异，原产地的抗病品种，引入后可能由于不抗本地病害而难以在生产上利用。

（二）同纬度地区引种比较容易成功

我国地处北半球，幅员辽阔。不同纬度的日照、温度、雨量差异很大。地处低纬度（北纬 18°）的海南省三亚市，最长日照时数为 13.19 h；地处高纬度（北纬 52°）的黑龙江省呼玛县，最长日照时数达 16.18 h。一年中，各地日照以夏至最长，冬至最短。从夏至到冬至，日照由长变短；从冬至到夏至，日照由短变长。纬度越高，夏至白昼时间越长，冬至白昼时间越短。所以，在长期自然条件的影响下，在高纬度地区形成的作物，一般为长日照作物，而在低纬度地区生长的作物，一般为短日照作物。原产于北方的冬小麦品种引至南方，由于阶段发育中对长日照和低温的要求不能被满足，生育期延长甚至不能抽穗；而南方的春性品种引至北方，不仅易遭受冻害，而且会过快地通过春化阶段，生育期缩短，产量降低。在低纬度地区生长的短日照作物，如水稻、玉米、大豆等，由北向南引种，由于日照由长变短，会提早成熟，株、穗、粒变小；由南向北引种，成熟延迟，植株增高，穗粒增大。因此，同纬度地区引种较易成功，而在南北引种时，则必须考虑到这种变化的趋势。

此外，引种工作还必须考虑到海拔的高低。据估计，海拔每升高 100 m，相当于纬度增加 1°。同一纬度的高海拔地区和平原地区相互引种不易成功，而纬度偏低的高海拔地区与纬度偏高的平原地区，相互引种成功的可能性较大。因此，引种时可根据不同纬度、海拔做出初步预测。例如，北京地区的冬小麦品种引种到陕西省北部能有较好的适应性；国内玉米沿东北到西南这条斜线引种，也比较容易成功。

（三）坚持先少量引种试验，然后繁殖推广的原则

在试验、试种的同时，一方面进一步了解品种的特性、栽培要点，另一方面又繁殖了种子，为日后推广准备了种源。忌盲目大调大运给农业生产造成损失。

三、北方主要农作物引种的一般规律

各种作物的引种，主要应考虑两地在气候生态类型方面的差异，但同时也必须考虑其他生态条件以及耕作制度、肥力水平、病虫害种类、自然灾害等方面的异同，以保证引进品种具有较强的适应性，并能取得较好的收成。具体到每个作物，其规律也不尽相同。这里仅介绍北方三种主要农作物引种的一般规律。

（一）小麦引种

小麦是长日照作物，可分为春性、半冬性、冬性三种类型。其类型的大体分布是：浙江的温州以南（1 月份平均等温线为 4 ℃）多为春性，淮河以北（1 月份平均等温线为 0 ℃）多为冬性，介于两地区之间的多为半冬性。一般来说，凡是从纬度、海拔高度、气候条件（特别是 1 月份平均气温）相近似的地方相互引种，比较容易获得成功。据研究，我国冬小麦南北引种，纬度每相差 1°，生育期提早或延迟 6 天。因此，从北向南引种，应引进春性早熟的小麦品种；从南向北引种，则应引进冬性、半冬性、生育期长的品种。北方的强冬性、冬性品种只能短距离南北引种，长距离引种很难获得成功。

（二）棉花引种

棉花是短日照喜温作物，有海岛棉、陆地棉、中棉、草棉四个栽培种。除海岛棉光

照反应比较敏感外，其他三种光照反应均不敏感。对于陆地棉，一般是晚熟品种比早熟品种对光照更敏感。在我国范围内，由北向南引种，由于日照时数减少，开花结铃提早，生育期较原产地缩短；由南向北引种，由于日照时数增加，开花结铃延迟，生育期较原产地延长。由于棉花天然异交率高，变异性大，因此适应范围比小麦、水稻等作物广得多。在南北纬度相差不大的地区间引种，通过栽培措施适应调节，可达到正常生长、夺取高产的目的。此外，棉花品种的产量和品质常受栽培地区的气温、雨量、日照、无霜期等因素的影响，异地引种时一定要考虑气候因素，特别是无霜期的长短。无霜期短的早熟棉区从中熟棉区引种时，应注意引用早熟品种；反之，应引用晚熟品种。

（三）玉米引种

玉米也是短日照喜温作物，但适应性很广，异地引种成功的可能性较大。一般由北向南引种或由地势高向地热低的地方引种，因温度升高，生育期均可缩短；反之，则延长。玉米引种的经验显示，生育期是决定玉米产量的一个重要因素。在田间生育期许可并保证前后茬作物适时收获播种的前提下，以引进生育期较长的品种为宜。

第四章 品种中间试验

第一节 品种中间试验的意义和种类

一、品种中间试验的意义

一个新品种从育成到在生产上推广利用，要经过一系列的鉴定、比较、试验、示范过程，这个过程通常称为品种中间试验。它是连接育种、繁育和推广的桥梁，既是对育种成果的检验、评判，又是品种能否推广利用的依据，因而是品种更新换代、承前启后的中间环节，在整个种子工作中有着重要意义。

农作物品种都是在一定的生态条件下经选择和培育而形成的，因此都具有一定的局限性。在农业生产上要想推广利用一个优良品种（包括本地新育成品种和外引品种），并收到预期的效果，就必须认识它的适应范围、特征特性和生长发育规律。品种中间试验的目的，就在于使我们对新品种（系）的丰产性、抗逆性、适应性和其他特征特性有一个比较全面的了解，从中选出适宜本地区推广利用的新品种，为品种审定和品种合理化布局提供科学依据。

二、品种中间试验的种类

品种中间试验的种类较多。按试验区面积大小可分为小区试验和大区试验；按试验因子多少可分为单因子试验和复因子试验；按试验布点多少可分为单点试验和多点试验；按试验方式可分为田间试验和室内试验；按试验性质可分为品种（系）鉴定试验、品种比较试验（品种预备试验）、品种区域试验和品种生产试验等。品种中间试验重点是指品种区域试验和品种生产试验，而把品系鉴定试验、品种比较试验（或品种预备试验）作为参加品种区域试验前的筛选阶段。

（一）品系鉴定试验

育种者对从选种圃中提升的高代品系进行初步观察、鉴定，并和对照品种比较产量，以期从中筛选出优良新品系，参加品种比较试验。供试品系数目不限，小区面积较小（一般可按种子量而定），设置 2～3 次重复，田间排列多采取对比法或顺序阶梯排列法。试验周期 1～2 年。对从国外新引进的品种，则应在隔离条件下进行品种观察试验，重点鉴定有无当地检疫性病虫害以及品种适应性表现，凡符合要求者，下年即可进入品种比较试验。

（二）品种比较试验（品种预备试验）

品种比较试验是把鉴定圃当选的新品种（系）扩大种植面积，设较多的重复，作进一步鉴定比较，以便筛选出若干个有希望的新品种（系），推荐其参加区域试验。品种比较试验的田间设计和排列方法，大部分作物采取随机区组排列法（棉花可用对比排列法）。一般小区面积为 $20\sim40$ m^2，重复 $4\sim6$ 次，株、行距因作物而不同，以当地推广的优良品种作对照种。试验周期一般 $2\sim3$ 年。在品种比较试验的同时，要设适当面积的繁殖区，为扩大试验、示范和将来的推广准备种源。

（三）品种区域试验

把新育成的品种或引进的优良品种，在品种比较试验的基础上，有计划地放在各种不同生态区域及栽培条件下进行试验，以鉴定其利用价值，确定适宜种植的区域，这种试验称为品种区域化鉴定试验，简称区域试验或区试。区域试验是品种审定和品种布局区域化的主要依据，同时可起到新品种示范作用，使更多的人有机会认识新品种，扩大影响，有利于新品种的推广。

我国幅员辽阔，作物生态环境错综复杂，品种类型千姿百态。在组织全国性品种区域试验时，首先要根据各地不同的自然生态条件、品种生态反应和耕作栽培水平等，划分为若干个生态类型区，分区组织区域试验，以筛选出在本区最适宜的新品种。以小麦为例，全国划分为 10 大区。在各个大区范围内，根据生态环境和品种生态类型的差异程度，进一步划分若干副区。如黄淮冬麦区又分为南片和北片两组。在省一级区域试验中，通常又根据不同的肥力、播期等设置若干个组，使不同类型品种的特征都能在相适应的条件下得到充分显示，得到合理利用。又如，我国玉米区域试验划分为春玉米和夏玉米区域试验，在夏玉米区域试验中又分为北方夏玉米区域试验和南方夏玉米区域试验。

凡是申请参加区域试验的品种均应具备以下条件：2 年以上产量比较试验结果，其中一年需在 $2\sim3$ 地进行；主要性状稳定，综合性状良好；产量平均比当地推广品种增产 5%以上或有某些特殊优点；附有初步的品质鉴定、抗性鉴定等有关材料。参试品种的数目不宜过多，一般不超过 20 个。各试验点也可根据本地区情况列席参加少量在本地区有希望的新品种。区域试验要求采用统一对照品种，以利于各试验点结果的比较分析，但在自然条件、栽培条件、推广品种不同的地区，也可增加当地表现最好的品种为辅助对照。对照品种的种子以原种为好。参试品种的种子一般应由育种者提供。区域试验周期为 $2\sim3$ 年。对于各试点普遍表现不好的品种，参加一年试验后即可淘汰或减少试点；对于第一年试验中表现特别优良的品种，可在继续试验的同时，提前进入生产试验并超前繁殖种子，为新品种推广做好准备。在试验进行期间，负责单位应组织有关人员进行观摩、评比、检查，了解参试品种的表现。试验结束后，应及时整理试验资料，写出试验总结，上报主持单位。

（四）品种生产试验

品种生产试验也称品种生产示范，是把经过区域试验表现优异的品种，送到生产单位，在较大面积的生产条件下进行试验，以进一步鉴定其丰产性、抗逆性、适应性和其他性状。生产试验的栽培管理条件，要求略高于大田生产。生产试验的设计采用大区排列方法，参试品种数目不宜过多，一般不超过 10 个。设 2 次重复，也可不设重复。试验小区的面积不能太小，可依作物而定，稻、麦等小株作物一般在 0.2～0.5 亩以上；玉米、棉花、甘薯等大株作物一般在 0.5～1.0 亩以上。对照品种用大面积推广品种的原种，也可加上上轮区试的拔尖品种或新审定品种作辅助对照。试验周期一般为 2 年。试验点可选择有代表性的国营农场、原（良）种场、农技推广单位和科技农户承担。生产试验由种子部门或科研单位统一安排，参试品种的种子一般应由育种单位提供。在作物整个生育期间，特别是收获之前，要组织有关人员，尤其是用种单位观摩评比，使生产试验起到边试验、边示范、边繁殖的作用。在生产试验的同时或在优良品种决定推广后，还应就几项关键性的栽培技术（如密度、播期、水肥）进行试验，以进一步摸清新品种的特性，做到良种、良法配套推广。

第二节　品种中间试验的要求和设计

一、品种中间试验的基本要求

不论哪种类型的品种中间试验，要达到预期效果，必须注意三项基本要求。

（一）代表性

试验的代表性指试验点的选择和试验的安排要能代表当地自然条件和生产条件。但是，品种从开始试验到生产上应用需要几年的时间才能完成，因此既要考虑当前生产条件，也要考虑到几年后的生产条件。如果试验没有代表性，试验结果就难以在当地生产上推广应用，也就失去了试验的意义和作用。

（二）准确性

试验的准确性是指试验的设计和操作要尽可能避免不应有的误差。除试验处理特定条件外，其他自然和管理条件应力求相对一致。例如，品种比较试验，其目的是比较不同品种的生产能力，因此除比较的品种以外，试验的其他因素（肥力、前茬、管理措施等）都应尽可能一致。但是，在注意条件一致的原则下，也不能过于机械，如将不同类型的品种同期播种，其结果反而不能正确地反映这些品种的特性。

（三）重复性

试验的重复性是指在与试验相类似的条件下，重复品种试验也能获得类似的结果，这样的试验结果在生产上才有利用价值。

二、品种试验地选择的要求

选好试验地是搞好田间试验的基础和前提。选地应做到以下几点。

（一）试验地要有代表性

要使田间试验有代表性，首先试验地要有代表性。就是说，试验地的设置应能代表本区的气候、地势、土质、肥力、耕作水平等。

（二）试验地的土质、土壤肥力必须均匀一致

品种试验地的土质、土壤肥力必须均匀一致。只有在试验地的前茬、肥力、耕作管理条件均匀一致的情况下，才能获得正确、可靠的试验结果。

（三）试验地要力求平坦

试验地高低不平，不仅造成土壤温度、水分、养分等条件的差异，增加试验误差，而且也不便于田间操作管理。山区梯田宜选向阳的缓坡地段，平原地区试验地应力求平坦，同时还要注意排灌条件良好（旱地试验除外），做到旱涝保收。

（四）试验地应处于合理的位置

品种试验不要设在树林、河沟、池塘及房舍等附近，也不要太靠近村庄、道路，要免受家畜、家禽等的损害。但要考虑到交通方便，便于田间管理、评比观摩和示范推广。

三、品种试验区的规划

试验区是整个试验所占土地面积的总称，通常由几个、十几个甚至上百个小区组成。试验小区是指每个试验处理（每个品种）在每次重复中所占的土地面积。试验区的规划正确与否，常和试验小区所采用的面积、形状、排列方向等有关，因此在进行田间试验之前，必须做好田间规划。

（一）小区面积

小区面积的大小是决定试验精确程度的因素之一。试验小区面积越大，试验结果越接近于生产实际，代表性越强。但小区面积过大，除管理不便外，还会受土壤肥力不均匀的影响，从而出现误差，使试验失去准确性。因此，试验小区面积的大小，应根据试验的要求和作物的种类而定。品种比较试验和品种区域试验的小区面积一般在 $20\sim40\ m^2$，而品种生产试验小区面积一般在 $133\sim334\ m^2$。小株作物面积可小些，大株作物面积要适当大些。试验小区面积的大小还应考虑到试验执行单位的人力、物力以及便于耕作管理等。为了计算分析的方便，小区面积最好为每亩土地面积的若干缩小倍数。

（二）小区形状

小区形状对试验的准确性也有较大的影响。一般情况下，小区的形状以长方形或狭长方形为好。这种形状的小区，有利于减少试验误差，而且便于田间管理和观察记载。小区的长宽比例要适当，一般长宽比以 5:1 左右为宜。对于边际影响较大的作物，小区形状以近似方形或正方形为好。

（三）小区排列方向

根据试验的肥力趋向确定正确的排列方向，是减少土壤肥力差异，获得可靠试验结果的重要手段。若不得已选用茬口不一致的试验地时，应注意将各品种均匀分布在不同茬口上；在土壤肥力有明显渐变的情况下，小区方向应由肥到瘦和肥力趋向平行排列；坡地小区方向，应从坡顶到坡底方向排列，即和等高线呈垂直排列。

四、品种试验重复的确定

品种试验重复是指在一个试验中，同一品种（处理）播种的次数。设置重复是提高试验准确性的有效措施。在试验中设有较多的重复，可以把每个品种均匀地分布在试验地的各个地段，从而使品种间能够进行比较公平的对比。同时，从生物统计分析的角度来考虑，试验的结果是以平均数为依据的，增加重复次数，可以显著地提高平均数的可靠性。此外，通过同一品种不同重复的产量差异，可以估计出试验的误差，这对正确分析试验结果具有重要意义。因此，在品种试验中，各品种常常需要种植几个小区，通常称为几次重复。品种试验设置重复应遵循的原则包括：试验地土壤肥力差异较大的，重复次数可适当增加；对试验准确性要求较高的，重复次数应多一些，否则可适当减少重复；种子数量充足，人力、物力、土地面积允许的情况下可增加重复。

品种生产示范和大区品种试验，一般不设重复或设 2 次重复。品种比较试验和区域试验，一般设 3～4 次重复。各个重复的排列方法，可根据试验地的形状、茬口、肥力走向等情况而定。不同重复可以位于同一地段，也可以在不同地段上。同一重复内各个小区不能拆开排列，而应排在同一直线上，以尽量减少同一重复内小区间的土壤肥力差异。重复的田间排列方法大体可分为单排式、双排式和多排式三种。

五、标准区的设置

在试验中作为标准的小区通常称为标准区，习惯上称为对照区，在品种试验中称为对照种或标准种，常用英文字母"CK"表示。在田间试验中设置标准区，是为了便于统一比较和分析。品种试验采用什么品种作为对照种，应根据品种试验类别区别对待。例如，品种生产试验，应采用当地推广面积最大的同作物优良品种的原种；在新品种选育中的选择、鉴定、比较阶段的对照种，应以当地有发展前途的新品种作为对照种，必要时以当地主要当家品种作为辅助对照。标准区设置的多少，应根据试验的目的和排列方法而定。有些试验设计是把对照区作为供试小区之一的，即在每一个重复内只有一个标准区，如随机区组法和拉丁方试验法；而有些试验设计需要设立较多的标准区，如对比法和间比法。试验标准区设置也不宜过多，否则占地面积大，投工多，投资大，管理不便，增加试验结果分析工作量。

六、保护区的设置

品种试验中处于边缘小区的作物，往往因通风透光条件较好而比中间小区的作物长

64

得好，这种差异称为边际影响。为了消除边际影响和人、畜、家禽的践踏和损害，一般在每个重复两端设一与小区面积相同的保护区，并在整个试验区周围播种 1～1.5 m 宽的保护带（行），通常用英文字母"C"表示。保护区一般种植与试验内容相同的作物。品种试验区内，为了消除小区之间因性状不同（成熟期、株高、抗倒伏能力等）而引起的干扰，各个小区的两侧也可增播若干行，收获时作为保护行混收不予计产量。为了田间调查记载和作业方便，试验区周围和重复之间应留有走道，走道一般宽 0.6～1 m，因作物种类而异。

七、小区排列的基本形式

在小区面积、形状和重复次数确定以后，还必须把小区正确地排列在品种试验地的不同位置上，尽可能地消除或减少可能出现的土壤和管理方面的误差，提高试验的准确性，从而客观地比较出品种间本质上的差异和真正的优劣。因此，如何将各个小区最合理地设置和排列是品种试验设计的主要内容。品种试验中常用的小区排列方式，基本上分以下两大类。

（一）按照重复内小区排列次序不同划分

按照重复内小区排列次序的不同，小区排列方式分为顺序排列和随机排列两种基本形式。

1. 顺序排列法

顺序排列法是指在每个重复内，各品种小区按照一定的顺序排列。不论是正向式、逆向式还是阶梯式顺序排列，都不同程度存在着共同的特点。其优点主要是田间排列比较简单，便于观察，不易发生错误，试验结果的分析也比较省事。例如，按品种成熟期早晚或植株高低等顺序排列，则小区间彼此的干扰较小，也便于收获。其缺点是由于土壤差异往往具有定向性的变化，因而容易引起系统误差。所以，这种方法适用于准确性要求不高的试验。

2. 随机排列法

随机排列法就是在每个重复内，各品种小区不按照一定的顺序排列，而是随机排列。各重复内排列可以是单排式，也可以是双排式或多排式。其优点是每个品种在重复内占据哪个小区位置的机会完全均等（但同一品种不能排列在一条直线上），因而可以消除土壤定向性的系统误差的影响。试验结果可以用统计分析法估算出试验误差，并能进行可靠性测验，准确度较高。其缺点是排列、观察以及试验结果分析都比较费事，区间干扰不易排除。

（二）按照重复内对照区的设置方法不同划分

按照重复内对照区的设置方法不同，小区排列方式分为对比法和互比法两种基本形式。

1. 对比法

对比法是在每个重复内，各个供试品种小区均与对照区相邻并列，直接比较。在一个重复内，每个供试品种只有一个小区，对照品种却可以种若干个小区。这种排列方法使每个供试品种直接与对照种比较，误差较小，试验结果的准确性较高。但因对照区数量多，占地面积大，土地利用率低，且用工、用料较多，所以只有在试验准确性要求较高且供试品种不太多时采用。

2. 互比法

互比法是供试品种不仅可与对照种直接比较，而且各供试品种之间也可互相直接比较。此方法田间排列的特点是在同一重复内，供试品种与对照种一律平等，同样对待，都设置一个小区。其优点是每个重复只有一个对照区，占地少，试验地利用率高。其缺点是因对照数目少，要求试验地肥力均匀程度较高，并且要适当增加重复次数，所以也称多次重复排列法。这种排列方法一般适用于参试品种不太多的品种试验。

上述从不同角度上划分的田间排列方法，并不是单独应用的，而是互相结合的。例如，品种试验采用对比法田间设计时，重复内各供试品种小区的排列可采用顺序对比排列法，也可采用随机对比排列法。又如，采用互比法设计时，小区排列虽多应用随机排列法，但也可采用顺序排列法。

第三节　品种中间试验的实施

一、品种中间试验方案的制定

试验方案是进行中间试验的依据，因此在确定试验课题之后，必须根据试验的目的、要求和条件，在调查研究、集思广益的基础上，拟出周详的、切实可行的试验方案，以作为试验工作的行动指南。试验方案一般应包括以下内容。

（1）试验名称。写明试验的全名称，反映出试验的年限、单位和主要内容。

（2）试验目的。试验目的即通过试验要达到的预期目的。例如，通过春小麦品比试验，比较鉴定供试品种的丰产性和抗病性，选出丰产、抗病的新品种（或品系）参加区域试验。

（3）试验材料和方法。写明供试材料、对照、处理方法等。

（4）田间设计。田间设计包括小区排列方法、小区长宽、行株距、几行区、密度、重复次数、对照区和保护行的设置。

（5）试验地的基本情况。试验地的基本情况包括试验地的位置、地形、土壤、肥力、前茬、耕作和灌溉条件等。

（6）农业技术措施。农业技术措施包括整地、施肥、播种、灌水、中耕、定苗及防治病虫害进行的时间、次数、质量、程度等。

（7）观察记载和室内考种。根据试验目的拟订进行必要的气象、生育期、抗性等方面的观察记载、考种分析、调查测定的时间和标准。

（8）所需要的试验地面积、经费、人力及重要仪器设备。

（9）试验课题的主持人、参加人。

（10）绘制田间布置图及工作历。简要地把试验设计中的保护行、走道、试验区、重复、小区形状、品种或处理的排列、对照区等准确地反映在田间布置图上，把各阶段的工作内容、时间、方法等反映在工作历中。

　　试验方案一式多份，除存档之外，应报送有关单位并分发给参加试验的单位、人员以便贯彻实施。

二、品种中间试验的准备

（一）种子准备

　　种子准备是进行中间试验的一项重要而又细致的工作。为了保证各试验区播下同样数量的发芽种子（播种量试验除外），必须对供试作物品种在精选的基础上，测定其千粒重、发芽率，然后计算小区播种量和每行播种量，做好种子的分袋编号工作。将每行播种量称出装入纸袋内，每小区播种几行，则称几份（几袋），用回形针别住，在纸袋上写明处理、重复、小区号、品名，再与田间布置图核对，保存备用。照此把整个试验所需种子分好。

（二）田间区划

　　试验地在整好的基础上，于播种前按田间小区布置进行区划，为播种做好准备。

　　先按照田间小区布置的总长度和宽度，确定出整个试验区的位置，用测绳拉一条标准基线，基线距地边至少有 1～2 m，作为走道和保护区（行）。然后按照试验区总宽度和勾股弦（3:4:5）组成直角三角形的定理，画出与基线垂直的端线，再依次画出试验界线。再在试验区内按小区长度和走道宽度在两端定点画出重复、走道的界线，最后在重复内按小区宽度画出各小区。区划完毕，应在靠近走道的小区一端的第一行上，插上标牌。

　　田间区划是将试验小区落实到试验地上的重要环节，要求测量准确，区道分明，标牌整齐。

三、播种

　　播前根据试验内容和要求，用一定宽度的画行器，先在小区内画行，而后按小区布置将分好的供试种子分放在标牌旁。放完后照图核对，重复号、处理号、小区号三者无误，才能进行播种。播种按重复分别进行。试验小区播种是中间试验中一项工作量大、时间性强、技术要求较严的细致工作，具体有以下要求。

　　（1）同一试验的播种工作应在同一天内完成。如遇大风、大雨等特殊情况，也应同一重复的各小区在同一天内播种。

　　（2）同一试验播种深度、行株距、覆土都要尽量均匀一致；墒情差时，可播后镇压，以利提墒。

　　（3）采用机播时要求小区形状符合机播要求，并按规定的播种量调节好播种机，播后核定实际播种量。播种机的速度要均匀，播种深浅一致，力求播直。每播完一品种必须把装种箱、排种器清扫干净，以免混杂。

　　（4）在播种时发现错播、重复或者遗漏，应立即补救，并在记载簿上进行相应的改正和说明。

　　（5）试验区播毕，播种保护行。最后在记载簿上绘出田间播种图，标出各重复的位置小区、走道、保护行，以便日后查对、观察。

四、试验地的田间管理

试验地的田间管理要做到水平先进，管理及时，以保证供试品种生长发育良好。田间苗齐后发现断垄缺苗，要及时补种补栽。如遇补种补栽面积超过小区15%时，应在记载簿上注明，以备收获时从中除去补种补栽面积，按实收部分计产。

试验小区除试验设计中所规定的处理间的差异外，其他管理措施应力求一致。例如，品比试验或肥料试验的施肥或追肥，应分区、分行等量施入，使每一区、行的肥料质量、数量、次数相等，分布均匀。此外，中耕除草、浇水、间苗定苗、整枝打顶、防治病虫害等措施进行的时间、次数、方法，都要力求一致，以减少或避免人为原因造成的差异，提高试验精确度。

中间试验的每项管理措施，都要在同一天内完成，如遇特殊情况，则必须把同一重复内的各小区的管理措施在同一天内完成。

五、试验的观察记载和取样方法

（一）观察记载

中间试验的观察记载是获得试验资料的重要手段，是全面认识试验处理（或品种）和评定其优劣的主要依据。

一般来说，凡是试验处理（或品种）表现的一切实际情况都应记载，但在具体工作中应根据试验目的，分清主次，抓住主要矛盾，有侧重地进行观察记载。一般的试验观察记载项目应包括以下几方面。

（1）气象条件的观察记载。气象条件的观察记载主要记载温度、湿度、降水、积温、日照及早终霜出现时期。此外，对于特殊的天气，如大风、暴雨、干热风、霜、雹、大雪等灾害性天气发生的时间、程度及对作物的危害应及时记下，以便日后分析试验结果时参考。气象条件的观察记载可以在试验地内进行，也可以引用当地气象台（站）的资料。气象条件观察记载的目的，在于掌握作物播种至收获的各个主要时期气候变化对试验处理（或品种）所产生的影响，以及作物生长发育动态的变化与气候的关系，从中找出规律，得出正确的试验结论。

（2）生育期的观察记载。观察记载作物生育期的目的是了解不同处理（或品种）生长发育进程。例如，麦谷类作物的生育期包括播种期、出苗期、三叶期、分蘖期、拔节期、孕穗期、抽穗期、开花期、成熟期等。

（3）植物学特征的观察记载。植物学特征的观察记载包括苗色、苗形、分蘖力、单株穗数、穗长、穗形、壳色、芒的有无、子粒性状等。了解的目的是准确地区分品种的典型植株。

（4）抗逆性的观察记载。抗逆性的观察记载包括抗倒伏、抗旱、抗寒、抗干热风、抗病虫、抗盐碱、抗落粒等性能。抗逆性和作物产量、适应能力有重要关系。

（5）主要经济性状的观察记载。主要经济性状的观察记载包括每亩穗数、每穗粒数、

千粒重等性状。

（6）物候期观察记载。物候期观察记载以目测法评定。一般要求人员固定，标准统一，同一试验在同一天内完成。

（二）取样方法

中间试验的观察记载，除了部分项目以试验区为单位进行调查之外，很多项目须从试验区中选择有代表性的样本植株进行调查。常用的取样方法有以下几种。

（1）定点取样法。在每个试验区内选取有代表性的样点 2～5 个作为固定观察点。样点选定后，要树立标记，定期观察，直到观察结束，期间不能轻易变动位置。样点面积大小因作物不同而异，麦类作物样点面积一般为 0.5～1.0 m^2，玉米，棉花、向日葵每样点不少于 10 株。

（2）临时取样法。临时取样法适用于不连续观察测定或只测一次的项目。例如，调查玉米的空秆率、品种的纯度和产量预测等。田间样点通常采用机械取样法确定，如对角线取样、梅花式取样、棋盘式取样等，即按照预定的取样方式，根据试验面积大小、样点数目和样点距离确定样点，进行取样。

（3）室内考种取样法。有些项目在田间不便测定，必须进行室内考种。考种样品可选取样点内的植株，也可以在田间选取有代表性的植株。植株要连根拔起，每样点或处理捆成一束，挂牌编号，妥加保存，以备考种分析。

六、试验区的收获和计产

（一）全小区产量的直接计产

品比试验要求试验精确度较高，应除去受边际影响较大的两边行和两端植株，不作为小区计产面积。另外，缺株断垄面积超过5%时，应测定其面积，从试验区中扣除，其余为小区实收计产面积。作物成熟后按适收期先熟先收，收获时一般先收剔除的部分，后收计产部分。每收完一区立即挂牌，写明重复号、小区号、处理（或品种）号及捆数。单收单脱，单独计产。

（二）取样测定间接计产

大区试验或试验材料较多，要求精确度不高时，可采用取样测产。根据试验区面积大小，每区选取 3～8 个样点，每点 1 m^2，将样株混收脱粒，算出产量，折合亩产。

第五章 品种审定

第一节 品种审定概述

一、品种审定的概念

品种审定是对新育成和新引进的品种，由专门的组织根据品种区域试验、生产示范结果，审查评定其推广价值和适应范围的活动。

这里所说的品种是专指法律上规定的品种的概念。《种子法》第七十四条明确规定："品种是指经过人工选育或者发现并经过改良，形态特征和生物学特性一致，遗传性状相对稳定的植物群体。"

具体来说，品种审定就是在种子管理部门的统一组织下，根据当地的气候特点和生产水平，安排多点，将当地生产上大面积推广使用的主栽品种和同一类型的参试品种的优良性状进行比较试验。在第一年区试中表现突出的品种，第二年在区试的同时，安排较大面积的生产示范。经过连续 2~3 年的区域试验和 1~2 年的生产示范，对在产量或其他性状表现上比主栽品种优良的品种，提交品种审定委员会审定通过。未经审定的品种不得从事商品种子的生产、经营和推广。审定未通过的品种，禁止生产、经营和推广。

二、品种审定的作用

《种子法》第十五条规定："主要农作物品种和主要林木品种在推广应用前应当通过国家级或者省级审定，申请者可以直接申请省级审定或者国家级审定。由省、自治区、直辖市人民政府农业、林业行政主管部门确定的主要农作物品种和主要林木品种实行省级审定。"其中，主要农作物是指水稻、小麦、玉米、棉花、大豆以及国务院农业行政主管部门和省、自治区、直辖市人民政府农业行政主管部门各自分别确定的其他一至二种农作物。

品种审定是对一个新育成的品种或新引进的品种能不能推广和在什么范围推广应用等做出的权威性结论。为了加速农作物优良新品种的推广，防止盲目引进和任意推广新品种造成的"多、乱、杂"给生产带来损失，实现品种布局区域化，维护品种选育者、生产者、经营者和使用者的合法权益，必须加强对品种的管理，搞好品种审定工作。品种审定的主要作用有以下几方面。

（1）可以保证生产上所推广的新品种具有较高的增产潜力，至少在一个方面具有优点，而在其他方面的表现均不低于在生产上已推广的主要当家品种。这样既可以加速新品种的推广，同时也可以加速新品种对原有的产量与其他方面表现较差的品种的替代，加速科技成果向现实生产力的转化。

（2）对新品种的审定，实际上宣告了新育成品种的创新成功与否。通过审定的品种，表明其产量或者其他方面的表现已被生产上所认可与接受，具有利用价值，并可为生产带来新增的经济效益。未通过审定的品种，表明其在产量与其他方面的表现不能显示出超过已有的推广品种，若在生产上采用，不一定会使生产上的经济效益增加，并具有生产风险。因此，只有通过审定的品种才可在生产上推广。

（3）通过品种审定，在实行品种权利保护的条件下，可以使育种者的权利得到有效保护，劳动成果得到尊重，从而调动育种者的积极性，鼓励其积极投身到新品种选育活动中来。

三、品种审定的组织机构及其主要任务

农作物品种审定实行国家和省（自治区、直辖市）两级审定制度。《种子法》第十五条规定："国务院和省、自治区、直辖市人民政府的农业、林业行政主管部门分别设立由专业人员组成的农作物品种和林木品种审定委员会，承担主要农作物品种和主要林木品种的审定工作。在具有生态多样性的地区，省、自治区、直辖市人民政府农业、林业行政主管部门可以委托设区的市、自治州承担适宜于在特定生态区域内推广应用的主要农作物品种和主要林木品种的审定工作。"

根据 1997 年 10 月国家农业部颁发的《全国农作物品种审定委员会章程》，农业部设立全国农作物品种审定委员会，负责协调指导各省、自治区、直辖市农作物品种审定工作，审定跨省推广的新品种以及需由国家审定的品种。各省、自治区、直辖市人民政府的农业行政主管部门设立省级农作物品种审定委员会，负责本辖区内品种审定工作及向全国品种审定委员会推荐参加全国区域试验和审定的品种。市、地、州、盟人民政府的农业行政主管部门可设立农作物品种审查小组。

全国农作物品种审定委员会和省级农作物品种审定委员会是在农业部和省级人民政府农业主管部门领导下，负责农作物品种审定的权力机构。农作物品种审定委员会委员由农业行政主管部门、种子管理机构、农业科研单位、教学单位和有关单位推荐的专业人员组成。全国农作物品种审定委员会委员由农业部任命，省级农作物品种审定委员会委员由省级人民政府或农业行政主管部门任命。农作物品种审定委员会设立常委会，常委会由农作物品种审定委员会的正、副主任委员和办公室主任及各专业委员会主任委员组成。

农作物品种审定委员会可根据具体情况设麦类、水稻、玉米、蔬菜、油料、杂粮、薯类、大豆、果树、棉麻、烟草、花卉、蚕桑、糖料、茶树、热带作物等专业委员会（或专业组）。各专业委员会（或专业组）设主任委员、副主任委员、顾问和秘书（或组长、副组长）。各专业委员会（或专业组）分别负责组织各作物的品种区域试验和生产试验，并对报审品种进行预审，符合审定条件的向农作物品种审定委员会进行推荐。

品种审定委员会品种审定的主要任务概括起来主要有以下几方面。

（1）贯彻执行有关农作物品种审定工作的规章、制度、办法。

（2）领导和组织农作物新品种的中间试验（包括区域试验和生产试验）。

（3）审定新育成的和新引进的农作物品种。

（4）对品种推广应用和合理布局提出建议。

（5）对审定的新品种进行登记、编号、命名和颁发新品种审定合格证书等。

第二节　品种审定申报和品种审定的标准及程序

一、品种审定的申报条件

（一）申报省级品种审定的条件

新育成的品种或新引进的品种，要求报审时一般应具备以下条件。

1. 参加区域试验和生产试验的时间

新育成的报审品种需在本省经过连续 2～3 年的区域试验和 1～2 年的生产试验。两项试验可交叉进行，但至少有连续 3 年的试验结果和 1～2 年的抗性鉴定、品质测定等完整资料。

对于引进本省（市）进行过区域试验（含国家在本省的区试），并且表现适宜的外省（区、市）品种，有 2 年以上多点生产试验结果的，也可申报；对于外省（市）已审定的引进品种，应附外省（市）有关审定资料，并在本省（区、市）进行不少于 2 年的生产试验。

2. 产量水平

报审品种的产量水平要求高于当地同类型的主要推广品种原种产量的5%以上，并经过统计分析增产显著。如果产量水平虽与当地同类型的主要推广品种的原种相近，但在品质、成熟期、抗病（虫）性、抗逆性等方面有一项或多项性状表现突出的也可报审。

（二）申报国家级品种审定的条件

向全国农作物品种审定委员会申报审定品种，应具备下列条件之一。

（1）主要遗传性状稳定一致，经连续 2 年以上（含 2 年，下同）国家农作物品种区域试验和 1 年以上生产试验（区域试验和生产试验可交叉进行），并达到审定标准的品种。

（2）经 2 个以上省级农作物品种审定委员会审（认）定通过的品种。

（3）国家未开展区域试验和生产试验的作物，有全国农作物品种审定委员会授权单位出具的性状鉴定和 2 年以上的多点品种比较试验结果，经鉴定、试验单位推荐，具有一定应用价值或特用价值的品种。

二、品种审定的申报材料

申报国家级品种审定的品种，应填写《全国农作物品种审定申请书》。申报人或申报单位要按照申请书的各项要求认真填写，并附有关材料。这些材料主要有以下几类。

（1）每年区域试验和生产试验年终总结报告（复印件）。对未具备组织区域试验和生产试验条件的某些农作物品种和特需品种，应提交农作物品种审定委员会指定场所的性状鉴定和多点品种比较实验报告。

（2）农作物品种审定委员会认可的专业单位签署的抗病（虫）鉴定报告。

（3）农作物品种审定委员会认可的专业单位签署的品质分析报告。

（4）品种特征标准图谱，如株、茎、根、叶、花、穗、果实（铃、荚、块茎、块根、粒）的照片（5寸彩色）。

（5）栽培技术及繁（制）种技术要点及适应范围。

（6）报审品种为杂交种的，还应提交亲本资料和制种技术材料。

（7）省级农作物品种审定委员会审定通过的品种合格证书（复印件）。

省级品种审定的申报材料要求，由各省农作物品种审定委员会制定，一般包括选育（或引进）单位（或个人）提交的品种审定申请书、选育报告或引进说明（品种来源、产量结果、特征特性、适应地区、栽培要点）、品质分析、抗性鉴定证明，并附有标本、图片、声像资料、历年中间试验总结和规定数量的原种（含杂交亲本）、杂交种（指单交、三交、顶交、双交），还需有亲本介绍和制种技术资料，并按照规定交纳审定费用。

三、品种审定的申报程序和时间

品种审定的申报程序是：先由选育（引进）单位或个人提出申请并签名盖章，由选育（引进）单位或个人所在单位审查，核实加盖公章，再经主持区域试验和生产试验的单位推荐并签章后报送品种审定委员会。申报国家级品种审定的品种须由选育（引进）单位或个人所在省或品种最适宜种植的省的省级品种审定委员会签署意见。

凡向全国品种审定委员会申报审定的品种，申请者于每年4月1日前向全国品种审定委员会办公室报送申报材料，同时交纳审定费。各省报审时间和缴费由该省品种审定委员会决定。品种审定委员会办公室对申报材料进行审核，材料齐全则提交相应的专业委员会审定，材料不齐全的通知申请者在规定时间内补报。

四、品种审定的标准和程序

（一）品种审定的标准

品种审定标准分国家级审定标准和省级审定标准，分别由全国品种审定委员会和省级品种审定委员会制定。制定审定标准的原则应根据不同作物、不同生态区域以及某些特殊要求进行。一般要求品种有较好的丰产性、稳定性，较强的抗逆性和适应性，并有较优的品质。特殊情况下可侧重某一方面。例如，常年病（虫）害较重的地方，审定品种时应侧重抗病（虫）能力；多雨易涝地区则应重点考虑耐涝性和耐渍性；盐碱地区应注意品种的抗（耐）盐碱性等。

目前全国品种审定委员会已制定了水稻、麦类、玉米、高粱、谷子、薯类、大豆、油料、棉麻、蔬菜、糖料、桑树12种作物品种审定标准（试行）。

（二）品种审定的程序

根据 1997 年 10 月国家农业部颁布的《全国农作物品种审定办法》的规定，品种审定程序如下。

（1）国家级品种审定，先由全国品种审定委员会办公室对申报的材料进行审核、整理后，提交各专业委员会审定。各专业委员会每年至少召开一次审定会议，对报审的品种进行认真讨论，并用无记名投票的方法表决，凡赞成票数超过法定委员总数的半数以上的品种为通过审定。通过审定的品种，再提交全国品种审定委员会常务委员会审核后，统一编号（编号代码为："国审""专业委员会简称""年号""审定序号"，如"国审稻990001 号"）、命名、登记、签发审定合格证书，由农业部颁布。

（2）省级品种审定，多为由专业组进行初审后向品种审定委员会推荐报审品种，品种审定委员会办公室依据推荐意见和申报材料整理提案，于会前呈送品种审定委员会各委员，然后由品种审定委员会统一审定、命名、发布。

（3）审定会议未通过的品种，如选育单位或个人有异议时，经专业组推荐可在下次会议复审一次。《种子法》第十八条规定："审定未通过的农作物品种和林木品种，申请人有异议的，可以向原审定委员会或者上一级审定委员会申请复审。"

（4）审定通过的品种，可在公告的适宜种植区推广种植。《种子法》第十六条规定："通过国家级审定的主要农作物品种和主要林木良种由国务院农业、林业行政主管部门公告，可以在全国适宜的生态区域推广。通过省级审定的主要农作物品种和主要林木良种由省、自治区、直辖市人民政府农业、林业行政主管部门公告，可以在本行政区域内适宜的生态区域推广；相邻省、自治区、直辖市属于同一适宜生态区的地域，经所在省、自治区、直辖市人民政府农业、林业行政主管部门同意后可以引种。"

（5）审定通过的品种，在生产利用过程中如发现有不可克服的缺点，由品种审定委员会撤销其审定合格证书，并由行政主管部门公布。未经审定通过的品种，不得推广。

第六章　原种和亲本繁殖

第一节　原种和亲本繁殖的概念、意义和主要任务

一、原种和亲本繁殖的概念

原种有广义和狭义之分。广义的原种包括原原种和原种两个级别的种子。狭义的原种是指由原原种繁殖的、质量达到国家规定的原种标准的种子。

亲本包括父本和母本，有广义和狭义之分。广义的亲本是指用来进行杂交育种的育种材料和配制杂交种的自交系。狭义的亲本专指用来进行杂交制种的亲本，即配制杂交种的自交系。

原种和亲本繁殖是指有计划地、迅速地、大量地繁殖优良品种的原种和亲本材料的工作。具体来说，原种和亲本繁殖包括两方面的含义：一是数量含义，即提高繁殖系数，迅速扩大原种和亲本的数量；二是质量含义，即采用优良的栽培条件和科学的农艺措施，保持原种和亲本的优良种性，使之不致混杂退化并有所提高。

原种或亲本繁殖是一门研究保持品种种性的优质原种生产技术的科学，它的内涵和外延涉及作物遗传学、育种学、种子学、栽培学、生态学、病理学、农业昆虫学等学科的原理和规律，是一门多学科交叉型的应用科学。

二、原种和亲本繁殖的意义

原种和亲本繁殖一方面是如何将审定合格的新品种迅速繁殖并保持优良种性及纯度，以满足生产需要的问题；另一方面是在优良品种投入生产应用后，又如何长期保持它们的种性和纯度，使之更有效地服务于生产的问题。这些问题都必须借助于健全的育种和亲本繁殖体系和采用正确的原种和亲本繁殖技术，才能得到很好的解决。

农作物原种和亲本繁殖是育种的继续，是良种推广的准备和前提，也是连接育种和农业生产的桥梁和纽带，是使科学技术成果转化为生产力的重要措施。没有农作物原种或亲本繁殖，育成的品种就不可能在生产上大面积推广，其增产作用也就得不到发挥；没有农作物原种或亲本繁殖，已在生产上推广的优良品种会很快发生混杂退化，造成品种短命，良种不良，失去增产作用。

农作物原种或亲本繁殖是种子工作中最重要的一个环节，是整个种子工作的基础。没有这一环节，选育的良种就不能在农业上发挥它应有的作用。对种子经营者而言，掌握了品种对路、质量优良的种子，才能提高竞争能力，获得良好的经济效益和社会效益；对种子使用者而言，获得了优良品种的优质种子，就意味着丰收和收益；对于农业生产

而言，繁殖出量足质优的种子，是实现持续、稳定增产的先决条件和重要保证。因此，搞好原种和亲本繁殖对整个种子工作和农业生产都有着十分重要的意义。

三、原种和亲本繁殖的主要任务

原种和亲本繁殖的主要任务包括品种更换和品种更新两个方面。

（一）品种更换

品种更换就是迅速而大量地繁殖经过审定合格并适合当地推广利用的新品种，扩大栽培面积，以替换生产上原有的、经济效益跟不上生产形势发展要求的原推广品种，有计划地进行品种更换。

（二）品种更新

品种更新即提纯复壮，或称选优提纯，就是对生产上正在使用的良种，采用先进的农业技术措施和科学的繁殖方法进行提纯，保持和提高优良品种的种性，确保种子质量，用经过选优提纯的优质原种和亲本、良种等高质量的种子更新生产上已经混杂退化的同一品种的种子，实现种子的定期更新。

总之，良种繁殖的任务就是有计划地进行品种更换和品种更新，以满足生产上对种植优良品种种子的需求。要完成这两个任务，就必须建立、健全农作物原种或亲本繁育体系，建立一整套农作物原种和亲本繁育制度，采用先进的繁育技术和栽培措施。同时，要开展良种繁育学的研究，从理论和实践的结合上探索良种繁育的新技术、新途径，把我国良种繁育工作推向一个新阶段。

第二节　品种混杂退化及其防止方法

防杂保纯是原种和亲本繁殖的主要任务之一，因此必须研究品种混杂退化的原因，并有针对性地采取正确的防止方法。

一、品种混杂退化的概念

品种混杂退化是指优良品种在生产栽培过程中品种纯度降低、原有的优良种性变劣的现象。一个优良品种在生产上栽培几年之后，往往由于种种原因发生混杂退化，丧失了它的典型性和优良性状，以致产量下降，品质变差。

品种混杂是指同一作物不同品种的种子混杂在一起，甚至是不同作物的种子混杂在一起。品种退化是指良种由于遗传基因的改变而使其生物特性及经济性状变劣。混杂与退化虽有区别，但又互相联系。如果一个品种混杂了，就可能引起自然杂交，后代出现分离，经济性状下降，这就是退化；由于分离出现多种类型导致良种的不纯，那就是混杂了。不论是品种混杂还是退化，最后总是表现为植株生长不整齐，成熟不一致，抗逆性减弱，经济性状变劣，失去品种原有的优良性状。例如，禾谷类作物的品种混杂退化表现为穗子变小，每穗结实粒数减少，不实率增多，千粒重减轻；棉花品种混杂退化表现为株型松散，茎叶茸毛增多，棉铃形状大小不一致，衣分降低，绒长变短等。

二、品种混杂退化的原因

造成品种混杂退化的原因很多，主要有以下几方面。

（一）机械混杂

在某作物的品种中人为地混入了其他品种（品种间混杂）、其他作物或杂草（种间混杂）的种子，就叫做机械混杂。这种情况发生在种子处理（浸种、拌种等）、播种、移苗、补种、收获、脱粒、晒藏、运输等过程中，是由于人为的疏忽而造成的。有时因前茬作物在田间自然落粒或者施用未腐熟有机肥料夹带异品种种子长出植株，与当年作物混杂在一起，造成机械混杂。机械混杂是品种混杂的主要原因，在良种繁殖中应特别注意。对于已发生混杂的群体，若不严格进行去杂去劣，就会加大混杂程度，还会增加天然杂交的机会，加剧混杂（尤其是异花授粉作物，如玉米自交系机械混杂后引起的不良后果比自花授粉作物要严重得多）。

（二）生物学混杂

品种在种植过程中，由于和其他品种或其他作物发生天然杂交而引起混杂退化的现象称为生物学混杂。这种天然杂交，又称"串粉"或"串花"。生物学混杂使后代产生各种性状分离，导致品种出现变异个体，从而破坏了品种的一致性和丰产性。例如，植株的高矮不一，成熟不齐，子粒形状颜色多样等。各种作物都可能发生生物学混杂，但异花和常异花授粉作物，在同一地区内种植较多品种时，天然杂交的机会更多。天然杂交是常异花授粉作物和异花授粉作物品种混杂退化的主要原因。品种间杂交的后代产生性状分离，必然造成品种的混杂和退化。由杂交育成的品种，有时在外部性状上看来已经一致，但还有某些性状，特别是某些数量性状还可能继续分离，如果不注意加以选择，杂株就会不断增多，影响品种的一致性。自花授粉作物，如小麦、水稻等，天然杂交率虽然很低（一般在1%左右），但一旦发生天然杂交，同样会产生变异和分离，加重混杂程度，加速种性的退化（特别是机械混杂严重的品种，杂交退化现象更为普遍）。

（三）自然突变

一个新品种推广以后，在各种自然条件影响下，有可能发生各种不同的遗传变异。在有些作物中，自然突变是经常发生的，如无性繁殖作物中的芽变。如不及时去杂去劣，则杂株、劣株会越来越多，同时会加剧生物学混杂，从而使优良品种失去典型性，造成品种退化。品种是一个性状基本稳定一致的群体，品种的"纯"只是一个相对的概念，品种内个体间或多或少都有一定的杂合性，何况自然界某些因素还会导致生物体发生基因突变和重组。品种经过连年种植，本身也会发生各种各样的变异，这些变异经过自然选择常被保存和积累下来，导致品种的混杂退化。目前生产上推广的品种大多是通过杂交甚至是复合杂交育成的，遗传基础比较复杂，发生变异、分离的概率也相对较高。还有些育种单位急于求成，往往把一些表现优异但遗传性尚未稳定的杂交后代材料提前出圃，提交品种中间试验和推广，如繁育过程中不进行严格选择，也会很快出现混杂退化现象。

（四）不正确的选择

在良种繁殖中选留种子时，如果不了解选择的方向和不掌握被选择品种的特点，没有正确地按优良品种的各种特征特性进行选择，又没有把非典型性的和生活力弱的个体加以淘汰，年复一年，杂株、劣株就会越来越多，会加速品种的混杂退化。如在棉花间苗时，把表现有杂种优势或先出土的杂苗误认为壮苗保留下来；又如玉米自交系繁殖田中，如不注意自交系特征，往往将较弱小的自交系苗拔掉，留下较健壮的杂种苗而加速混杂。

（五）不良的栽培管理和环境条件

不适当的栽培技术、不良的外界环境条件都有可能引起品种退化。品种的优良性状都是在一定的栽培条件和生态环境下经过人工选择形成的，其优良性状的发育和表现都要求一定的栽培条件和环境条件。如果这些条件得不到满足，使品种的优良性状不能得到充分发挥，也会导致品种经济性状的退化变劣。例如，我国平原或低纬度地区春播留种的马铃薯，由于夏季高温条件的不良影响使病毒蔓延滋生，影响种薯发育，第二年种植时即会表现退化。

三、品种混杂退化的防止方法

品种发生混杂退化以后，纯度显著降低，性状变劣，抗逆性减弱，最后导致产量下降，品质变差，给农业生产造成损失，品种也就失去利用价值。因此，必须采取有效措施，防止和克服品种的混杂退化现象。品种的防杂保纯和防止退化是一个比较复杂的问题，技术性和时间连续性强，涉及良种繁育的各个环节。要做好这项工作，就必须建立健全良种繁育体制，加强组织领导，制定规章制度，搞好种植规划。还要加强检查监督，建立一支过硬的良种繁育技术队伍，使每个承担繁育任务的人员，都能明白防杂保纯的重要性，并熟练地掌握操作技术。根据品种混杂退化的原因，在防止品种混杂退化方面要认真做好以下几项工作。

（一）因地制宜地合理搭配品种

简化品种是保纯的重要条件之一。目前生产上种植的品种过多，极易引起混杂，良种保纯极为困难。各地应通过试验确定最适合于当地推广的主要品种，合理搭配两三个不同特点的品种，克服"多、乱、杂"现象。在一定时期内应保持品种的相对稳定，品种更换不要过于频繁。

（二）严把种源质量关

繁育原种和亲本所使用的种源是否纯正、可靠，直接关系到所繁种子的质量。生产原种的种源必须是育种家种子或株（穗）系种子，生产良种的种源最好每年用原种进行更新，这是确保种子质量的一项重要措施。因此，种子部门要和育种单位密切合作，并认真搞好种子的优选提纯工作，为种子原种和亲本繁殖田提供足量的优质种源。

（三）健全保纯制度，防止机械混杂

在品种原种和亲本繁育的生产、管理和使用过程中，应制定一套必要的防杂保纯制度和措施，从各个环节上杜绝混杂的发生。特别是容易造成种子混杂的几个环节，如浸种、催芽、药剂处理时，使用的工具必须清理干净；播种时做到品种无误，盛种工具和播种工具不存留其他异品种种子；收获时要实行单收、单运、单打、单晒、单藏。种子仓库的管理人员要严格认真做好管理工作。合理安排品种的田间布局，同一品种实行集中连片种植，避免品种混杂。建立严格的原种和亲本繁殖制度是防止人为的机械混杂的关键措施，主要应抓好以下几点。

1. 认真搞好规划

应建立集中连片、规模适度的繁育基地。有条件的要做到一村一种（一个世代）或一个村民小组一个品种，以防止混杂。

2. 合理安排繁殖田的轮作和耕作

繁殖田不可重茬连作，以防止上季残留的种子在下季出苗，造成混杂。要进行精细耕作，消灭杂草，还要注意耕繁种田时，不能以未腐熟的同作物秸秆作为底肥。特别是小麦的秸秆和麦糠中残留子粒较多，未经腐熟不得使用。

3. 注意种子接收和发放手续

种子在接收或发放过程中，一定注意不要弄错，并严格检查其纯度。若发现有疑问，必须在彻底解决后才能播种。种子袋和运送车辆要彻底清洁，以防止混杂。

4. 重视种子预措和播种工作

对播种前的选种、浸种、拌种等措施，必须做到不同品种分别处理，用具洗净，固定专人负责。播种时，同一作物、不同品种的地块和不同作物但株穗、子粒不易区分的地块（如大麦和小麦）应相隔远一些，若不得不相邻种植时，则两块地之间要有适当间隔。

5. 防止收、脱、晒、藏等操作过程中的混杂

繁种田必须单收、单脱、单晒、单藏。不同品种收获时应单独进行。脱粒时要做到一场一种。晒种子时不同品种之间要有隔离设备，以防混杂。种子晒干装袋要挂好标签，由保管人员验收入库。

（四）采用隔离措施，严防天然杂交

对异花授粉作物的原种和亲本繁殖田必须进行严格的隔离，防止因相互串粉而造成天然杂交。对于常异花授粉作物和自花授粉作物，在其原种和亲本繁殖过程中也要适当隔离。隔离可采用空间隔离、时间隔离、自然屏障隔离、高秆作物隔离和套袋隔离。

1. 空间隔离

各种作物由于花粉数量、传粉能力、传粉方式等不同，隔离的距离也不一样。玉米制种一般隔离区为 300 m，自交系繁殖隔离区为 500 m。小麦、水稻繁殖田也要适当隔离，一般应间隔 5～10 m。生产番茄、豆角、菜豆等自花授粉蔬菜作物原种，隔离距离要求

达 100 m 以上。

2. 时间隔离

时间隔离就是在开花时间上要与其他品种错开。一般玉米和高粱制种区的播期要与周围其他品种错期 25～30 天。

3. 自然屏障隔离

自然屏障隔离是指利用山丘、树林、果园、村庄等进行隔离。

4. 高秆作物隔离

在使用上述隔离方法有困难时，可采用高秆的其他作物进行隔离。例如，玉米制种可用高秆高粱作为隔离作物，一般种植 50～100 行，行距 33 cm，并要提前 10～15 天播种，以保证在玉米散粉前高粱的株高超过玉米，起到隔离作用。

5. 套袋隔离

这是最可靠的隔离方法，一般在提纯自交系和异花授粉作物生产原原种以及少量的蔬菜制种时使用。

（五）改变生活条件，提高种性

品种长期在同一地区的相对相同的条件下生长，某些不利因素对种性经常发生影响时，则品种也可能发生劣变。用改变生活条件的办法就有可能使种性获得复壮，保持良好的生活力。改变生活条件可通过改变作物播种期和异地换种两种办法来实现。改变播种期，使作物在不同的季节生长发育，是改变生活条件的方法之一。马铃薯二季栽培留种就是改变生活条件提高种性的明显例子。一般春播的马铃薯均有不同程度的退化现象，可以采用夏播、秋播留种的办法，改变马铃薯的生活条件，还可减轻夏季高温对结种薯的不利影响，有效地控制马铃薯的退化。定期从生态条件不同但差异又不很大的地区引换同品种的种子，有一定的增产效果，也是改变生活条件复壮品种的一种方法。

（六）加强人工选择和提纯复壮

在种子繁殖田必须坚持加强人工选择，严格去杂去劣。加强人工选择不仅可以起到去杂去劣的作用，并且有巩固和积累优良性状的效果，对良种提纯有显著的作用。去杂主要指去掉异品种的植株和穗、粒；去劣是指去掉感染病虫害、生长不良的植株和穗、粒。这项工作在各级种子田都要年年进行，而且要在作物的不同生育时期分期进行，特别要在品种性状表现明显的时候进行，一般在苗期、孕穗期和灌浆期进行。去杂人员必须熟悉所繁品种的不同生育阶段的特征特性，才能准确地做好这项工作。提纯复壮是使品种保持高纯度和防止混杂退化的行之有效的措施。提纯复壮一直是我国良种繁育的基本理论，其含义是通过选择和比较的方法来提高品种的纯度，保持和恢复优良品种的种性。在原种繁殖上，经常采用的有片选法、株（穗）选法和分系比较法。

1. 片选法

片选法是在大田中选择生长良好、纯度较好的地块，严格进行去杂去劣，然后单收、单打、单藏，作为生产用种。进行片选时尤应注意抽穗期与成熟前期的考查与选择，因为品种的一些主要性状，如株型状况、植株高矮、穗形、成熟早晚、抗性强弱等，均在此时期易明显地表现出来，从而易于鉴别。这种方法省工省时，便于农户自留种子。

2. 株（穗）选法

此法是选择具有原品种典型特征特性的单株进行混合脱粒，作为生产用种。进行株（穗）选时，应熟知原品种性状，进行严格选择。此法较简单易行，若能连续采用，亦能收到较好的效果。

3. 分系比较法

这种方法是选择优良单株（穗），下年建立株（穗）行圃，选出优行，分别脱粒，种成株（穗）系圃（小区），再次比较，选出优系，混合脱粒，种成原种圃生产原种，经繁殖后作为大田生产用种。此法由于选出单株（穗）及其后代经过系统比较鉴定，多次进行田间选择和室内考种，所以获得的种子质量好，纯度高，效果比较显著。这是片选、株（穗）选法所不及的。

第三节　原种和亲本的标准及类型与原种和

亲本繁殖的要求及方法

一、原种和亲本的标准及类型

（一）原种和亲本的标准

（1）性状一致，主要特征特性符合原品种的典型性状，株间整齐一致，纯度高。例如，小麦、水稻的原种，纯度不低于 99.8%；棉花、油菜、薯类的原种，纯度不低于 99%。

（2）能保持原品种的生长势、抗逆性和生产力，或有所提高。

（3）种子质量好，子粒饱满，成熟充分，发芽率高，无杂草及霉烂种子，不带检疫病虫害等。

（4）亲本自交系原种的主要标准是：性状典型一致，主要特征特性符合原系的典型性状，株间整齐一致，田间纯度不低于 99.9%，保持原亲本系的配合力、生长势和生活力，种子质量好。

（二）原种和亲本的类型

在原种繁殖过程中生产的种子，由于种子质量、繁殖的方法和繁殖的单位不同，可分为育种家种子、原原种和原种三种类型。

1. 育种家种子

育种家种子是指该品种通过审定时育种者所掌握的那部分遗传性稳定的优质种子，其标准是：具有该品种的典型性；遗传性稳定；品种纯度 100%；世代最低（通过审定时的世代）；产量及其他主要性状符合确定推广时的原有水平。也就是说，育种家种子是育种家育成的遗传性稳定、纯度最高、性状代表该品种的标准性状的品种和亲本的最初一批种子。对杂交种的亲本而言，育种家种子指育种家育成的遗传性状稳定、纯度最高、性状代表该亲本的最初一批自交系种子。

2．原原种

原原种包含两方面的含义：一是由育种家种子直接繁殖而来的具有原品种典型性、纯度达 100%的种子（称为 I 型原原种）；二是由育种家通过单株选择、分系比较的程序产生的种子（称为 II 型原原种）。对杂交种的亲本而言，自交系原种是指由育种家种子直接繁殖出来的或按照原原种生产程序生产，并且经过检验达到规定标准的自交系种子。

3．原种

原种是由原原种直接繁殖而来的，其遗传性状相同，产量及其他经济性状仅次于原原种，质量达到国家规定的原种标准。其繁殖途径一是由育种家提供的原原种直接繁殖，二是按原种生产技术操作规程生产。对杂交种的亲本而言，自交系原种是指由原原种繁殖出来的与该系原有优良特征特性一致的种子，或者采用一定的原种生产技术生产出来的质量达到国家规定的原种标准的种子。原种在隔离区经过一次扩大繁殖的种子，称为原种一代；再继续繁殖一次，称为原种二代种子；第三次繁殖的种子，称为原种三代种子。

二、原种和亲本繁殖的要求

（一）选择种子田和设置隔离

原种生产田选择的田块都要旱涝保收，土壤肥力均匀一致，阳光充足，排灌方便，杂草少，禽畜和鸟雀为害少。南方的老病田、低湖田、低产田和北方的涝洼地、山坡地、风沙地、盐碱地均不能作为原种生产田。原种生产田不能施入同作物未腐熟的秸秆肥，以防上季残留种子出土造成混杂，并有效地避免或减轻一些土壤病虫害的传播。选择种子田时要注意隔离条件，原种生产要在隔离条件下进行，同一品种要实行连片种植，避免品种间混杂。

（二）合理轮作倒茬

种子田不能重茬连作。对于原种和亲本繁育基地，其前茬就应注意是否有利于繁育作物的生长、发育和有没有造成品种混杂的因素。轮作倒茬时应注意是否有利于调节作物对养分的利用，避免或减轻一些土壤病害的传播等。有些作物特别忌讳重茬，如棉花、红薯、花生等，更应注意轮作倒茬。

（三）合理确定各圃面积比例

这与单株选择和株行圃、株系圃当选比例，栽培管理、施肥水平以及原种圃采取的繁殖措施等密切相关。对品种典型性掌握准确，淘汰比例小，栽培管理和施肥水平高，繁殖倍数高，三圃面积逐步加大的各圃面积比例就大，反之就小。一般株行圃、株系圃和原种圃之比为 1:（50～100）:（1 000～2 000），即 1 亩株行圃可供 50～100 亩株系圃的种子，可供 1 000～2 000 亩原种圃的种子。

（四）把好播种关

种子田播种时，在种子接收和发放过程中，要严防差错。播前种子处理，如晒种、选种、浸种、催芽、药剂拌种等，必须做到专人负责，不同品种分别进行，更换品种要把用具清理干净。若用播种机播种，装种子前和换播品种时，要对播种机的种子箱和排种装置进行彻底清扫。种子田中隔一定距离留一个人行道，以便进行去杂去劣。移栽补苗时，要选取本品种的壮苗，严禁用其他品种的幼苗补栽。

（五）采用科学的栽培技术

优良品种的种性是在一定栽培条件下才能充分表现出来，原种生产应实行良种良法配套。从整地、播种到收获前的一系列田间栽培管理工作都要精细，既要科学种，又要科学管。在良种繁育过程中，尤其要注意去杂、中耕、除草、排灌、配方施肥和及时防治病虫害等，以保证作物安全生长和正常发育。播种要适时适量，要合理施肥，以农家肥为主，氮、磷、钾合理搭配，严防因施肥不当而引起倒伏和病虫害的大量发生。

（六）严把种子收获脱粒关

在种子收获和脱粒过程中，最容易发生机械混杂，要特别注意防杂保纯。要适时收割，防止落粒或种子在植株上发芽，北方要防止霜冻。种子田要单收、单运、单打、单晒，一个品种一个世代专场收打。若用脱粒机脱粒，脱完一个品种一个世代，要彻底清理后再对另一个品种另一个世代脱粒。整个收打过程要有专人负责，严防混杂。

（七）注意种子贮藏

种子企业要建立专用的种子仓库。种子入库前，要对种子仓库进行一次彻底清扫。种子仓库要专人负责、专库专用，切忌放置粮食、饲料、农机具、化肥等物品。不同品种不同世代的种子要分开贮藏，贮藏位置要严格做出标记。贮藏时要严格控制种子含水量。

三、常规原种的繁殖方法

原种繁殖程序一般是用育种家种子繁殖原原种，再由原原种繁殖原种，然后由原种繁殖生产良种，供大田生产所用。原种繁殖主要是指原原种和原种的繁殖。

原种繁殖方法有三圃制、二圃制、一圃制、株系循环法等。如果一个品种在生产上利用的时间较长，品种的各种优良性状有不同程度的变异、退化或机械混杂较重，而且又没有新品种代替时，可用三年三圃制生产原种。如果一个品种在生产上种植的时间较短，混杂不严重或新品种开始投入生产时，性状尚有分离需要提纯，可采用二圃制生产原种。对遗传性稳定的推广品种和经审定通过的新品种，可采用一圃制生产原种。这里主要介绍三圃制和二圃制。

（一）三圃制

三圃是指株（穗）行圃、株（穗）系圃和原种圃。用这种方法生产原种通常需要三年时间，所以也称三年三圃制。如选单株时设选择圃，就需要四年时间。三圃制生产原种的技术要点是"单株（穗）选择，分系比较鉴定，混系繁殖"。

1. 单株（穗）选择

初次进行原种生产，可以从该品种纯度较高、生长良好的大田选择单株（穗），或者是从其他原种场引入原种建立选择圃，从中选择优良单株（穗）。如果原来已经进行原种生产，则可从前一轮的原种圃选择优良单株（穗），不另设选择圃。选择时应选取具有该品种典型性状的优良单株（穗）经室内分株（穗）考种，分别脱粒贮藏。选株（穗）数量可根据原种生产的规模来决定。品种复壮效果的大小，在很大程度上决定于单株（穗）选择的精确度。要严格按照原品种的典型性选择，在典型性的基础上选优，这对恢复并不断提高种性有十分重要的意义。

2. 株（穗）行鉴定

将上年当选的优良单株（穗），以株（穗）为单位种成株（穗）行，称为株（穗）行圃。每隔 9 行或 19 行设一对照行（该品种的原种），进行比较鉴定。生育期间进行详细观察，根据典型性、丰产性、一致性进行选择。如果一个株（穗）行内出现杂株（穗）或反常株（穗），杂株（穗）率超过 1%～2%，说明其遗传基础不纯，即全株（穗）行淘汰。当选的株（穗）行以行为单位分别收获，经室内考种后，将决选的株（穗）行分别脱粒贮藏。

3. 株系鉴定（分系比较）

将上年决选株行的种子，每一株行的种子种一小区，称为株系圃。株系圃小区面积一般较株行圃的株行面积大，小区面积要求大小一致，以便进行产量鉴定。对照区的设置比株行圃略多或与株行圃相同。生育期间的评选同株行圃。当选株系以系为单位进行收获。再结合测产和室内考种结果，将决选株系混合，下年进入原种圃。

4. 原种圃（混系繁殖）

将上年当选株系混合脱粒的种子（混系种子，也即原原种或超级原种）种植于原种圃。原种圃应尽可能扩大繁殖系数。生育期间仍要根据典型性严格去杂去劣。从原种圃收获的种子即为原种。为了鉴定原种对提高产量和改进品质的效果，在原种圃扩大繁殖原种的同时，还要进行原种比较试验。

通过株（穗）行圃、株系圃、原种圃这三圃繁育的种子，由于对其表现进行了连续三代的鉴定评选，所以它们的优良性状一般是稳定可靠的，生产的原种质量也较高。

5. 原种繁殖

原种圃生产出来的原种数量，一般不敷生产需用量，所以必须要再行繁殖扩大。原种繁殖的代数及繁殖面积，则依据该品种服务地区的范围及种植面积大小而定。在原种繁殖期间内，仍应注意去杂去劣工作。

（二）二圃制

水稻和小麦多用二圃制原种繁殖，其技术要点是"单株选择，株行比较，混系繁殖"。二圃制繁育原种的程序及要求，基本上与三圃制相同，不过少一个株系圃（即少一次株系比较），仅经株行圃、原种圃生产原种，就是由株行圃中选出优良株行，随后混合，繁殖生产原种。与三圃制相比，二圃制缩短了生产原种的时间。只要掌握好单株选择这一关键，也可以生产出质量好的原种。因为自交作物和常异交作物混杂退化的主要因素是机械混杂，经单株选择和株系比较两次选择就可清除，不像生物学混杂的分离重组要持续较多世代。二圃制由于减少了一次繁殖，因而与三圃制在生产同样数量原种的情况下，就要增加单株选择的数量和株行圃的面积。

作物原种生产，究竟是采用三圃制还是二圃制，这要依据各种作物的具体情况和担负原种生产的部门的人力、物力、设备等情况而定。一般来说，三圃制多经过一道株系比较的程序，其原种质量比二圃制的原种质量要高。

四、杂交种亲本繁殖方法

这里以玉米杂交种亲本自交系原种繁殖为例介绍常用的三种方法。

（一）穗行半分法

适合于纯度较高的自交系，简易省工。缺点是只进行一次典型性鉴定，供应繁殖区的种子量少，原种生产量也少。

第一年种植选择圃选株自交，在抽雄散粉期，根据自交系的典型性（穗位、株型、叶形、雄穗性状等）、丰产性（果穗大小）、抗性，选择比较一致的植株套袋自交。为减少串杂机会，采用一次授粉。收获后根据穗形、粒形、粒色、穗长、穗粗、轴色、穗行数、行粒数、千粒重等进行选择。当选单穗编号装袋带轴保存。每个系可套袋自交 100～1 000 穗，视选择圃自交系纯度及所需原种数量而定。

第二年半分穗行比较，每个自交系设一隔离区，每穗半分，一部分种子保存，另一部分种成穗行。在苗期、拔节期、抽雄开花期根据自交系的典型性、一致性和丰产性进行穗行间的鉴定比较，前期淘汰后期不再当选。本年比较只提供穗行优劣的资料，而不留种，这样就避免了比较过程的串杂。下年混合繁殖用上年预留的一半果穗。

第三年混合繁殖，经穗行比较当选穗行取其相应的第一年自交果穗预留的那部分种子混合隔离繁殖，生产原种。

（二）穗行测交法

第一年种植选择圃选株自交并测交，测验种用该自交系在某一特定杂交组合中的另一亲本自交系。测交穗应在 3 穗以上，其种子要够下年产比。测交果穗与自交果穗对应编号。自交果穗收获后经考种决选，中选果穗单穗脱粒装袋编号，与淘汰自交果穗相对应的测交果穗应淘汰。中选自交穗相对应的各测交穗混合脱粒，编号后单独存放，供下年测定配合力用。

第二年种测交鉴定圃，将各自交单株配制的测交种进行产比，鉴定单株配合力。

第三年混合繁殖，根据配合力测交鉴定的结果，将在测交中表现优良的相应各自交果穗的种子混合，隔离繁殖，生产原种。

（三）三分两步鉴定法

把要鉴定的自交系材料的每一果穗分为三份，分别利用。整个鉴定要分两步（两年）进行。

　　第一年将征集到的自交穗统一编号，来源不公开，目的是排除对不同来源的成见。然后将每穗种子分为三份，分别包装编号，其中一份室内保存，一份种植于性状鉴定圃，一份种植于测交制种圃。性状鉴定圃按编号顺序排列，每穗两行。一行供田间鉴定，调查物候期及植株项目。另一行套袋自交采种，根据鉴定行的结果保留自交采种行的果穗。测交制种圃播欲测自交系的第三份种子，按编号顺序排列，每穗两行，每隔8行播种推广组的另一亲本系作父本，套袋测交配制测交种，亦可在隔离区母本去雄配制测交种。

　　第二年种植性状鉴定圃和测交鉴定圃。性状鉴定圃种植入选穗行的自交采种的种子，按原编号各种一小区。各小区应在同一侧保留一行不套袋供调查用，着重于能代表自交系典型性的植株性状，取 10 株平均数，其余各行套袋自交采种。测交鉴定圃进行上年入选材料测交种的产比，可用随机区组设计等较精确的试验法，并进行物候期、性状的调查。根据两年性状鉴定和一年测交结果，进行综合分析评定决选。

　　第三年将当选最佳材料过去两年中套袋繁殖的种子混合投入第一批原种繁殖，将当选最佳材料封存的种子投入第二批原种繁殖。

　　该法包括了两年性状鉴定选择与一年配合力测定选择，有利于保持自交系的纯度，边鉴定边繁殖，一旦决选就可以提供一定数量的原种。

第七章 种子生产

第一节 种子生产管理

一、种子生产的概念

一个新品种经审定通过并准许在适宜区推广后就要不断地进行繁殖，并在繁殖过程中，保持其原有的优良种性，不断生产出数量足、质量好、成本低的种子供大田生产使用。这种繁殖、生产良种的过程就是种子生产或种子繁殖，也称良种繁育。

种子生产是种子供给的基础。农业科技进步的一个重要内容是农民对新品种的采用，这就要求所生产的种子具有较大增产潜力，能反映当时新育成品种产量水平与农民需求愿望。为此，应制定一系列有关种子生产的政策，使生产出的种子能够满足农民的需求。种子生产与一般作物的生产不同。种子生产要求所生产的种子遗传特性不会改变，产量潜力不会降低，种子活力得以保证。因此，种子生产需要在特殊的环境、特殊的生产条件下进行，并要求有一定数量的种子生产专业技术人员在生产过程中进行技术指导。

二、种子生产管理的概念及途径

（一）种子生产管理的概念

种子生产管理是指种子管理部门对农作物种子生产单位或个人的生产行为进行规范、监督的活动。种子生产的管理，一是通过制定相应的政策；二是建立良好运行的管理体制与机制；三是采取一套行之有效的管理措施。

种子生产管理政策主要是种子生产政策，包括种子生产基地的建立、种子生产者与种子企业的关系、种子收购、种子生产过程的技术指导与田间质量检验等内容。我国的种子生产基地包括专门生产种子的原（良）种场与向农户预约生产种子的特约种子生产基地两种类型。作为专门从事种子生产与繁育工作的原（良）种场，其职责是为种子企业生产种子，与种子企业的关系较为密切。我国的特约种子生产农户，其生产的种子由种子企业收购，种子企业负责种子生产期间的技术指导。特约种子生产农户一般比较稳定，经过多年的种子生产，多已掌握了种子生产技术。一般在同一地方有多个特约种子生产农户，种子生产田相互连片，形成特约种子生产基地，并且具备种子生产的相应隔离条件。

种子商品与一般商品不同，假种子与真种子、较强活力种子与生产力丧失种子很难区分，这使得对种子生产过程的管理就显得特别重要，种子生产管理是种子质量管理的重要环节。种子生产管理体制与机制是种子生产的有力保证。种子生产管理体制应该促使种子生产活动正常进行，种子生产质量得以保证，生产任务按计划完成。种子生产管理机制主要是使各种管理措施得以顺利执行、国家政策能够有效地贯彻、种子生产活动能够正常开展的管理体制制度。只有在良好的管理下，管理机制才能发挥其应有的作用。

（二）种子生产管理的途径

种子生产管理的实施，一是通过政府；二是通过种子企业。政府的种子生产管理主要是制定相应的政策，并组织实施。政府的种子生产管理主要是宏观的管理，有些管理政策与措施最终要通过种子管理部门或者种子企业来实施。政府种子生产管理的目的是使种子企业为农业生产提供质优、量足、价廉的种子。

与政府的种子生产管理相对应，种子企业的种子生产管理则是为了确保所经营的种子有较高的质量。种子企业种子生产管理的方法主要是通过对种子生产过程的技术服务与监督来实施，主要包括向种子生产者提供原种，在种子生产过程中进行技术指导，确保制种田周围没有会引起串粉的相同作物种植，指导农户进行制种田的去杂去劣，在种子收获季节对收获过程进行监督与指导，严防收获时的混杂等。一般种子企业的种子生产管理均要求有专人负责。

三、种子生产许可证制度

种子质量鉴别困难，提高种子质量的关键在于种子生产阶段，在种子的源头把好关，从根本上抓好种子的质量。因此，《种子法》规定商品种子的生产实行许可证制度。农业部根据《种子法》颁布的《农作物种子生产经营许可证管理办法》也对主要农作物商品种子生产实行许可制度做出了具体规定。商品种子生产者提出申请，经种子管理部门审查，对符合条件的申请者发给《种子生产许可证》。《种子生产许可证》持有者必须依法、合法生产，接受种子管理部门的监督。

《种子法》第二十条规定："主要农作物和主要林木的商品种子生产实行许可制度。主要农作物杂交种子及其亲本种子、常规种原种种子、主要林木良种的种子生产许可证，由生产所在地县级人民政府农业、林业行政主管部门审核，省、自治区、直辖市人民政府农业、林业行政主管部门核发；其他种子的生产许可证，由生产所在地县级以上地方人民政府农业、林业行政主管部门核发。"《农作物种子生产经营许可证管理办法》第六条规定："生产主要农作物商品种子的，应当依法取得主要农作物《种子生产许可证》。主要农作物杂交种子及其亲本种子、常规种原种种子的生产许可证由生产所在地县级人民政府农业行政主管部门审核，省级人民政府农业行政主管部门核发。其他主要农作物的种子生产许可证由生产所在地县级以上地方人民政府农业行政主管部门核发。"

（一）申请领取种子生产许可证的条件

《种子法》第二十一条规定："申请领取种子生产许可证的单位和个人，应具备下列条件：具有繁殖种子的隔离和培育条件；具有无检疫性病虫害的种子生产地点或者县级以上人民政府林业行政主管部门确定的采种林；具有与种子生产相适应的资金和生产、检验设施；具有相应的专业种子生产和检验技术人员；法律、法规规定的其他条件。申请领取具有植物新品种权的种子生产许可证的，应当征得品种权人的书面同意。"

《农作物种子生产经营许可证管理办法》第七条规定："申请领取《种子生产许可证》，应当具备以下条件：申请杂交稻、杂交玉米种子及其亲本种子生产许可证的，注册资本不少于 3 000 万元；申请其他主要农作物种子生产许可证的，注册资本不少于 500 万元；生产的品种通过品种审定；生产具有植物新品种权的种子，还应当征得品种权人的书面同意；具有完好的净度分析台、电子秤、置床设备、电泳仪、电泳槽、样品粉碎机、烘箱、生物显微镜、电冰箱各 1 台（套）以上，电子天平（感量百分之一、千分之一和万分之一）1 套以上，扦样器、分样器、发芽箱各 2 台（套）以上；申请杂交稻、杂交玉米种子生产许可证的，还应当配备 PCR 扩增仪、酸度计、高压灭菌锅、磁力搅拌器、恒温水浴锅、高速冷冻离心机、成套移液器各 1 台（套）以上；检验室 100 平方米以上；申请杂交稻、杂交玉米种子及其亲本种子生产许可证的，检验室 150 平方米以上；有仓库 500 平方米以上，晒场 1 000 平方米以上或者相应的种子干燥设施设备；有专职的种子生产技术人员、贮藏技术人员和经省级以上人民政府农业行政主管部门考核合格的种子检验人员（涵盖田间检验、扦样和室内检验）各 3 名以上；其中，生产杂交稻、杂交玉米种子及其亲本种子的，种子生产技术人员和种子检验人员各 5 名以上；生产地点无检疫性有害生物；符合种子生产规程要求的隔离和生产条件；农业部规定的其他条件。"

（二）种子生产许可证的审批程序

种子生产许可证实行分级审批制度。主要农作物杂交种子、杂交亲本种子、常规作物原种种子事关重大，生产条件要求较为严格，对生产者的技术要求较高，其种子生产许可证由生产所在地省级农业行政主管部门核发；外商投资农作物种子企业生产种子由生产所在地省级农业行政主管部门核发《种子生产许可证》。主要农作物常规种的大田用种《种子生产许可证》由生产所在地县级以上地方人民政府农业行政主管部门核发。其他农作物种子的生产许可证由生产所在地县级农业行政主管部门核发。

主要农作物杂交种一般包括杂交水稻和杂交玉米，是否还包括其他作物由各省、直辖市、自治区自行规定。生产种子的单位应当注意了解种子生产所在地的有关规定。

申领《种子生产许可证》要经过如下程序。

（1）商品种子生产者申请领取《种子生产许可证》，应提交以下材料。

1）种子生产许可证申请表。

2）验资报告或者申请之日前 1 年内的年度会计报表及中介机构审计报告等注册资本证明材料复印件；种子检验等设备清单和购置发票复印件；在生产地所在省（自治区、直辖市）的种子检验室、仓库的产权证明复印件；在生产地所在省（自治区、直辖市）的晒场的产权证明（或租赁协议）复印件，或者种子干燥设施设备的产权证明复印件；计量检定机构出具的涉及计量的检验设备检定证书复印件；相关设施设备的情况说明及实景照片。

3）种子生产、贮藏、检验技术人员资质证明和劳动合同复印件。

4）种子生产地点检疫证明。

5）品种审定证书复印件。

6）生产具有植物新品种权的种子，提交品种权人的书面同意证明。

7）种子生产安全隔离和生产条件说明。

8）农业部规定的其他材料。

（2）审核机关应当自受理申请之日起 20 个工作日内完成审核工作。审核时应当对生产地点、晒场或者干燥设施设备、贮藏设施、检验设施设备等进行实地考察并查验有关证明材料原件（对具有相应作物种子经营许可证的只考察生产地点）。具备规定条件的，签署审核意见，上报核发机关；审核不予通过的，书面通知申请人并说明理由。

（3）核发机关应当自收到审核意见和申请材料之日起 20 个工作日内完成核发工作。核发机关认为有必要的，可以进行实地考察。符合条件的，发给《种子生产许可证》并予公告；不符合条件的，书面通知申请人并说明理由。

第二节　加快种子生产的技术

一、加快种子生产的原因

原种一般不直接用于大田生产，而是将原种经过几代繁殖生产的良种用于大田生产。因为通过原种繁殖环节生产出来的原种数量很有限，一般不能满足大田生产的需用量，所以必须用原种再行繁殖，生产良种，迅速扩大种子的数量，加快为大田生产提供足够数量的生产用种。由原种繁殖良种的代数及繁殖面积，则依据该品种服务地区的范围及种植面积大小而定。

二、提高繁殖系数的方法

新育成、新引进的优良品种或提纯生产的原种，种子数量通常是有限的。为了使品种能迅速推广，尽早发挥其作用，必须加快繁殖，提高繁殖系数。繁殖系数是指作物种子繁殖自己的倍数，即单位面积的收获产量与播种量的比值。提高繁殖系数的方法归纳起来有下面几种。

（一）精量稀播，高倍繁殖

这是利用一些作物的分蘖特性，行稀条播和单粒点播，既节约用种，又提高单株产量。它是用较少的播种量，繁殖倍数高、质量好的种子，最大限度地提高繁殖系数。小麦通常采用点播、宽行稀播等方式来提高繁殖系数，每亩繁殖田的播种量为：冬麦为 1～2.5 kg，繁殖系数可提高 300～500 倍；春麦为 2.5～5 kg，繁殖系数可提高 150～250 倍。水稻采用单本插秧，每亩用种量由 10 kg 减少为 1～1.5 kg，繁殖系数由 20 倍提高到 200～400 倍。在进行精量稀播，高倍繁殖时，应注意对种子的精选，确保其发芽率。

（二）异地、异季加代繁殖

这是用一年多代繁殖，进行"倒春种""南繁""北繁"和就地温室繁殖，增加繁殖世代，以达到一年多代繁殖、提高种子繁殖系数目的的方法。

1. 异地加代

利用我国幅员广大、地势复杂、气候多样的有利条件，进行异地加代，一年可繁殖多代，是加速繁殖种子的有效方法。我国常用的方法将是春夏播的作物，如春小麦、棉花、高粱、玉米等放在海南、云南、广东、广西的一些地区冬繁加代。例如，北方春小麦 7 月收获后在云贵高原夏秋繁，10 月底收获后再在海南岛冬繁，一年繁殖三代；南方的冬油菜可放到青海等高寒地区夏繁加代，南方的春性小麦到黑龙江春繁加代。异地加代要注意病虫检疫，防止病虫害的传播和蔓延。

2. 异季加代

一种作物只能在当地种一季的地区，可利用当地的地理气候条件或用温室、塑料大棚进行加代。例如，南方的春性小麦可利用当地的高山气温相对凉爽的特点，进行高山夏繁加代；北方冬季气候寒冷，可利用温室进行冬繁加代。北方小麦收获后可在高山繁殖或进行春化处理、温室栽培等。异地、异季加代繁殖成本较高，一般多限于繁育新育成品种的原原种和原种。

（三）剥蘖移栽或压枝繁殖

具有分蘖特性的水稻、小麦等作物，还可采用提早播种，促进分蘖，然后分株或剥蘖移栽的繁殖方法，迅速扩大繁殖，提高繁殖系数。具体方法是采用单粒适期早播、育苗，促使分蘖早、多、齐、壮。起苗后随即用快刀将小苗按分蘖切开，凡带有一个永久根的分蘖都可以栽植。活棵后应及早追肥、浇水，加强管理。麻类可压枝生根繁殖。

（四）薯类作物的无性繁殖

马铃薯、甘薯等无性繁殖作物可用大垄稀植、芽栽、切块、分芽、分丛、插播或多次分枝倒栽等方法，加速繁殖。马铃薯的芽栽可以节省种薯，并且还有早熟、提高产量的作用。马铃薯芽栽繁殖方法就是利用贮藏过程中经过休眠以后自然萌发出来的幼芽，或通过催芽处理的方法促使芽眼萌动所抽出的幼芽进行种植。以芽长 13～20 cm、幼芽粗壮、未受损伤的芽为好。栽时把幼芽平放在开好的沟底，覆土 4 cm 左右，然后轻压使幼芽与湿土接触。如果土壤水分不足，应在栽芽前于沟中适当灌水。甘薯采用切块育苗、老蔓越冬等方法，加速甘薯良种的繁殖。马铃薯、甘薯的切块繁殖，应注意切刀和种薯切口的消毒，以免病害传播和引起腐烂。

（五）细胞培养或组织培养繁殖

利用细胞的遗传信息全能性，进行细胞培养或组织培养，在细胞水平上繁殖，变不能无性繁殖为可无性繁殖，获得胚状体，制成人工种子，可使繁殖倍数空前提高。

第三节 常规种子生产技术

一、常规种子生产的一般方法

我国农业生产自然条件复杂，栽培用种的种类多，用种量大，各级原、良种场只能生产原种，而数量极大的大田生产用种就需要由种子企业建立种子繁殖基地进行生产。

良种生产的基本原理与技术和原种生产相近，但其程序要简单得多，就是直接繁殖防杂保纯，提供大田生产用种。一般采用一级种子田和二级种子田两种制度，其具体生产程序如下。

一级种子田原种三代更新繁育的具体程序是用原、良种场提供的原种，在种子田依次逐年生产一、二、三代原种（即良种）的同时，每年又分别将大部分一、二、三代原种作为大田生产用种，供大田生产使用。

二级种子田原种四代更新繁育的具体程序是用原、良种场提供的原种，在一级种子田依次逐年生产一、二、三代原种（即良种）的同时，每年又分别用大部分一、二、三代原种在二级种子田生产二、三、四代原种（即良种），然后再分别将二级种子田生产的二、三、四代原种（即良种）作为大田生产用种，供大田生产使用。

实行种子生产专业化，设立二级种子田的意义是：一级种子田的重点在于防杂保纯，保证质量，二级种子田在于大量繁殖保证数量。

二、小麦常规种子的生产方法

小麦属自花授粉作物，一般情况下变异较小，在坚持防杂保纯的基础上，可连续利用数年。小麦的天然杂交率很低，群体中每个个体的基因型是纯合的，在表现型和基因型上相对一致。因此，小麦良种繁育不需要采取隔离措施，杂劣株在外观上较易区分，只要对选得的本品种单株（穗）进行一次比较，淘汰杂劣株后混收即为原种，易于达到提纯的目的。对这类作物的良种繁殖和品种提纯复壮多采用二圃制，也采用三圃制和一圃制。另外，片选法、穗选法对生产用种质量提高也是有效的，便于开展群众性的防杂保纯工作。由于二圃制和三圃制在前面有关章节已介绍过，这里主要介绍小麦常规种子生产片选法、穗选法和一圃制中应注意的问题。

（一）片选法

片选法指在大田中选择生长良好，混杂较轻的田块，在性状区别最容易的时候严格去杂去劣。这一工作至少也要分两次进行：在抽穗期，根据原品种的株高、抽穗迟早、穗部性状，把杂株拔除（不能只拔主茎穗）；在成熟期，即在收获前七八天成黄熟时，再根据原品种的株高、成熟迟早、颖壳颜色、芒的有无及长短等性状进行第二次去杂去劣工作。此外，在收获时要防止混杂，严格执行单收、单运、单打、单晒、单藏的制度。

采用片选法，因为在田间去杂去劣，难免有一部分杂劣株会遗漏掉，这样纯度不可能提得很高，但作为生产用种还是可以的。这种方法简单，便于农户自己留种。

（二）穗选法

在小麦成熟收割之前，在大田选择具有原品种典型性状的单穗（选穗数量根据下年用种数量而定），当选的单穗混合脱粒，晒干保存，供下年种子田播种用。如此年年进行，使在生产上能够播种纯度高、质量好的种子，而且还可以防止品种混杂变劣。这个方法在提纯上要比片选的效果好得多。

（三）一圃制

小麦一圃制生产原种的技术要点，可概括为"单粒点播，分株鉴定，整株去杂，混合收获"。

1. 选择种源

点播用的种子必须是遗传性稳定的育种家种子或原种，质量达到国家规定的相应标准。对新引进的或对其纯度和品种遗传稳定性没有把握的材料，可先进行一年株行选择，以提纯后的株行混收种子为源头，以后各年均按一圃制程序生产原种。混杂退化较重的种子一般不能使用。种子必须经过精选或粒选，最好使用包衣种子，以确保全苗。

2. 精细整地

点播圃要选择土壤肥沃、地力均匀、排灌方便、栽培条件较好的旱涝保收田，并精细整地，施足底肥，防治地下害虫。

3. 规格播种

行、株距一般为 25 cm×（7～10）cm，每隔 6～9 行设一宽行（50 cm）或作畦，以便田间观察、去杂去劣及灌水；或采用宽（25 cm）、窄（15 cm）行种植，株距不变。在大面积应用时，最好用点播机点播，点播不宜过深，以 3～4 cm 为宜。要适时早播，足墒下种。若点播时墒情不好，播后要及时浇蒙头水。

4. 加强管理

田间管理以促为主，促控结合，按精量播种的技术要点进行田间管理，既要保证高产和扩大繁殖系数，又要严防倒伏，以确保后期去杂成功。

5. 去杂去劣

在幼苗期和黄熟期，根据品种的特征特性进行分株鉴定。幼苗期鉴定生长习性、叶色、株型、抗寒性等；黄熟期鉴定株高、株型、穗形、穗色、叶形、抗病性、落黄性等。每个时期若发现不符合本品种典型性的植株都要整株拔除，携出田外处理。去杂工作要反复进行，直至未发现一株杂株为止。

6. 严防机械混杂

原种生产全过程必须有熟悉选种技术的专人负责，在收割、脱粒、晾晒、运输、贮藏等各个环节要采用严格的防杂保纯措施，确保原种质量。

7. 繁殖系数

繁殖一代用于大田生产。点播田与繁种田的比例一般为 1:60，繁种田与生产大田的比例为 1:40。必要时原种亦可直接用于大田生产。

三、棉花常规种子的生产方法

棉花属锦葵科，是雌雄同花的常异花授粉作物，天然杂交率可高达 20%。棉花生产环节较多，如分期收花、集中轧花等，极易引起混杂退化，致使品种的生产能力和纤维品质等方面发生衰退，造成产量下降，纤维品质变劣。其良种繁育的任务是提纯复壮生产原种，以原种 1～3 代供大田用种，并对品种实行区域化种植，定期进行种子更新和品种更换。

原种圃生产的原种数量有限，不能满足大田生产的需要，需经一定的繁殖过程，产生相当数量的种子后，才能供应大田生产。棉花种子分为原种及原种一代、二代、三代。由原种圃零代原种产生的种子为原种一代，由原种一代产生的种子为原种二代，大田生产一般只用到原种三代，三代以后就要进行种子更新。对于不同的原种代数，其纯度、发芽率等都有不同的要求。

原种要在良种场或规定的原种繁殖区进行繁殖，周围不种其他的棉花品种，以防生物学混杂或机械混杂。棉花的繁殖系数较低，一般约 20 倍，但采用良好的繁殖技术，其繁殖系数可达 90 多倍甚至 100 多倍。一般采用以下方法来扩大种子繁殖。

1. 精细选种

播种前将棉籽用硫酸脱绒水洗后晒种，再挑出秕、破、嫩、杂子，留下健籽并用多菌灵处理。

2. 精量播种

若采用直播，可单粒点播。为帮助棉苗拱土，每穴可加大豆 2～3 粒，出苗后，将大豆苗拔除。由于播种量少，可采用先覆膜后播种的方法，以利于出苗、保苗和防高温烫苗。具体方法是：在播种前 5～7 天起垄并覆上地膜，播时用扎眼器在覆膜的垄台上扎直径 3 cm、深 4～5 cm 的小穴，用水壶浇足水，待水渗后播种，每穴播棉种 1 粒，大豆种子 2 粒，先用手指将棉籽压进土里，然后覆上潮土。播后 7～10 天注意破除土层的硬盖，以减少出苗阻力。

若采用育苗移栽，营养钵土肥力要高，养分要完全，每钵下 1 粒，覆盖 1 cm 的土。薄膜棚架覆盖，出齐苗时应增温促长，3 片真叶期应控温促壮。壮苗标准是红茎半腰，茎粗节密，白根盘钵，子叶完好，叶绿无病。3～4 片真叶时为最佳叶龄移栽期。栽前假植蹲苗，施好出嫁肥。

3. 加强管理

在棉花生育期间，加强田间管理，采用高产栽培技术，培育中壮株型，适时打顶，精细整枝，注意病虫害防治。

4. 去杂

7～8 月份结合田间调查进行两次田间去杂，严格拔除杂株，保持品种纯度。

5. 种子收藏

所收霜前花应专轧专存，严防混杂，所生产的种子下年作为大田生产的种子。

第四节　杂种种子生产技术

一、杂种种子生产的一般方法

杂种种子生产是复杂的生产系统，包括杂种组合亲本系的繁殖和杂交制种，隔离区设置，繁殖田和制种田的田间管理，杂种种子的加工等多个生产环节。特别是杂交制种田的管理，由于所用亲本基因型差异较大，对温、光和土地条件的反应常各有特点，所以需要一整套的栽培管理技术。杂种种子生产已成为一个独立的产业，种子企业的主要工作内容就是从事杂种种子生产。

大多数农作物通过种子繁殖，利用杂种优势只能种植第一代，因此必须年年制种。育种实践证明，这些作物利用杂种优势必须解决以下问题。

（一）选择强优势组合

所谓强优势组合就是杂交组合的第一代杂种具有较高的杂种优势，它的育种目标性状值不仅高于双亲的平均数，高于最高亲本，也还要高于当前生产上推广的栽培用种。杂交种必须有明显的增产作用，才能在生产上推广利用，这样才能补偿因杂交制种带来的麻烦和经济负担。在生产上具有推广价值的强优势组合，则必须综合性状良好，没有明显缺点，而在主要育种目标性状上具有明显的超标优势。

（二）母本去雄

农作物中除了极少数雌雄异株如大麻等外，都是雌雄同株。雌雄同株的作物在利用杂种优势上，不管是单性花还是完全花，都必须解决杂交制种时母本的去雄问题。因为有了适当的母本去雄方法，才可以大规模配制杂交种子。所以，母本去雄向来是利用杂种优势一大难关。母本去雄的方法可归纳为三大类：人工去雄法、化学去雄法和生物去雄法。因前两种方法前文已有介绍，这里只介绍生物去雄法。此方法是利用作物本身具有雄性不育或自交不亲和的特性达到去雄以方便杂交的目的。一般把雄性不育分为两类：一类是受细胞核基因控制的不育，称核不育；另一类是受细胞核基因和细胞质基因共同控制的不育，称胞质不育或核质互作不育。自交不亲和是指雌雄两性的配子本身都是正常的，在不同基因型株间授粉能正常结子，但是花期自交不结子或结子率极低的特性。

（三）父本传粉

在杂交制种中，当母本开花时，父本应该供应数量充分而具有授粉能力的花粉。对于异交作物和常异交作物来说，由于长期自然选择作用，花器结构和开花习性都是适于向外散粉的，而且花粉量多且花粉寿命长。但自交作物不仅花粉量少，而且飞飘不远，有的甚至闭花授精，这样就很不利于杂交制种。因此，自交作物在利用杂种优势确定父本时，对其传粉特点要注意选择。

（四）杂种种子的生产技术

杂种种子的生产程序复杂，成本也高。一般用每亩所生产的杂种种子量与生产田种植杂种每亩所需的种子量之比，来说明杂种种子生产成本的高低。比率越大，生产杂种种子的经济可行性越大。为确保杂种种子质量和确保降低杂种种子生产成本，必须掌握经济有效的生产杂种种子的技术，这是每种作物杂种优势在生产上可以利用的前提条件。杂种种子生产技术的主要内容包括以下几方面。

（1）隔离区的设置。种子田不管是亲本繁殖田还是杂交制种田都要种在隔离区内，以免本作物的其他品种或系的花粉参与受精，造成生物学混杂。隔离的可靠方法是空间隔离，要求种子田周围有足够的空间不种植同一作物。隔离的距离要求因作物种类而异。

异交作物和常异交作物的隔离距离要求大，而自交作物的隔离距离相对要小。在生产上玉米或高粱种植集中的地区，按标准要求隔离距离安排种子田常常遇到困难，可以采用屏障隔离、开花期隔离和风向隔离，以便缩短隔离距离。

（2）父母本间行比。这是指雄性不育系繁殖田的两系（即不育系和保持系）和杂交制种用的双亲，都要按一定比例行数，相间种植。确定行比的原则以母本开花时有足够的父本花粉供应为前提，尽可能增加母本行。因为母本行比大小直接关系到种子田单位面积产量的高低和生产成本。当然，如果父本行比太小，花粉量不足，母本不能充分结实，单位面积产量也会下降。

（3）调节亲本播期，确保花期相遇。雄性不育系繁殖田里的不育系生长发育常较保持系落后，杂交制种田种植的父母本为了确保杂种种子具有较高杂种优势，相互间基因型差异较大，花期各不相同。因此，在雄性不育系繁殖田和杂交制种田经常要对父母本采取不同的播种期，以便达到母本盛花、父本初花最佳的父母本花期相遇。调节亲本播期有两条基本原则：一是"宁要母等父，不要父等母"；二是对母本安排最适宜的播期，然后调节父本播期。

（4）除去杂株。在种子田里时常存在杂株，为了保证亲本纯度和杂种种子质量以及充分发挥杂种增产效果，对种子田出现的杂株必须彻底拔除。原则上说，在种子田里除去杂株应贯穿于从出苗开始一直到收获脱粒的整个过程，因为有杂即除就能提高纯度。但是开花散粉前拔除杂株的效果显然是比开花后拔除好，因为此时亲本繁殖田和杂交制种田都是处于异交状态，杂株花粉所造成的生物学混杂是格外严重的。去杂就是以亲本的性状标准去鉴别杂株，可以抓住不同生育时期明显而易鉴别的性状除杂。

（5）父母本分别收获，掌握适期，严防混杂。只有充分成熟的种子，其种子生活力才能强大并长成强壮幼苗。因此，在条件允许的情况下，要待种子充分成熟再收获。要严防种子混杂，无论是收获、脱粒、贮藏、运输过程中，都要做好标记，严格分开。

二、玉米杂交制种方法

（一）安全隔离

1. 隔离方法

（1）空间隔离。据有关专家研究和各地经验，杂交制种田经济有效的隔离距离为200 m。杂交制种田处于多风地区，特别是处于下风口低地势时，间隔宜再大些。制种田面积大，四周父本保护行数较多时，隔离区内的花粉对异源花粉的竞争授粉程度增高，可降低串粉混杂率。

（2）时间隔离。时间隔离是采用提前或延迟播种的方法错开制种田母本的吐丝期和邻近玉米的散粉期，以达到安全隔离的目的。一般情况下，春播玉米约需错期 40 天，夏播玉米错期为 25～30 天。

（3）屏障隔离。一种是高秆作物隔离，即在杂交制种田四周种植高秆作物（如高粱、红麻）形成人工屏障进行隔离。高秆作物的播幅，制种区应在 50 m 以上，自交系繁殖区应在 100 m 以上。高秆作物应比制种区玉米早播 10～15 天，以保证玉米抽雄时其高度显著超过玉米。另一种是自然屏障隔离，即利用村庄、树木、山岭等自然环境作为隔离区，如树木较少、较稀疏时，应加种一定宽度的高秆作物或扩大屏障区四周的父本保护行数。

2. 隔离区数目

隔离区数目根据杂交种的类别而定，如单交种应设 2 个亲本隔离区和 1 个杂交制种隔离区。三交种每年需 5 个隔离区，即 3 个自交系隔离区、1 个亲本单交制种区、1 个三交制种区。双交种则需 7 个隔离区，即 4 个自交系隔离区、2 个单交制种区、1 个双交制种区。

3. 隔离区面积

隔离区面积确定的依据是下年所需种子量、亲本自交系的亩播量、预计平均产量和父母本行比和种子合格率等因素。

（二）规格播种

1. 调节父母本花期

目的是使父母本花期很好相遇。如果双亲花期相同或母本花期比父本早 2～3 天，可同期播种。如果双亲花期相差 5 天以上或虽然花期相差 2 天左右，但母本雌雄不协调，吐丝推迟较多天时，就要调节父母本的播种期进行错期播种，先播花期较晚的亲本，隔一定天数再播另一亲本。因此，必须摸清双亲系在当地的生育规律，才能投入大面积制种。错期播种的天数主要根据双亲花期的相差天数。但父母本花期相差天数并不等于错期播种天数，一般早播亲本提前播种的天数，春播制种时是父母本花期和相差天数的 1.5～2 倍，夏播时为 1～1.5 倍。另外，玉米花粉生活力仅几个小时，散粉期又短，而果穗花丝生活力则可维持较多天数（一般为 7 天左右），因此安排错期播种时，要掌握"宁要母等父，不要父等母"的原则。由于自交系的生育受气候、土壤墒情、栽培管理等的影响，有时即使按一定指标错期，也会出现花期不遇，因此不少地方以早播亲本幼苗的生育情况作为错期播种的指标。对从外地新引进的杂交组合，更要摸清其生育期，确定在当地的错期天数。若时间不允许，可依据引种规律和经验确定一个范围，然后将父本系种子分为三份分三期播种，从而延长父本的散粉期，保证制种成功。在父母本错期播种日数不长（3～5 天以内），土壤墒情又较好时，可把需早播的亲本种子温汤浸种、催芽，并偏施种肥实行同期播种。为防止父本花粉量不足，应在制种区附近单独种一小面积采粉区，作为备用花粉源。采粉区的播期应比隔离区内迟播 6 天左右。

2. 规定父母本行比

在不影响授粉结实的基础上，应尽量增加母本行数，以提高制种产量。一般在单交制种区，母本为竖叶形的行比以 1:6 为宜，母本为平展叶形的行比以 1:4 为宜。在隔离区四周应加播 2～3 行父本保护行，以保证授粉和减少外来客粉的影响。双交制种区，一般父母本行比以 2:4 或 2:6 为好。

3. 严把播种关

播种是保证制种成功的关键，必须做好以下几项工作：核对父母本自交系种子是否准确无误；播种时要严格分清父、母本行，保证做到不重播、漏播和不种错（当父母本分期播种时，要将晚播亲本行的位置在田间预做标记，以免播种该亲本时发生重播、漏播或交叉等现象）；为便于去雄和收获，可在父本行穿种其他作物作为标记；保证播种质量，争取一次全苗（出苗后如果缺苗，切不可补种其他玉米，父本行可补种或移栽原父本的种子或幼苗；母本行一般不允许补种或移栽，只可以补种其他作物（但应与标记作物明显区别），以防止抽雄持续时间过长，影响去雄质量）。

4. 确定播种密度

一般竖叶形亲本要求每亩留苗不少于 6 000 株，平展叶形亲本要求每亩留苗不少于 5 000 株，以通过扩大群体提高制种产量。

（三）去杂去劣

玉米制种区田间去杂去劣一般需进行三次。第一次在苗期，结合间苗、定苗，去掉小苗、大苗、病苗、异型苗和杂苗，留整齐一致的苗；第二次是拔节期，根据父母本自交系的长相、叶色、叶形、叶鞘色、生长势等特征，进一步严格去杂去劣；第三次在抽雄散粉前，是去杂去劣、确保制种质量的关键时期，对杂株、怀疑株、特壮株彻底砍掉。在抽雄时发现杂株要随时去掉。对父本行杂、劣株要特别重视，做到逐株检查，彻底去杂，以保证制种质量。收获及脱粒前要对母本果穗认真进行穗选，去除杂穗、劣穗。

（四）花期调控

由于多种原因，在制种中可能出现父母本花期不遇，造成严重减产甚至绝收。因此，应从苗期开始抓好花期预测，及时调控花期，保证花期能很好相遇。

1. 花期预测的方法

（1）叶片检查法。在玉米拔节后，检查母本和父本的叶片数。如果双亲的总叶片数相同，母本已出叶片数比父本的多 1～2 片时，花期能很好相遇。如双亲的总叶片数不同，则应根据母本和父本已出叶片数、出叶速度（已出叶片数除以出苗至检查日数）和未出叶片数而定：如母本未出叶片数比父本少 1～2 片叶时，花期相遇很好；如超过 2 片或少于 1 片，则有可能相遇不好。

（2）幼穗检查法。拔节孕穗期在制种田选择 3～5 个有代表性的样点，每点取有代表性的父、母本植株 3～5 棵，剥去叶片，检查幼穗大小。如果母本的幼穗分化早于父本 1 个幼穗分化期（如母本处于小穗期，父本处于小穗原基期）时，即预示花期相遇很好，否则就可能不遇。

2. 花期调节的方法

（1）苗期。如果由于墒情不好等原因，迟播亲本出苗较晚，出现父母本生长快慢不一致时，可采用"促慢控快"法，对生长慢的亲本采取早间苗、早施肥、早松土等措施促其生长；对生长较快的亲本则采取晚间苗、晚施肥、晚松土的控制措施。

（2）拔节孕穗期。对发育慢的亲本，要偏施肥浇水，同时可喷 20 mg/kg 的赤霉素和 1%的尿素混合液，每亩 100～200 kg；或者每亩喷 500 倍磷酸二氢钾水溶液 100 kg，可提前花期 2～3 天。每亩喷 40 mg/kg 的萘乙酸水溶液 100 kg，可使雌穗花丝提前抽出，而对雄穗抽雄散粉影响不大。

（3）抽雄开花期。如父本已抽雄，则在母本雌穗刚露出时，提前对母本抽雄或带顶叶去雄，可提前母本吐丝 1～2 天；如父本已散粉，母本雌穗苞叶过长，在花丝已抽出 1～2 cm 时，可剪短苞叶（以不伤雌穗顶端为宜），使花丝早露；如母本吐丝过长，则可将花丝剪短至 3 cm 左右，以便接受花粉。

（五）母本去雄

在母本雄穗刚露出顶叶尚未散粉前，要及时彻底拔除雄穗，这是保证制种质量的中心环节。去雄要有专人负责，加强巡回检查，最好组织去雄专业队，以保证去雄质量。去雄时间，在每天上、下午均可。抽雄盛期要每天去雄，风雨无阻；在整个隔离区的抽雄初期和中期隔日去雄，抽雄末期若全区只余 5%左右植株尚未去雄时，即使伤些顶叶也要一次拔完，结束去雄工作。去掉的雄穗要带出隔离区，以免雄穗离体散粉而影响制种质量。

带叶去雄（也称"摸苞去雄"或"超前抽雄"）即带一片顶叶去雄，是各地在制种工作中总结出来的一项简易而有效的新技术。决定玉米产量的主要是"棒三叶"（果穗所在部位及其上两节的叶片），去掉顶叶不但不会减产，反而由于改善了"棒三叶"的受光状况而会促进果穗发育，产生一定增产效果。有试验研究结果表明，带一片叶去雄效果最好，可以提高双穗率、出粒率和单穗粒重，降低空秆率，比常规去雄增产 5%～10%。特别是制种面积大、劳力紧张的制种基地，可以减轻天天去雄的压力，还可以在遇雨 1～2 天不能下田去雄时也不至于使雄穗散粉而降低制种质量。带叶去雄不用担心花粉散粉，可以随拔随扔在地里而不必带出田外，既减轻劳动强度又提高工作效率。

父本完成授粉使命后，全部割除，这时正值母本灌浆盛期，由于改善了田间通风透光情况，边行优势得以发挥，母本光合作用效率提高，使果穗灌浆充实，粒重增加。

（六）重视父本作用

（1）加大父本行距，避免早播的母本大苗欺晚播的父本小苗。

（2）合理密植，提高花粉质量。但要防止过密使父本生长细弱，倒折严重，雄穗发育不全，散粉时间相对缩短，造成母本结实率及产量下降。

（3）及时去掉父本雄穗下两叶，保证散粉畅通。某些紧凑型自交系作为父本时，常因顶两叶紧抱雄穗影响雄穗散粉，因此应及时去掉雄穗下两叶，使雄穗暴露，促使花粉及时散出。据调查，此举可使母本结实率提高 10%左右。

（4）在田间管理上不能忽视父本，否则父本发育不良，花粉量减少，直接影响母本结实率。

（七）辅助授粉

搞好人工辅助授粉是提高结实率、增加制种产量的有效手段。特别是在花期未能很好相遇的情况下，更应做好辅助授粉工作。母本去雄 5～7 天后，雌穗开始吐丝，花丝全部抽完约需 5～7 天，但花丝吐出第 2～5 天内授粉效果最好。父本雄穗从开始到全穗开花结束一般需 7～9 天，但以第 2～5 天散粉量最大。因此，辅助授粉应在父本散粉量最大和母本吐丝集中时进行。一般应在开花盛期连续进行 2～3 次。方法一般可采用布粉法：在授粉期，特别是在始花期的上午，采集父本雄穗上的花粉，在 2～3 h 内，用细面箩除去花药，然后置于底部有纱布（最好是两层棉纶丝袜）的竹筒内，一手拿盛有花粉的竹筒，一手拿一小木棍，在雌穗上方轻轻敲，使花粉均匀地散落在花丝上。辅助授粉时间最好在上午 8～11 点，雨后天晴可等雄穗上水珠蒸发后再行人工授粉。高温、干燥影响授粉时，可及时灌水，以改善农田小气候，促进雄花散粉。还要注意勤采勤授，现采现授，每采 10～15 株玉米花粉就授粉，授完再采。防止一次采粉量大，花粉堆积，加速花粉死亡，影响授粉结实。

（八）分收分藏

及时收获成熟的制种区玉米是保证种子质量和数量的最后措施。父母本同时成熟的，应分收其果穗。一般先收父本，运出田外，再收母本，要特别注意不能收错行。对收获的杂交果穗要及时晾晒，尽快脱水，以便安全贮藏。对于生育期长、子粒大、难于脱水、易发生霉子的杂交组合，可在腊熟中期实行站秆剥皮晒种，即在收获前 10～12 天先割去果穗以下茎秆，再剥母本果穗苞叶，让太阳曝晒果穗，促进种子生理脱水和生理后熟，保证种子发芽率，防止霉子、烂子。据试验，站秆剥皮晒种可比对照种提前收获 3～5 天，种子含水量相对下降 2%～3%，在我国北方使用这种方法效果明显。脱粒时要做好穗选，淘汰杂劣穗。种子袋要及时拴上标签，防止差错。

第八章　种子收购与贮藏

第一节　种子收购

一、种子收购的意义

种子收购具有以下几方面的意义。

（一）种子收购是种子工程必不可少的重要内容

种子收购是种子工程中的一个重要的子系统。在种子工程这个大系统中，种子收购子系统有着重要地位和作用。如果没有种子收购这个子系统，种子工程就无法实施。

（二）种子收购是连接种子生产和种子销售的纽带

种子收购一头连接着种子生产，一头连接着种子销售，既是对种子生产成果的检验，也是种子销售的基础和前提。种子收购对种子生产单位和种子营销单位都有重要意义，是种子生产单位实现种子价值和获得赢利的唯一途径，也是种子营销单位获得种子货源的唯一途径。

（三）种子收购是种子企业经营的重要环节

种子企业的经营活动是一个完整的链条，种子收购就是这个链条上一个重要环节。种子收购是种子企业经营的重要内容，种子企业要开展经营活动，就必须首先做好种子收购工作。只有做好种子收购工作，才能开展种子营销和其他经营活动，种子企业也就有了经营的对象。种子收购工作做不好，种子企业的经营活动也就无从谈起。

（四）种子收购是种子企业实现赢利的基础

种子企业要想实现最大赢利目标，就必须要有足够数量的种子。种子企业有了足够数量的种子，才能实现赢利最大化。种子企业要及时足额地把种子收来，种子企业才能有坚实的赢利基础。如果没有足够数量的种子，种子企业的赢利就成了无本之木，无源之水。

二、种子收购的措施

种子收购的具体措施包括以下几方面。

（一）树立良好的企业形象

要诚信经营，守法经营，严格自律，不欺瞒制种农户，不私自抢购套购非合同约定的种子，不扰乱种子收购市场秩序，用实际行动树立良好的企业形象。

（二）履行种子收购合同

在种子丰收、供过于求或种子价格比合同约定的价格低而影响制种农户收益时，要严格履行合同，按照合同约定的价格和质量标准及时全部收购，不压级压价，不拖延，不拒收。在种子歉收、供不应求或种子价格比合同约定的价格高时，应结合实际情况，参照种子的市场价格，适当提高种子收购价格进行收购，不要借口履行合同而使制种农户遭受损失。

（三）制定并落实种子收购计划

在种子收购前，要对种子收购工作做出全面、周密、细致的安排部署，制定切实可行的种子收购计划和方案。在种子收购的关键季节，要集中人力、物力、财力，及时保质保量做好种子收购工作，确保按时完成收购任务。切实加大筹资力度，拓宽筹资渠道，备足收购资金，按合同条款向制种农户及时足额兑付种子款。对制种农户交售种子，要现钱结算，不打"白条"。

（四）提供热情周到的服务

要改进工作作风，改善服务态度，采取便民措施，切实做好种子收贮中的各项具体工作。对交售种子距离远的制种基地，要增设临时收购点，以方便制种基地农户交售种子。对交售种子的农户，要热情服务，及时办理种子交售的各种手续，耐心回答和解释农户的问题。

三、种子收购的操作规程

（一）制订收购计划

要由种子企业一名主管经理会同市场营销部、生产技术部、仓储部等部门制订收购计划。收购计划应包括收购日程和进度，分品种定价或预付种子款数额，质量指标把关，设备准备、运输、仓储及人员安排。收购计划制订后报总经理审批后实施。

（二）收购程序

（1）净度、水分验收。由企业指定的技术员进行验收，其中水分测定采用水分速测仪进行。验收合格的种子由验收人员签字认可，不合格的则由种子生产单位（包括农户，下同）进一步扬净或晒干后重新验收。

（2）纯度验收。由企业指定的技术人员进行验收，主要是验收杂交种子是否混入父本、可分辨的异品种或其他植物种子。验收合格的由验收人员签字认可，不合格的则暂予拒收。

（3）领标签和标准包装袋。生产单位凭验收签字通过的合格证到标签和标准包装袋保管员处领取写有自己姓名的标签和标准包装袋。

（4）取样。在种子生产单位把种子装入标准包装袋时，由持证检验员对种子生产单位交售的种子进行取样存档，以备日后做发芽试验和追溯种子质量用。

（5）过磅称量。由企业指定人员进行过磅称量，称量时必须分单位进行划码，分户单独装袋，每袋种子的重量必须是规定的标准重量。

（6）缝包。缝包人员缝包时要注意内外标签是否齐全，并且要确保缝包质量，以免种子漏出。

（7）开票付款。有关财务工作人员必须根据种子生产单位提供的划码单上记载的种子数量给种子生产单位开票和支付预付款，同时还必须在分户清册上记录各种子生产农户交售种子的数量。

（三）入库

种子到达仓库入库时，仓库保管员必须再核查一次，品种核对无误后，仓库保管员签字认可。

（四）发芽试验

将收购时所扦取的每个种子生产单位的样品做发芽试验，并按照国家标准确定合格与不合格种子。对种子生产单位交售的不合格种子，应再做一次清选，并折价处理。

第二节　种子贮藏的意义和任务

种子贮藏指种子从母株成熟开始到播种为止的全过程。在此期间，种子会经历不可逆转的劣变过程。从种子生理成熟后，劣变就已开始，种子内部会发生一系列生理生化变化，变化的速度取决于收获、加工和贮藏条件。劣变的结果是种子生活力下降，发芽率、幼苗生长势以及植株生产性能的下降，最终导致种子丧失生活力，不能发芽。

一、种子贮藏的意义

种子生产一般要经过大田繁殖和室内贮藏两个阶段，种子贮藏与大田繁殖同等重要。种子贮藏是种子企业经营管理中不可缺少的一项内容，它有以下几方面的意义。

（一）促进种子工程的实施

在种子工程实施过程中，种子会因收购、加工、运输和销售遇到不可预料的情况而受阻，需要由贮藏环节来予以缓冲、中转和调剂。没有种子贮藏，种子收购、加工、运输和销售等经济活动会由于缺少物质条件而不能正常进行。因此，种子贮藏是种子工程不可缺少的环节，也是实现种子工程目的的重要内容。

（二）调节种子生产与种子消费之间的矛盾

种子贮藏是解决种子生产和种子消费之间的矛盾以及保证农业再生产顺利进行的必要环节。农业再生产有着明显的特点，农业生产和种子生产都是在广阔的空间同时进行的，农业生产和种子生产在时间上具有季节性，在空间上具有地域性。一般情况下，当年生产的种子要等到下一年才能用于农业生产。种子生产相对比较集中，而种子消费非常分散。这就决定了种子生产与种子消费之间客观上存在着时间和空间的间隔（即时间差和空间差）。要解决这些间隔对种子生产的不利影响，就必须进行种子贮藏，用种子贮藏来调节、缓和和解决种子生产与种子消费之间的矛盾。

（三）保证种子商品流通的顺利进行

种子贮藏在形式上似乎是种子商品流通的停滞，但它作为种子商品流通的重要环节，实际上是种子商品运动的一种特殊形式。在种子商品营销的过程中，种子的中转贮藏是顺利完成运输任务的必要条件。在种子商品流通的销售环节上，种子贮藏是种子商品销售的物质准备。由此可见，种子贮藏是种子商品流通得以顺利进行的必要条件。

（四）保证种子质量，提高种子企业经济效益

种子收获后，不断进行着一定的生命活动。在此过程中，种子的性质和化学成分也在逐渐发生变化。这种变化可能降低种子品质，甚至使种子完全变质而丧失使用价值。如果种子贮藏搞不好，就会使种子降等级甚至废弃，造成种子企业的严重经济损失和社会财富的浪费，给农业生产和种子企业经营带来不利影响。因此，通过科学贮藏，可以控制、影响使种子质变的环境因素，抑制种子的生命活动，以保持种子的品质，提高种子企业经济效益。

（五）保证农业生产的顺利进行

农业生产有严格的茬口和品种安排，而且受自然条件、产业结构调整、种子用户选用品种的心理变化、种子产量的影响，销售量的多少很难预测，加之救灾备荒用种的需要，种子企业不得不越年贮藏一定数量的种子。因此，种子贮藏是农业生产和种子生产不可缺少的常规和应急环节。

二、种子贮藏的任务

种子贮藏的任务主要有下面几方面。

（1）改善贮藏条件，阻止和延缓种子的劣变，保持种子的发芽势、发芽率和活力，是种子贮藏的主要任务。

（2）保持品种纯度。尤其是同一作物的不同品种混藏时，要采取严格措施，将不同品种隔离贮藏，防止机械混杂，以保持品种的纯度。

（3）保持种子的净度。加强种子贮藏期间的管理，严格种子贮藏管理的措施，严防异物和杂质混入种子，以保持种子的净度。

第三节　种子的呼吸作用、贮藏条件及仓库与设备

种子是活的有机体，每时每刻都在进行着呼吸作用，即使是非常干燥或处于休眠状态的种子，呼吸作用仍在进行，只是强度减弱了。种子的呼吸作用与种子的安全贮藏有非常密切的关系，了解种子的呼吸作用及其各种影响因素，对改善贮藏条件、控制呼吸作用和做好种子贮藏工作具有重要的实践指导意义。

一、种子的呼吸作用

种子的任何生命活动都与呼吸密切相关，呼吸的过程是将种子内贮藏物质不断分解的过程，它为种子提供生命活动所需的能量，促使有机体内生化反应和生理活动正常进行。同时，在种子贮藏过程中种子的呼吸过程也是种子劣变的过程。种子的呼吸作用是贮藏期间种子生命活动的集中表现，因为种子贮藏期间不存在同化过程，而主要进行异化作用。

呼吸作用是种子内活组织特有的生命活动，种子中只有胚部和糊粉层细胞是活组织，所以种子的呼吸作用是在胚部和糊粉层细胞中进行的。果种皮和胚乳经干燥后，细胞已经死亡，不存在呼吸作用，但果种皮和通气性有关，会影响呼吸的性质和强度。

（一）种子呼吸的性质

种子呼吸的性质根据是否有外界氧气参加分为有氧呼吸和无氧呼吸两类。有氧呼吸也就是通常所指的呼吸作用，即种子内活的组织在酶和氧的参与下本身的贮藏物质进行一系列的氧化还原反应，最后放出二氧化碳和水，同时释放能量的过程。无氧呼吸一般指无氧条件下，细胞把种子贮藏的某些有机物分解成为不彻底的氧化产物，同时释放能量的过程。一般无氧呼吸产生酒精，但也可以产生乳酸。

种子呼吸的性质随环境条件、作物种类和种子品质而不同。干燥的、果种皮紧密的、完整饱满的种子处在干燥低温、密闭缺氧的条件下，以无氧呼吸为主；反之，则以有氧呼吸为主。种子在贮藏过程中两种呼吸往往同时存在，通风透气的种子堆，一般以有氧呼吸为主，但在大堆种子底部仍可能发生无氧呼吸。若通气不良、氧气供应不足时，则无氧呼吸占优势。含水量较高的种子堆，如果通风不良，便会产生乙醇，此类物质在种子堆内积累过多，往往会抑制种子呼吸，甚至使胚中毒死亡。

（二）种子呼吸强度

种子呼吸强度是指一定时间内，单位重量种子放出的二氧化碳量或吸收的氧气量。它是表示种子呼吸强弱的指标。种子贮藏过程中，无论在有氧呼吸和无氧呼吸条件下，呼吸强度增强都是有害的。种子长期处在有氧呼吸条件下，放出的水分和热能，会加速贮藏物质的损耗和种子生活力的丧失。对水分含量较高的种子来说，在贮藏期间若通风不良，种子呼吸放出的一部分水汽就被种子吸收，而释放出来的热能则积聚在种子堆内不易散发出来，因而加剧种子的代谢作用，在密闭缺氧条件下呼吸强度越大，越易缺氧而产生有毒物质，使种子窒息而死。因此，对水分含量高的种子，入仓前应充分通风换气和晒干，然后密闭贮藏，使其呼吸由有氧呼吸转变为无氧呼吸。干燥种子，由于大部分酶处于钝化状态，本身代谢作用十分微弱，种子内贮藏养料的消耗极少，即使贮藏在缺氧条件下，也不容易丧失发芽率。实践上将干燥种子密闭贮藏能保持生活力许多年，其原因就在于此。

种子呼吸强度的大小，因种子本身状态不同而不同，同时还受环境条件的影响，其中水分、温度和通气状况的影响较大。

1. 种子本身状态

种子的呼吸强度受种子本身状态的影响。未成熟的、冻伤的、发过芽的、损伤的、小粒的和大胚种子，呼吸强度高；反之，呼吸强度低。因为未成熟的、冻伤的、发过芽的种子含有较多的可溶性物质，酶的活性也较强，损伤的、小粒的种子接触氧气面较大，大胚种子胚部活细胞所占比例较大。

2. 水分

呼吸强度随着种子水分含量的提高而增强。潮湿种子的呼吸作用很旺盛，干燥种子的呼吸作用则非常微弱。因为酶随种子水分的增加而活化，把复杂的物质转变为简单的呼吸底物，所以种子内的水分越多，贮藏物质的水解作用越快，呼吸作用越强烈，氧气的消耗量越大，放出的二氧化碳越多。可见，种子中游离水的增多是种子新陈代谢强度增加的决定因素。种子内出现游离水时，水解酶和呼吸酶的活动便旺盛起来，会增强种子呼吸强度和物质的消耗。当游离水将出现时的种子含水量称为临界水分。一般禾本科作物种子的临界水分为 13.5%左右（如水稻 13%，小麦 14.6%，玉米 11%），油料作物种子的临界水分为 8%～8.5%（如油菜 7%）。

3. 温度

在一定温度范围内，种子的呼吸作用随着温度的升高而加强。一般种子处在低温条件下，呼吸作用极其微弱，随着温度升高呼吸强度不断增强，尤其在种子水分增高的情况下，呼吸强度随着温度升高而发生显著变化。但这种增强受一定温室范围的限制。在适宜的温度下，原生质黏滞性较低，酶的活性强，所以呼吸旺盛，而温度过高，则酶与原生质遭受损害，使生理作用减慢或停止。

水分和温度都是影响呼吸作用的重要因素，两者互相制约。干燥的种子在较高的温度条件下，呼吸强度要比潮湿的种子在同样温度下低得多，潮湿种子在低温条件下的呼吸强度比在高温下低得多。因此干燥和低温是种子安全贮藏和延长种子寿命的必要条件。

4. 通气

空气流通的程度可以影响呼吸强度与呼吸方式。不论种子水分含量高低，在通气条件下的呼吸强度均大于密闭贮藏。同时，种子水分含量和温度越高，则通气对呼吸强度的影响越大。但高水分的种子，若处于密闭条件下贮藏，由于旺盛的呼吸，很快会把种子堆内部间隙中的氧气耗尽，而被迫转向无氧呼吸，结果引起大量氧化不完全的物质积累，导致种子迅速死亡。因此，高水分种子，尤其是呼吸强度大的油料作物种子要特别注意通风。水分不超过临界水分的干燥种子，由于呼吸作用非常微弱，对氧气的消耗很慢，即使在密闭条件下，也能长期保持种子生活力。在密闭条件下，种子发芽率随着其水分含量提高而逐渐下降。

通气对呼吸的影响还和温度有关。种子处在通风条件下，温度越高，呼吸作用越旺盛，生活力下降越快。生产上为有效地长期保持种子生活力，除干燥、低温外，进行合理的密闭或通风也是非常必要的。

综上所述，呼吸作用是种子生理活动的集中表现。在种子贮藏期间把种子的呼吸作用控制在最低限度，就能有效地延长种子的寿命和保持种子的生活力。一切措施（收获、脱粒、清选、干燥、仓库贮藏环境和管理措施等）都必须围绕着这个中心来进行，才能提高种子的耐藏性。

（三）种子呼吸系数

种子呼吸系数是指一定时间内，单位重量种子放出二氧化碳的体积与吸收氧气的体积之比。它是表示呼吸底物的性质和氧气供应状态的一种指标。种子中含有各种呼吸底物，如碳水化合物、脂肪、蛋白质和有机酸等，呼吸系数随呼吸底物而异。呼吸作用往往不是单纯利用一种物质作为呼吸底物的，所以呼吸系数与底物的关系并不容易确定。一般而言，贮藏种子利用的是存在于胚部的可溶性物质，只有在特殊情况下受潮发芽的种子才有可能利用其他物质。呼吸系数还与氧的供应是否充足有关。测定呼吸系数的变化，可以了解贮藏种子的生理作用是在什么条件下进行的。当种子进行无氧呼吸时，其呼吸系数大于 1。在有氧呼吸时，呼吸系数等于 1 或小于 1。如果呼吸系数比 1 小得多，表示种子进行的是强烈的有氧呼吸。

二、种子的贮藏条件

种子脱离母株进入仓库后即与贮藏环境构成统一整体并受环境条件影响。经过充分干燥而处于休眠状态的种子，其生命活动的强弱主要随环境条件而变化。种子如果处在干燥、低温、密闭的条件下，生命活动非常微弱，消耗贮藏物质极少，其潜在生命力较强；反之，生命活动旺盛，消耗贮藏物质也多，其潜在生命力就弱。所以，种子在贮藏期间的环境条件，对种子生命活动及播种品质起决定性的作用。影响种子贮藏的环境条件，主要包括空气相对湿度、温度及通气状况等。

（一）空气相对湿度

种子在贮藏期间水分的变化，主要取决于空气相对湿度的大小。当仓库内空气相对湿度大于种子平衡水分的相对湿度时，种子就会从空气中吸收水分，使种子内部水分逐渐增加，其生命活动也随水分的增加由弱变强。在相反的情况下，种子向空气释放水分则渐趋干燥，其生命活动将进一步受到抑制。因此，种子在贮藏期间保持空气干燥即低相对湿度是十分必要的。耐干藏的种子保持低相对湿度是根据实际需要和可能而定的。种质资源保存时间较长，种子水分很少，要求相对湿度很低，一般控制在 30%左右。大田生产用种贮藏时间相对较短，要求相对湿度不是很低，只要达到与种子安全水分相平衡的相对湿度即可，大致在 60%～70%之间。从种子的安全水分标准和实际情况考虑，仓内相对湿度一般以控制在 65%以下为宜。

（二）温度

种子本身没有固定的温度，受仓温影响而起变化，而仓温又受空气温度影响而变化，但是这三种温度常常存在一定差距。在气温上升的季节里，气温高于仓温和种温；在气温下降的季节里，气温低于仓温和种温。仓温不仅使种温发生变化，而且有时因为两者温差悬殊，会引起种子堆内水分转移，甚至发生结露现象，特别是在气温剧变的春秋季节，这类现象的发生更多。一是种子在高温季节入库贮藏，到秋季由于气温逐渐下降影响到仓壁，使靠仓壁的种温和仓温随之降低。这部分空气的密度增大发生自由对流，近仓壁的空气形成一股气流向下流动，经过底层，由种子堆的中央转而向上，通过种温较高的中心层，再到达顶层中心较冷部分，然后离开种子堆表面，与四周的下降气流形成回路。在此气流循环回路中，空气不断从种子堆中吸收水分随气流流动，遇冷空气凝结于距上表面层以下 35～70 cm 处。若不及时采取措施，顶部种子层将会发生败坏。二是发生在春季气温回升时，种子堆内气流状态刚好与上述情况相反。此时种子堆内温度较低，空气自中心层下降，并沿仓壁附近上升，因此，气流中的水分凝集在仓底。所以春季由于气温的影响，不仅能使种子堆表层发生结露现象，而且底层种子容易增加水分，时间长了也会引起种子败坏。为了避免种温与气温之间差距悬殊，一般可采取仓内隔热保温措施，使种温保持恒定不变；或采用通风方法，使种温随气温变化。

一般情况下，仓内温度升高会增强种子的呼吸作用，同时增强害虫和霉菌为害。所以，在夏季和春末及秋初这段时间，最易造成种子败坏变质。低温则能降低种子生命活动和抑制出霉的危害。种质资源保存时间较长，常采用很低的温度如 0 ℃、-10 ℃甚至-18 ℃。大田生产用种数量较多，从实际考虑，一般控制在 15 ℃即可。

（三）通气状况

空气中除含有氮气、氧气和二氧化碳等各种气体外，还含有水汽和热量。如果种子长期贮藏在通气条件下，由于吸湿增温使其生命活动由弱变强，很快会丧失生活力。干燥种子以贮藏在密闭条件下较为有利，密闭是为了隔绝氧气，抑制种子的生命活动，减少物质消耗，保持其生命的潜在能力，同时也是为了防止外界的水汽和热量进入仓内。但这也不是绝对的，当仓内温、湿度大于仓外时，就应该打开门窗进行通气，必要时采用机械鼓风加速空气流通，使仓内温、湿度尽快下降。

三、种子仓库与设备

种子仓库是保藏种子的场所，也是种子生存的环境。环境条件的好坏，对于保持种子生活力具有十分重要的意义。种子仓库具备了干燥、低温、密闭的贮藏条件，才能使种子在贮藏期间达到安全稳定并保持旺盛生活力的目的。

（一）种子仓库

现代化的种子生产，采用较大规模的种子生产基地，实行专业化生产，种子的批量大，而且实行集中保管。种子的贮藏环境，直接影响到种子的生命活动，而合适的贮藏环境，又要靠良好的仓库条件实现。因此，必须建立合格的种子仓库。

1. 种子仓库的标准

（1）种子仓库应能承受种子对地面和仓壁的压力以及风力和不良气候的影响。从仓顶、房身到墙基和地坪，都应采用隔热防湿材料，以利于种子贮藏安全。仓库门、窗齐全，门、窗能防暴晒和风雨袭击，能通风，能密闭；有防潮设施，如有防水层的底板（沥青或油毡），有垫木，房顶不漏水，墙面不渗水，地面不冒水。

（2）具有密闭与通风性能。密闭的目的是隔绝雨水、潮湿或高温等不良气候对种子的影响，并使药剂熏蒸杀虫达到预期的效果。通风的目的是散去仓内的水汽和热量，以防种子长期处在高温高湿条件下影响其生活力。在未采用机械通风设备的情况下，一般采用自然通风。自然通风是根据空气对流原理来进行的。因此，门、窗以对称设置为宜，窗户以翻窗形式为好。窗户位置高低应适当。过高屋檐阻碍空气对流，不利通风；过低则影响仓库利用率。

（3）具有防虫、防杂、防鼠、防雀的性能。仓内房顶应设天花板，内壁四周需平整，并用石灰刷白，以便于查清虫迹。仓内不留缝隙，既可杜绝害虫栖息场所的存在，又便于清理种子，防止混杂。库门需装防鼠闸，窗户应装铁丝网，以防鼠、雀进入。

（4）仓库附近应设晒场、保管室和检验室等建筑物。晒场用以处理进仓前的种子，其面积大小视仓库面积而定，一般以相当于仓库面积的 1.5～2 倍为宜。保管室是存放仓库器材工具的专用房，其大小可根据仓库实际需要和器材多少而定。检验室需设在安静而光线充足的地区。

2. 种子仓库的类型

（1）按照贮藏不同种子要求的建造标准，可将种子仓库分为普通仓库、冷藏仓库和种质资源仓库。普通仓库没有先进的调节温度和湿度的设备和设施，一般利用自然通风或换气扇调节温度和湿度，用来贮藏普通商品种子。用普通仓库贮藏种子方法简单经济，但储存时间过长，种子生活力会明显下降。冷藏仓库具有先进的温度调节设备和设施，可根据不同种子的贮藏要求，调节所需的贮藏库温，能使种子较长时间贮藏而不丧失生命力，保证种子的质量不降低。种质资源仓库是以保存种质资源为目的、建造标准最高、具有调节温度和湿度的各种先进设施和设备、专门用来贮藏和保存种质资源的库房。

（2）按照种子仓库的结构，可将种子仓库分为房式仓库、机械化圆筒仓库和低温仓库。房式仓库外形如一般住房。目前建造的大部分是钢筋水泥结构的房式仓库。仓内无柱子，仓顶均设天花板，内壁四周及地坪都铺设用以防湿的沥青层。这类仓库较牢固，密闭性能好，能达到防鼠、防雀、防火的要求，适宜于贮藏散装或包装种子。仓容量 15 万～150 万 kg 不等。机械化圆筒仓库的仓体呈圆筒形，因筒体比较高大，一般配有遥测温湿仪、进出仓输送装置及自动过磅、自动清理等机械设备。这类仓库能充分利用空间，仓容量大，占地面积小，一般是房式仓库占地面积的 1/8～1/6，但造价较高，对存放的种子要求较严格。低温仓库也叫恒温恒湿仓库，是根据种子安全贮藏的低温、干燥、密闭等基本条件建造的。其库房的形状、结构大体与房式仓库相同，但构造相当严密，其内壁四周与地坪除涂有防潮层外，墙壁及天花板都有较厚的隔热层。库房内备有降温和除湿机械设备，能使种温控制在 15 ℃以下，相对湿度在 65%以下，是目前较为理想的种子贮藏库。

（二）种子仓库设备

1. 检验仪器设备

为正确掌握种子在贮藏期间的动态和种子进出仓库时的品质，必须对种子进行检验。检测仪器设备应按所需测定项目设置，如种子检验仪器、测温仪器、测湿仪器、水分测定仪器、油脂分析器、发芽箱、放大镜、显微镜和手筛等。

2. 装卸、输送设备

种子进出仓库时，采用机械装卸、输送，可配置移动式皮带输送机、堆包机及升运机等。如果各种机械配套,便可进行联合作业。

3. 机械通风设备

当自然通风不能降低仓内温湿度时,应迅速采用机械通风。机械通风设备主要包括风机(鼓风、吸气)及管道(地下、地上)。一般情况下,通风方法以吸风比鼓风为好。

4. 种子加工设备

加工设备包括清选、干燥和药剂处理三大类。清选机械又分粗选和精选两种。干燥设备除晒场外,应备有人工干燥机。药剂处理设备如消毒机、药物拌种机等,可以对种子进行消毒灭菌,以防止种子病害蔓延。

5. 熏蒸杀虫设备

熏蒸杀虫设备是防治仓库害虫必不可少的,包括各种型号的防毒面具、防毒服、投药器及熏蒸药剂等。

6. 消防设备

仓库应配备灭火器械和水源,仓库管理人员应对器材进行定期检查。

除上述设备外,仓库内还应备有扦样器和衡器以及麻袋、领围、扫帚、苫布、箩筐等包装、清扫、整理工具和材料。

第四节 种子入库

一、种子入库的准备

(一)入库前的仓库准备

做好种子仓库保养以及清仓和消毒工作是防止品种混杂和病虫滋生的基础。特别是长期贮藏种子而又年久失修的仓库,清仓和消毒更为重要。此外,对仓库用具也要清理和消毒,种子入库前对仓库常用的器材和用具,要采取清扫、剔刮、敲打、曝晒、洗刷或药剂熏蒸等办法,进行彻底清理和消毒。

1. 种子仓库的保养

种子入库前必须对仓库进行全面检查与维修,以确保种子在贮藏期间的安全。检查仓库首先应从大处着眼,仔细观察仓库地基有无下陷、倾斜等迹象,如有倒塌的可能就不能存放种子。其次,从外到里逐步深入地进行检查,如房顶有无渗漏,门窗有无缺损,墙壁上的灰沙有无脱落等,如有上述情况发生,就应该酌情进行维修。仓库内地坪应保持平整光滑,如发现地坪有渗水、裂缝、麻点时,必须修补,修补完后刷一层沥青,使地坪保持原有的平整光滑。同样,仓库内墙壁也应保持光滑洁白,如有缝隙应予嵌补抹平,并用石灰水刷白。仓库内不能留小洞,防止老鼠潜入。对于新建仓库应进行短期试存,观察其可靠性,试存结束后即按建仓标准进行检修,确定其安全可靠后,种子方能长期贮藏。

2．清仓

清仓工作包括清理仓库和仓库内外整洁两方面。清理仓库不仅是将仓内的异品种种子、杂质、垃圾等全部清除，而且还要清理仓具、剔刮虫窝、修补墙面、嵌缝粉刷。仓库外应经常铲除杂草，排去污水，使仓库外环境保持清洁。

（1）清理仓具。仓库里经常使用的竹席、箩筐、麻袋等器具最易潜藏仓虫，须采用剔、刮、敲、打、洗、刷、曝晒、药剂熏蒸和开水煮烫等方法，进行清理和消毒，彻底清除仓具内嵌着的残留种子和潜匿的害虫。

（2）剔刮虫窝。仓库内的孔洞和缝隙是仓虫极易栖息和繁殖的场所，因此仓库内所有的梁柱、仓壁、地板必须进行全面剔刮，剔刮出来的种子应予清理，虫尸及时焚毁。

（3）修补墙面。凡仓库内外因年久失修发生壁灰脱落等情况，都应及时修补，防止种子和害虫藏匿。

（4）嵌缝粉刷。经过剔刮虫窝之后，仓库内不论大小缝隙，都应该用纸筋石灰嵌缝。当种子出仓之后或在入仓之前，对仓壁进行全面粉刷，目的不仅是整洁美观，还有利于在洁白的墙壁上发现虫迹。

3．消毒

不论旧仓库或已存放过种子的新建仓库，都应该做好消毒工作，方法有喷洒和熏蒸两种。消毒必须在补修墙面及嵌缝粉刷之前进行，特别要在全面粉刷之前完成，因为新粉刷的石灰在没有干燥前碱性很强，容易使药物分解失效。

（二）入库前的种子准备

1．种子分批

这对保证种子播种品质和长期安全贮藏十分重要。农作物种子在进仓以前，不但要按不同品种严格分开，还应根据产地、收获季节、水分及纯净度等情况分别堆放和处理。每批种子不论数量多少，都应具有均匀性，要求从不同部位所取得的样品都能反映出每批种子所具有的特点。通常不同批的种子都存在着一些差异，如差异显著，就应分别堆放，或者进行重新整理，使其标准达到基本一致时才能并堆，否则就会影响种子的品质。例如，纯净度低的种子混入纯净度高的种子堆，不仅会降低后者在生产上的使用价值，而且还会影响种子在贮藏期间的稳定性，因为纯净度低的种子容易吸湿回潮。同样，把水分含量悬殊太大的不同批的种子混放在一起，会造成种子堆内水分的转移，致使种子发霉变质。又如，种子感病状况、成熟度不一时，均宜分批堆放。同批种子数量较多时，也以分开为宜。

2．种子干燥和清选

种子入库是在清选和干燥后进行的。首先要翻晒除湿。种子储存前必须经过必要的摊晾、曝晒，以控制种子细胞内部的生理生化变化，使种子含水量达到安全标准以内。除确需热进仓处理外，大多数翻晒后的种子必须经过冷却后再进仓，否则易发生结露。其次要选优去杂。入库前要将种子扬净，去除杂质，剔除秕种、芽种、虫种，选留具有品种特性的饱种。

3. 做好种子标签和卡片

标签应拴牢在袋外，注明作物、品种、等级及经营单位全称。卡片应在包装封口前装入种子袋内或放在种子囤、堆内，注明作物、品种、纯度、净度、发芽率、水分以及生产年月和经营单位。

二、种子入库程序与存放要求

（一）入库程序

种子入库包括以下程序。

（1）种子收购入库或调运入库，先放置待检标志。然后由仓库保管员根据收购单或调货单清点其数量，核实包装无损、产品标志清晰无误后，通知质检员进行抽样检验。仓库保管员根据合格的检验记录或标签，填"入库单"办理入库手续，及时登记入账并放置已检标志。

（2）种子入库时必须过磅登记，按种子类别和级别分别堆放。有条件的单位，应按种子类别和级别不同分仓堆放。入库种子要根据来源、品种、囤系和质量等级按类分别贮藏。不同类别之间要留一定的间距以防混杂。

（3）种子入库须填写单证。入库种子都要建立包堆卡片和保管账，做到品种、等级、数量的账目、卡片、实物三相符。种子入库完毕，由检验员复验种子质量，按仓号、堆垛、品种等级，扦取样品，将检验结果记入卡片。

（二）存放的要求

做好贮藏区域的规划和整体布局，制定"仓库区域规划图"，编排各品种的编号。库存种子应按品种分类堆放，不同品种之间至少有 1m 以上隔离，尽可能一个库只堆放一个品种。

（1）种子分区、分类排放整齐，标志清晰可见，当实际存储种子与规划图不一致时，需挂牌明示。

（2）库存种子堆放尽量整齐，叠堆方式一致，便于计数。叠堆尽可能稳固，高度符合标准。

（3）同一批次种子因存放位置的限制，需存放在不同仓库时，选择某一处为主放处，并注明其余种子的存放位置。

（4）对于不同的批号要予以区分，防止混放，以便根据顾客要求进行不同处理，并在产品标志上加注有效日期。

（5）不同生产时期的种子应用不同色标标明生产时间，若已贮藏了一年，需用醒目的字体和颜色加注"陈种子"标志。

（6）亲本种子的存放应有鲜明的标志和区别于杂交种的标签。

（7）已超过有效贮藏期限，经检验种子质量达不到国家标准的种子应当另行堆放，加贴一个明显标志，并及早处理。

（8）不合格种子另行堆放，统计数量，知会进货部门，向供货方追溯责任和索赔。

（9）种子库内不能堆放农药和化肥，因为有些农药和化肥具有挥发性会使库内空气污染或者接触种子而产生毒害作用，有些农药和化肥吸湿返潮会增加种子水分。同时，也不要放置农具、油品和易燃物，以免造成意外事故。库内不准堆放易燃、易爆、有毒和有害等与种子无关的物资。

（10）不使用电炉、大功率白炽灯等会过分发热的电器，不超负荷用电。

三、种子堆放的形式

（一）袋装堆垛

袋装堆垛适用于大包装种子，其目的是仓内整齐、多放和便于管理。袋装堆垛形式依仓房条件、贮藏目的、种子品质、入库季节和气温高低等情况灵活采用。为了管理和检查方便起见，堆垛时应距离墙壁 0.5 m，垛与垛之间相距 0.6 m 留操作道（实垛除外）。垛高和垛宽根据种子干燥程度和种子状况而增减。含水量较高的种子，垛宽越狭越好，便于通风散去种子内的潮气和热量，干燥种子可垛得宽些。堆垛的方法应与库房的门窗相平行，如门窗是南北对开，则垛向应从南到北，这样便于管理，打开门窗时，有利空气流通。堆垛高度随作物种类和冷热季节的不同而异，一般质量良好的种子，冬季可堆高一些（8～10 包），夏季低些（不宜超过 6～8 包）。袋装堆垛法有如下几种。

（1）实垛法（平垛法）。袋与袋之间不留距离，有规则地依次堆放，宽度一般以四列为多，有时放满全仓。此法仓容利用率最高，但对种子品质要求很严格，一般适宜于冬季低温入库的干燥的麦子等种子，不适用于油料作物种子。

（2）"非"字形及半"非"字形堆垛法。按照"非"字或半"非"字排列堆成。"非"字形堆垛法第一层中间并列两排各直放两包，左右两侧各横放三包，形如"非"字，第二层则用中间两排与两边换位，第三层堆法与第一层相同。半"非"字形是"非"字形的减半。

（3）通风垛。这种堆垛法空隙较大，便于通风散湿散热，多用于保管高水分种子。夏季采用此法，便于逐包检查种子的安全情况。通风垛的形式有"井"字形、"口"字形和"工"字形等多种。堆时难度较大，应注意安全，不宜堆得过高，宽度不宜超过两列。

（二）散装堆放

在种子数量多、仓容不足或包装工具缺乏时，多采用散装堆放。此法适宜存放充分干燥、净度高的种子。堆放高度高温季节不宜超过 2 m，低温季节可以稍高。

（1）全仓散堆及单间散堆。全仓散堆堆放种子数量较多，仓容利用率较高。可根据种子数量和管理方便的要求，将仓内隔成几个单间。种子一般可堆高 2～3 m，但必须在安全线以下。必须严格掌握种子入库标准，平时加强管理，尤其要注意表层种子的结露或出汗等不正常现象。

（2）围包散堆。在仓壁不十分坚固或没有防潮层的仓库或堆放散落性较大的种子（如大豆和豌豆）时，可采用此法。堆放前按仓房大小，将一批同品种种子以麻袋包装，沿壁四周离墙 0.5 m 堆成围墙，在围包以内就可散放种子。堆放高度不宜过高，以 2～2.5 m 为宜，并应注意防止塌包。

（3）围囤散堆。在品种多而数量又不大的情况下采用此法，当品种级别不同或种子水分还不符合入库标准而又来不及处理时，此法也可作为临时堆放措施。堆放时边堆边围囤，围囤高度 2～2.5 m，直径不超过 4m，围沿应高出种子面 10～20 cm，种子面平整。

第五节　种子贮藏管理

种子的贮藏管理极为重要，种子贮藏管理不好会丧失种用价值。为保证种子贮藏质量，必须加强种子贮藏期间的管理。种子进入贮藏期后，环境条件由自然状态转为干燥、低温、密闭。尽管如此，种子的生命活动并没有停止，只不过随着条件的改变而进行得更为缓慢。由于种子本身的代谢作用和环境的影响，仓内的温度状况会逐渐发生变化，吸湿回潮、发热和虫霉等异常情况也可能出现。因此，应该根据具体情况建立各项制度，提出措施，勤加检查，以便及时发现和解决问题，避免损失。

一、种子贮藏管理制度

（一）岗位责任制度

要挑选责任心、事业心强的人担任种子贮藏管理工作。他们要不断钻研业务，努力提高科学管理水平并接受定期考核。

（二）安全保卫制度

仓库要建立值班制度，及时消除不安全因素，做好防火、防盗工作，保证不出事故。

（三）清洁卫生制度

做好清洁卫生工作是消除仓库病虫害的先决条件。仓库内外须经常打扫和消毒，保持清洁。要求做到"仓内六面光，仓外三（杂草、垃圾和污水）不留"。种子出仓时，应做到出一仓清一仓，出一囤清一囤，防止混杂和感染病虫害。

（四）检查制度

种子贮藏期间实行定期定点检查，遇到灾害性天气要及时检查。检查内容有种子温度、水分、发芽率、仓库设施和虫霉鼠雀危害等。检查结果均应记入卡片。

1. 种子温度

种子温度的变化能在一定程度上反映出贮藏种子的安全状况。检查种温时，散装种子一般在种子堆 100 m^2 面积范围内，将整堆种子分成上、中、下三层，每层设 5 个点，共 15 个点。也可根据种子堆面积的大小适当增减点数，如堆面积超过 100 m^2，需相应增加点数。对于平时有怀疑的区域，如靠壁、屋角、近窗处或曾漏雨等部位增设辅助点，以便全面掌握种子堆安全状况。种子入库完毕后的半个月内，每三天检查一次，以后每隔 7～10 天检查一次。经过包装的种子采用波浪形设点方法，最好每天都能测一次，测定时间以上午 9～10 点为宜。

2. 种子水分

种子水分也是重要的检查项目。根据种子水分的变化规律，散装种子以 25 m² 为一个小区，检查水分也采用三层 5 点共 15 个点的方法，把每处所取的样品混匀后，再取试样进行测定。取样一定要有代表性，对于感觉上有怀疑的部位所取得的样品，可以单独测定。检查水分的周期取决于种温。一般在一、四季度，每季检查一次，二、三季度，每月检查一次，在每次整理种子以后也应检查一次。

3. 种子发芽率

种子发芽率因环境条件和贮藏时间不同而发生变化，因此定期检查发芽率是十分必要的。根据发芽率的变化，及时采取措施，从而避免不必要的损失。种子发芽率一般每 4～6 个月检查一次，但应根据气温变化，在高温或低温之后以及种子进出仓和药剂熏蒸后，各测定一次。最后一次不得迟于种子出仓前 10 天做完。测发芽率一般取种子 100 粒，3 个重复，用清水反复冲洗后放入垫有吸水纸的培养皿中，在 25±1 ℃恒温箱内做发芽试验。最后算出 3 个重复的平均发芽率，即为被测种子的发芽率。

4. 仓库设施

检查仓库地坪的渗水、房顶的漏雨、灰壁的脱落等情况，特别是遇到强热带风暴、台风、暴雨等天气，更应加强检查。同时对门窗启闭的灵活性和防雀网、闸鼠板的坚固程度进行检查。

5. 虫霉鼠雀危害

检查害虫的方法一般采用筛检法。按不同季节害虫的活动规律，确定检查重点。检查周期取决于种温，种温在 15 ℃以下每季一次，15～20 ℃每半月一次，20 ℃以上每 5～7 天检查一次。扦样方法是：袋装种子分层扦样，500 包以下（含 500 包）扦样 10 包，501 包以上按 2%比例扦样，大粒种子拆包取样，散装种子 100 m² 以内扦样 5～10 点，101～500 m² 扦样 10～15 点。每点（包）样品不少于 1 kg。虫害的密度以最大部位表示，按 1 kg 种样中的活虫头数为计算单位。检查霉烂的方法一般采用目测和鼻闻，检查部位一般是种子易受潮的壁角、底层和上层或沿门窗、漏雨等部位。检查鼠雀是观察仓内有无鼠雀粪便和足迹（平时应将种子堆表面整平以便发现足迹）。一经发现应对鼠雀予以捕捉消灭，还需堵塞漏洞。

（五）档案制度

每批种子入库，都应将其来源、数量、品质状况等逐项登记入册，所有入库种子都要建立包堆卡片。仓库保管员应经常查看库存种子，发现异常情况及时处理。在盘点或日常巡查中发现变质的种子，应及时通知检验室检验，根据结果采取相应的处理措施。每次检验后的结果必须详细记录，便于对比分析和查考，发现变化原因应及时采取措施，改进工作。

（六）财务会计制度

贮藏种子需建立收发卡和台账。每批种子进出仓库，必须严格实行审批和过磅记账，每一笔出入库数量都要即时在账、卡上予以记录，每天下班前统一进行账务清理。保管员要定期与会计核实账目，做到日清月结，做到品种、等级、数量的账目、卡片、实物三相符。仓库每月定期盘点，做好账务清理，发生盈亏应列表上报，经领导批示后再进行处理。对种子的余缺做到心中有数，不误农时，对不合理的额外损耗要追查责任。

二、种子发热的原因、种类与预防

在正常情况下，种温随着气温、仓温的升降而变化。如果种温不符合这种变化规律，出现异常高温，这种现象称为种子发热。

（一）种子发热的原因

种子发热的主要原因有下面几方面。

（1）种子贮藏期间新陈代谢旺盛，释发出大量的热量，积聚在种子堆内。这些热量又进一步促进种子的生理活动，放出更多的热量和水分，如此循环往复，导致种子发热。这种情况多发生于新收获或受潮的种子。

（2）微生物的迅速生长和繁殖引起发热。在相同条件下，微生物释放的热量远比种子要多。实践证明，种子发热往往伴随着种子发霉。种子本身的呼吸热加上微生物的活动，二者共同的作用，是导致种子发热的主要原因。

（3）种子堆放不合理。种子堆各层之间以及局部与整体之间温差较大，造成水分转移，结露等情况也能引起种子发热。

（4）仓房条件差或管理不当。

总之，种子发热是种子本身的生理生化特点、环境条件和管理措施等综合因素造成的结果。但是，种温究竟达到多高才算发热，不可能规定一个统一的标准，如夏季种温达35℃不一定是发热，而在气温下降季节则可能就是发热，这必须通过实践加以仔细鉴别。

（二）种子发热的种类

根据种子堆发热部位和发热面积的大小，种子发热可分为以下几类。

1. 上层发热

上层发热一般发生在近表层约 15～30 cm 厚的种子层。发生时间一般在初春或秋季。初春气温逐渐上升，而经过冬季的种子层温度较低，近表层种子容易造成结露而引起发热。

2. 下层发热

下层发热的状况和上层相似，不同的是发生部位是在接近地面一层的种子。多由于晒热的种子未经冷却就入库，遇到冷地面发生结露引起，或因地面渗水使种子吸湿返潮而引起。

3. 垂直发热

在靠近仓壁、柱子等部位，当冷种子遇到热仓壁或柱子，或热种子接触到冷仓壁或柱子形成结露，并产生发热现象，称为垂直发热。前者发生在春季朝南的近仓壁或柱子部位，后者多发生在秋季朝北的近仓壁或柱子部位。

4. 局部发热

这种发热通常呈窝状，发热的部位不固定，多由于分批入库的种子品质不一致，如水分相差过大、整齐度差或净度不同等所造成。某些仓虫大量聚集繁殖也可以引起局部发热。

5．整仓（全囤）发热

上述四种发热现象中，无论哪种发热现象发生后，如不迅速处理或及时制止，都有可能导致整仓（全囤）种子发热。尤其是下层发热，如果管理上疏忽，最容易发展为整仓发热。

（三）种子发热的预防

1．严格掌握种子入库的质量

种子入库前必须严格进行清选、干燥和分级，不达到标准不能入库。对长期贮藏的种子，要求更加严格。入库时，种子必须经过冷却（热进仓处理的除外）。这些都是防止种子发热和确保安全贮藏的基础。

2．改善仓储条件

贮藏条件的好坏直接影响种子的安全状况。仓房必须具备密闭、隔湿、防热等条件，以便在气候剧变阶段和梅雨季节做好密闭工作，而当仓内温湿度高于仓外时，又能及时通风，使种子长期处在干燥、低温、密闭的条件下，确保安全贮藏。

3．加强管理，勤于检查

应根据气候变化规律和种子生理状况，采取具体的管理措施，及时检查，及早发现问题，采取对策加以制止。种子发热后，应根据种子结露发热的严重情况，采用翻耙、开沟等措施散发热量，必要时进行倒仓、摊晾和通风等办法降温散湿。发过热的种子必须经过发芽试验，凡已丧失生活力的种子，则应改为他用。

4．冷库贮藏

种子进入冷库前应进行检验，如含水量过高应经过翻晒至规定含水量标准以内才可进冷库，如发芽率过低而净度又合格的种子需要进行转商处理而不需进冷库。经检验各项指标均合格的，应及时进冷库。冷库开启时，应检查冷库内的湿度和温度能否达到标准，如湿度过高，则应检查机器或使用除湿剂等。冷藏结束，种子发放前应当对质量进行检验。

三、合理密闭和通风

在种子保管过程中，一般以降低仓内温度和散发水汽为原则。为提高种子贮藏的稳定性，种子储存期间要适时密闭和通风。在高温、高湿季节，原则上种子以密闭贮藏为主，气温下降季节或仓内温、湿度较高时，应予通风。

密闭是为了防止种子吸湿和感染害虫。在低温季节，干燥种子可采用低温密闭，并在仓顶加隔离层，以防外界温度和湿度对种堆的影响。

通风是种子在贮藏期间的一项重要管理措施，其目的一是维持种子堆温度均匀，防止水分转移；二是降低种子内部温度，以抑制霉菌繁殖及仓虫的活动；三是促使种子堆内的气温对流，排除种子本身代谢作用产生的有害物质和熏蒸杀虫剂的有毒气体等。

通风方式有自然通风和机械通风两种。自然通风是指开启仓库门窗，使空气能自然对流，达到仓内降温、散湿的目的。机械通风速度快，效率高，但需要一套完整的机械设备。机械通风适用于散装种子堆的降温散湿，具体要求按自然通风条件办理。

除了上述两种通风方式外，还可辅之以机械去湿。在具有密闭条件的仓库，根据仓库大小和种子贮藏数量，配备不同功能的去湿机，以降低仓内湿度。

晒种是通风的一种最好形式，既能通风又兼有干燥、杀菌和防虫作用。高温季节晒种时，要掌握温度和勤加翻动，以防烫伤种子。

无论采用哪种通风方式，通风之前均须测定仓库内外的温度和相对湿度的大小，以决定能否通风。

以下四种情况可以通风：①仓内的温度和相对湿度高于仓外；②仓内温度等于仓外，相对湿度高于仓外，此时通风可以散湿；③仓内相对湿度等于仓外，温度高于仓外，此时通风可以降温；④仓外温度低于仓内，相对湿度高于仓内，而仓外绝对湿度低于仓内。需要通风时，以下午5~7时最宜。一般通风的季节在每年9月至次年2月。

以下四种情况不可通风：①仓外温度高于仓内，相对湿度低于或等于仓内时不宜通风，否则容易引起表面层种结露；②一天当中，最低温（这时相对湿度较高）、最高温出现时不可通风；③遇到雨雪、大风、浓雾、寒流等天气时不可通风；④气温上升阶段（一般为每年的5~8月份）避免通风，尽量保持种子原有的干燥程度和低温状态。

四、霉变和病虫鼠雀害防治

（一）防霉变

种子因受潮、结露和自然吸湿而超过安全水分标准时，必须翻堆、晾晒、烘干到安全水分，以防种子霉烂。

（二）防虫

种子仓库不得带有检疫性害虫，凡发现检疫性害虫，应配合检疫部门及时扑灭。在种子堆内的检查点中，有一处每1 000 g种子有2头活虫的，要及时诱杀或熏蒸，达到无虫。

（1）保持仓内外清洁卫生。仓内保持清洁卫生，要求做到无洞无缝，大门有防虫线。器材、装具、检查用具、机械设备做到清洁无虫。仓外3 m内无垃圾、无杂草、无污水。

（2）物理机械防治。采取种子曝晒、风选、筛选等消灭害虫。

（3）化学防治。仓库常用的杀虫剂有辛硫磷、敌百虫、敌敌畏、溴氰菊酯、速灭菊酯、氯氰菊酯、呋喃丹、西维因、磷化铝、磷化钙和磷化锌等。

（三）防鼠雀

仓门设置防鼠板（高70 cm，包白铁皮），灭鼠采用机械、物理、化学、生物和人工捕打相结合等方法。仓门和仓窗设置防雀网，防止鸟雀飞入仓内。做到仓内无鼠、无雀、无鼠洞、无雀巢。

第九章　种子加工与包衣

种子加工与包衣是种子工程的两个重要环节。在种子工程实施过程中，国家把种子加工与种子包衣作为启动点和突破口，提出"反弹琵琶"，从中间环节抓起，带动"两头"（种子的专业化生产和经营销售），这完全符合我国的国情。

第一节　种子加工

一、种子加工的概念和意义

（一）种子加工的概念

种子加工有广义和狭义之分。广义的种子加工是指对种子进行脱粒、预选、干燥、清选分级、药物处理和包衣、包装、运输、贮藏等人工作业和机械作业。

种子加工工艺流程是依据加工种子的种类、加工量的多少、收获季节的气候特点以及对各个加工环节的不同要求，用最简单的方法和最低的消耗，把种子加工成合乎国家或地方种子质量标准的合格种子。为了实施种子工程，应重视种子加工工艺流程的完整性，逐步配备全套种子加工设备。一般谷物种子加工的工艺流程如图 9-1 所示。

图 9-1　谷物种子加工工艺流程

狭义的种子加工仅指种子的机械加工，而且不包括种子包衣，就是对种子进行脱粒、预选、干燥、清选分级和药物处理等机械化作业。

本章所说的种子加工主要是指种子机械加工，而且只讨论种子机械干燥和种子机械清选分级。

（二）种子加工的意义

种子加工业的发展是种子生产现代化的标志，种子加工是种子工程的主要内容之一。种子加工是一条投资少、见效快、效益高的重要增产途径。

1. 提高种子质量

经过清选分级，可以去掉种子中的杂质和秕粒、破碎粒、虫蛀粒，使种子的饱满度、净度、千粒重、发芽率明显提高。一般净度可提高 2%～5%，千粒重提高 5 g 左右，发芽率提高 3%以上。

2. 节约粮食

经过加工的种子一般当选率占加工量的 90%左右，清除出来的不合格种子可作为粮食和饲料使用。如清选加工种子 1 000 万 kg，按清除 10%不合格种子计算，即节约粮食 100 万 kg。

3. 减少播量

加工后的种子，由于质量好，发芽率高，因此可以减少播量 10%～20%。据试验，加工后的玉米种子每亩播量可比常规播量减少 0.5～0.75 kg，小麦种子每亩播量可减少 1.5～2.5 kg。

4. 提高种子抗病虫害能力

种子经过药剂处理后，能减少病虫危害，保证苗齐、苗壮，促进幼苗生长发育，提高产量。

5. 增加产量

加工后的种子，子粒饱满，出苗齐全，长势匀壮，分蘖多，有效穗和千粒重增加，因此一般能增产 4%～8%。

二、种子干燥

种子干燥是种子加工的首要环节。干燥的种子才能进行清选分级等其他加工环节，干燥的种子才便于贮藏，保证种子的发芽势、发芽率和活力。种子干燥可分为自然干燥（晾晒）与人工干燥（烘干）两类。

（一）种子干燥的原理

种子干燥与粮食干燥没有原则上的区分，主要在种子干燥时温度掌握上要注意保持种子的发芽率和活力。

1. 水分平衡

种子含有水分可向空气中散发，空气中含有水分（空气湿度）可被种子吸收。在一定条件下种子既不向空气散发水分，又不从空气中吸湿，这时就称水分平衡。当种子水分由种子表面蒸发，进入周围空气的时候，干燥开始。这时种子的水分和种子周围空气里的水分的水汽压不同，水汽压决定水分子的浓度。当高水分的种子暴露到低湿度空气里的时候，种子的水分向空气散发，直到两个体系（种子和空气）水汽压平衡为止。这时只有移去湿空气，种子中的水分才能继续散发。所以在人工烘干种子时，既要加热又要通风，才能达到良好的效果。空气中的水分也可向种子转移，如果将干燥的种子放到高湿条件，种子将从空气中吸湿，这就是贮藏种子时的返潮现象。由于种子具有吸湿性，所以种子能将水分含量调节到与任一相对湿度达到平衡的含水量。

2. 热能的利用

利用热能干燥种子，是使相对湿度较低的空气通过种子，种子调节到一个较低平衡水分含量，同时增加空气容纳水的能力，进而增加其干燥能力。如空气在温度 26 ℃和相对湿度 60%时，比空气在 15.5 ℃和相对湿度 60%时，能容纳更多的水分。空气在温度 15 ℃和相对湿度 30%时，是空气温度 15 ℃和相对湿度 60%时干燥能力的两倍。对热能的需要根据被干燥种子的水分含量和外面空气的相对湿度而定。在决定是否利用热能干燥种子以前，必须考虑种子水分平衡的两个因素（种子含水量和空气相对湿度）。例如，被干燥的玉米种子水分含量为 18%，空气的相对湿度为 90%，自然晾晒干燥，玉米种子只能达到 16%左右的平衡含水量，这时如果玉米种子要干燥到 14.5%的含水量，则必须人工加热，使空气的相对湿度减少到了 5%左右。

3. 避免种子损伤

干燥对种子的损伤首先是由于种子对高温敏感。使用的温度要依种子而定，为了安全起见，干燥种子空气的温度不应超过 40 ℃。其次，干燥过快会损伤种子。当空气相对湿度过分低，则种子干燥得过快，尤其在增加空气流动速度时更是如此，因而使种子受到损伤。此外，由于干燥过程中的机械操作，如上料出料，也会造成种子物理损伤。所以干燥过程中的操作要精细，以减少物理损伤。

（二）种子干燥的技术要求

种子是活的有机体，干燥后种子依然具有旺盛的生命力是进行种子干燥作业的基本要求。干燥是种子与干燥介质湿热交换的过程。种子从介质环境中吸收热量，向介质环境排出水分，种子升温，体积不断收缩。由升温造成的种子内部活性物质的变性以及由湿热应力对种子组织结构的破坏，加速了种子的劣变，促使种子死亡。因此，种子干燥过程不同于其他物料干燥过程，一方面要求有高的干燥速率，获得高效益；另一方面要求尽量保持种子的活力，使种子保持原有的发芽率。

基于上述特点，种子干燥机应满足如下要求：保证烘后发芽率不低于自然晾晒；烘后种子水分均匀，不均匀度小于 2.5%；在结构上力求装卸方便，清种容易，不会造成混杂；干燥时间不宜过长；种子干燥的最终水分一般应低于粮食的储存水分，有时达 8%～9%；设计时应考虑能烘干多种作物的种子或同一作物但不同品种的种子，并能烘极少量的种子；损耗小，成本低，干燥效率高，经济性好。

具体来说，机械烘干的技术要求有以下几方面。

（1）热气流温度高低要根据被烘干作物种子的含水量确定。含水量高的，烘干温度要低些，反之温度要高些。特别是刚装机的玉米果穗含水量高，必须先用低温干燥，一般以高于常温 5～10 ℃的气流烘干 2～3 h，然后再逐渐提高气流温度，达到适宜温度烘干。如果直接用高温干燥，种子容易丧失生活力。

（2）在烘干过程中要随时测温，掌握温度变化，不准超过规定温度标准。烘干温度是通过调节冷热风口控制的。

（3）蒸发水分靠热量，烧炉时要保证炉火旺盛，加大冷风口开度，以供应足够的热量。压炉时间不能过长，不能靠关闭冷风口提高温度。

（4）种子干燥过程中，必须有足够数量的流动气体。烘干用的风被加热后是干燥的，既把热量传给种子，又带走蒸发出来的水分。

（5）在种子烘干过程中，气流的相对湿度越低，持水能力越强，种子的干燥速度越快，一般要求气流的相对湿度不超过 60%。烘干用煤不能掺水烧，否则影响气流相对湿度。

（6）在使用封闭式双向烘干机时，气流应先从种子烘层下方向上吹，当下层种子达到安全水分时，再改变一下气流方向，使气流由上层向下吹，当上、中层种子也达到安全水分时，烘干即可结束。整个烘干过程只改变一次气流方向较为合适，多次改变气流方向，易造成种子中水分相互转移，烘干效果不好。

（7）种子烘层的厚度，应根据风机的风量和穿透能力来决定。使用敞开式小型烘干机，烘干玉米果穗厚度可为 70～110 cm，烘干玉米粒及水稻为 25～40 cm。使用中型烘干机及封闭式双向烘干机，烘干玉米果穗厚度可为 150～200 cm，烘干玉米、水稻粒可为 40～60 cm。烘层厚薄要均匀平整。

（三）种子干燥设备

我国种子干燥设备的研究与开发开始于 20 世纪 70 年代末、80 年代初种子"四化一供"时期。随着种子加工业的兴起，我国已研制出一批比较适用的种子干燥设备。中国农业工程研究设计院对我国现有种子干燥设备做了大量的分析对比和标准化设计工作，推出了三种覆盖面大、典型性强的干燥设备和组合干燥系统。

1. 穗、粒兼用型种子换向通风烘干设备

该设备是由黑龙江省农副产品加工研究所、中国农业工程研究设计院、原东北农学院等单位共同研制的普及型种子烘干设备。其换向通风烘干室可分为双侧烘干室和单侧烘干室两种形式，而以单侧烘干室建筑结构和进出料系统相对较为简便。单侧烘干室的主要特点是：一次装入量大，适合于种子低温慢速干燥，不论是粒状种子还是穗状种子均可烘干，利用率高并配有进出料机械；能够实现换向通风作业，种子烘干后的剩余水分差异小，而且由于种子层单方向受热时间短，易于保持种子的发芽率；谷床与水平面成一定角度，与普通平床式干燥设备相比更易于进出料；烘干室主体为建筑结构，使用寿命长，保温性能好。这种类型的烘干系统目前已成为我国玉米等谷物种子烘干加工的主要设备。

2. 多段顺流式种子干燥机

该机由中国农业工程研究设计院研制，其工作原理是：种子从干燥机顶部进入机内，逐步通过设在机内串叠的各个干燥段，再经过冷却段和排种器后排出机体。每个顺流干燥段的上部为进风节，下部为排风节，中部为种子层，种子依次通过进风节和排风节后进入下一相同的干燥段。干燥介质即热空气由通风机压入进风节后，被强制向下通过种子层，然后经排风节排出。该机的特点是：采用了种子与热风同向流动的顺流式干燥工艺，使种子在干燥过程中受热温度比逆流式、横流式、混流式等干燥工艺低，因而能充分保持种子原有的发芽率；采用了由两个以上的多个干燥段组成的干燥机主体，段与段之间没有缓苏段，从而能形成较高的干燥性能；整机采用积木式结构，热风道为统一的带有保温层的风道，安装周期短，使用维修方便；无级变速排粮机构可根据原粮水分、成品粮水分的不同，很方便地调整产量；排风道上有配风机构，可使热风均匀地进入各干燥段，保证了烘后种子的水分均匀度；配有先进的 JBF 型套筒式燃煤高效间接加热热

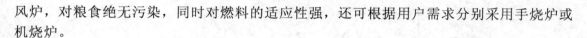

风炉，对粮食绝无污染，同时对燃料的适应性强，还可根据用户需求分别采用手烧炉或机烧炉。

3. 穗、粒组合式种子烘干生产线

中国农业工程研究设计院将多段顺流式种子干燥机与烘干室、脱粒机、缓冲仓等设备相配套组成了完整的穗、粒组合式种子烘干生产线。

（四）玉米种子两级干燥工艺

玉米种子果穗一次干燥存在着生产率低、破碎率高、能源消耗大、一次性投资大、玉米种子降水不均匀、生产成本高、种子发芽率降低等问题。吉林省种子总站于 1992 年研究成功的玉米种子两级干燥工艺，使干燥设备加工能力提高 1.0～1.16 倍，降低能耗及生产成本 30%～50%，同时降低了种子破碎率，干燥种子均匀。

玉米种子两级干燥的工艺流程为：玉米果穗上料→玉米果穗干燥→卸料→玉米果穗脱粒→初清选→玉米子粒干燥→贮藏。该工艺有以下优点。

（1）一次干燥工艺大部分热量消耗在蒸发玉米芯水分上，种子干燥需 72～80 h。两级干燥工艺可在水分达 18.0%时脱粒，并进行初清，剔除杂质、碎粒，再干燥子粒，节省时间 31～37 h。

（2）一次干燥均匀果穗固定床式干燥，种子是分层的，下部先干燥，逐层向上推进，形成厚度不大的干燥区域，干燥缓慢且不均匀。两级干燥工艺提高了玉米种子干燥的均匀性，使种子降水速率提高，种子发芽率≥98.5%。

（3）一次干燥只能在水分达 14.0%以下时脱粒，种子胚部损失严重，破碎率高，而两级干燥可降低破碎率 3.0%～5.0%。

（4）两级工艺不仅可以干燥玉米果穗，还可兼顾干燥水稻、小麦种子和商品粮食，无污染，可提高设备利用率。

三、种子的清选分级

（一）种子清选分级的概念

种子清选分级指把异作物、杂草种子以及无生命杂质清选出去，清除劣质种子，提高种子质量等级。也就是说，种子清选分级是利用种子物理特性的差异，用机械方法或借助某些机械或电的作用，把异作物、杂草种子以及无生命杂质清除干净。分离种子所利用的物理特性有：种子大小、长度、形状、重量（比重）、表面特征、颜色、对液体的亲和力和对电的性质。种子清选分级的最终目标是获得最大纯度和发芽率高的作物种子。

（二）种子清选分级的程序

不同作物种子所需进行的清选分级程序不同，所以在生产上应区别对待。以小麦、大麦为例，其清选分级程序如图 9-2 所示。

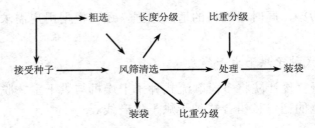

图 9-2　小麦、大麦的清选分级程序

（三）种子清选分级的原理

种子的清选分级是根据种子堆中各组成部分所固有的物理特性和机械运动相结合的原理进行的，不同的清选分级方式其原理也有所不同。

1. 根据种子的体积特性进行分离

种子的体积通常以长、宽、厚三个数值表示，最大者为长，其次为宽，最小者为厚。根据这些尺寸的大小，在种子清选机械中，可分别采用不同的方法将种子从细小的脱出物中分离出来。

（1）按种子的长度分离（窝眼筒选）。按长度分离是用窝眼筒进行的。窝眼筒为一内壁上带有圆形窝眼的圆筒，筒内置有盛种槽。工作时，将需要进行清选的种子置于筒内并使窝眼筒旋转运动，落于窝眼中的短种粒（或短小夹杂物）被旋转的窝眼筒带到较高位置，而后靠种子本身的重力落于盛种槽内，长种粒（或长夹杂物）进不到窝眼内，由窝眼筒壁的摩擦力向上带动，其上升高度较低，落不到盛种槽内，于是长、短种子分开。

（2）按种子的宽度分离（圆孔筛选）。按宽度分离是用圆孔筛进行的。凡种粒宽度大于孔径者不能通过。分离时种子竖起来通过筛孔，种子的厚度和长度不受筛孔的限制。当种粒长度大于筛孔直径 2 倍时，如果筛子只做水平振动，种粒不易竖直通过筛孔，需要带有垂直振动。

（3）按种子的厚度分离（长孔筛选）。按厚度分离是用长孔筛进行的。筛孔的宽度应大于种子的厚度而小于种子的宽度，筛孔的长度应大于种子的长度，分离时只有厚度适宜的种粒能通过筛孔。

2. 利用空气动力学原理进行分离

种子和夹杂物在气流中产生阻力的大小，除受本身重力的影响外，还受气流的作用。种子在垂直向上的气流中会出现三种情况，即种子下落、吹走和悬浮在气流中。使种子悬浮在气流中的气流速度，称为临界风速。在分离过程中，可利用种子和夹杂物之间临界风速的差异将其分开。例如，在清选小麦种子时，小麦种子的临界风速为 8.9 m/s，可选择小于此风速的气流速度将颖壳和碎茎全部吹走，把小麦种子留下。临界风速的大小与种子形状、重量、大小和气流状态有关，一般要从实验中求得，且随条件不同所得的数据也不相同，有时会相差很大。所以在运用临界风速数据时，最好按当时的情况进行实测，以选择合适的风速。

3. 根据种子表面特性进行分离

如果种子混杂物中的某些成分难以依体积大小或用气流分离时，可以利用它们表面的粗糙程度进行分离。对形状不同的种子，可在不同性质的斜面上加以分离。斜面角度的大小与各类种子的自流角度有关，若需要分离的物质自流角度有显著差异时，很易分离。

4. 根据种子的比重进行分离

种子的比重因作物种类、饱满程度、含水量及受病虫危害程度的不同而有差异，差异越大，分离效果越好。其工作原理是重力筛在风的吸力（或吹力）作用下，使轻种子或轻杂质瞬时处于悬浮状态，不规则运动，而重种子则随筛子的摆动有规则运动，借此规律将轻重不同的种子及杂质分离。

（四）种子清选分级机械设备

当前多数种子企业的种子清选机械主要是单机清选或复式、重力式配套清选机，常用的机型有以下几种。

1. 5XF—1.3A 型复式种子清选机

该机利用以下几种特性实现分离：风选主要是按重量及空气动力学特性，通过改变吸风道截面积大小得到不同气流速度而达到提升种子和清选的目的；筛选是利用种子和混杂物之间在几何尺寸上的差别，通过一定规格的孔来分离杂物和瘦子粒的。该机所用的筛片有圆孔和长孔两种。筒选是按种子长度进行分离的。该机通过筛片更换和风量调节，能对小麦、水稻、高粱、豆类、胡麻、油菜、牧草等种子及颗粒状化肥进行清选分级，有利于机械化精量播种。该机荣获国家优质产品银质奖章，具有适应性强、清选精度高、费用低等特点。

2. 5XZ—1.0 型重力式种子清选机

5XZ—1.0 型重力式种子清选机的工作原理是按种子的比重以及空气动力学特性进行分离的。该机由配套吸风机、上料装置和重力清选机主体三部分组成。该机是一种正压式三角形开式工作台面的种子清选机，采用了简单新颖、调整方便的振幅调节机构和新型多叶片离心风机供风。该机适用于清选白菜、韭菜等各种蔬菜种子，同时适用于小麦、水稻等农作物种子的清选。通过清选能剔除种子中的各种杂质，明显提高种子的净度、千粒重和发芽率等。

3. 5X8—30 型风筛式种子清选机

该机具有结构新颖、筛选充分、使用可靠、风选性能优良、噪声低、效率高、操作方便、密封好、观察方便、使用安全等特点，可用于小麦、水稻、玉米、菜籽及牧草子等种子的清选。试用结果表明该机型落料体喂料均匀，前吸风道清选效果良好，筛体结构独特。该机既可作为 3 000 kg/h 生产率的单机使用，达到风选、筛选和按宽度方向分级的目的，也可在 5 000 kg/h 的生产率下与比重分级机、窝眼分级机配套使用。该机风选性能优良，能适应多种物料临界速度的要求。

4. 5XJC—5型通用种子清选车

5XJC—5型通用种子清选车采用提升机上料，具有技术先进、结构紧凑、独立作业、移动方便、生产率可调、适应性广、负压工作环境良好、调整方便等特点，并可与5BY—5A型系列通用种子包衣机等多种机型配套组合使用。该机利用种子比重偏析原理，进一步对初选过的种子，如小麦、玉米、水稻、高粱、大豆、甜菜、油菜种子等进行清选，剔除霉烂变质、虫蛀、黑粉病粒和秕谷、芽谷等比重较轻的杂质。同时，小于2 mm的微小杂质也可以清除。该机没有自身回流装置，减少了生产环节，保证了种子质量的一致性。

5. 5X—3—5型风筛式种子清选机

5X—3—5型风筛式种子清选机采用国外先进的双筛箱制，利用种子空气动力学的特性及种子与混杂物在几何尺寸上的差别进行分选，既能配套加工，也可作为单机使用。

6. DCS系列电脑定量秤

该机由电脑称重控制器、上料仓、给料器装置、秤斗、下料斗、机箱、秤重传感器、各种接近开关、动力控制柜等组成。DCS系列电脑定量秤有以下几个优点：计量精度高，自动化程度高，可靠性好，对使用环境的适应性强，使用范围广，可配套使用，能方便地更换自动计量秤的出口。

7. 5X—0.7型风筛式种子清选机

该机适应性比较广泛，通过更换筛片和风量调整能清选小麦、水稻、玉米、高粱、豆类、胡麻、菜籽、牧草绿肥等种子。通过清选后的种子，外形尺寸基本一致，有利于机械化精量播种。该机不但能选种，而且能够清粮，尤其是水稻、高粱等，通过该机清选后，能够把小粒、碎粒、着壳粒、虫蛀粒等分离出来，提高粮食质量。该机使用可靠，调整方便，效率高，费用低。

8. 种子加工线

我国仿照引进的种子加工设备，结合实际，设计了年加工能力为1 000 t的中型种子加工线。这种加工线是专用于玉米种子加工的，其工艺流程为：振动入料→扒皮选穗→果穗烘干→脱粒→预选→中间湿贮藏→子粒烘干→中间干贮藏→基本清选→分级→重力选→药物处理→计量→包装→输送入库。这样的流程既考虑到了我国当前的情况，又考虑到了将来精量播种和种子拌药处理的要求。这套设备规模适宜，工艺先进适用，投资少，见效快，易于推广。

第二节　种子包衣

种子包衣是以种子为载体，种衣剂为原料，包衣机为手段，集生物、化工、机械多学科成果于一体的综合性种子处理高新技术。因此，种子包衣既是实施种子工程的技术关键，也是衡量种子产业现代化的重要标志之一。

一、种子包衣的原理及种类

（一）种子包衣的原理

包衣用的种衣剂是根据胶体稳定原理和高分子聚合物成膜原理，用高分子聚合物作为分散剂，以其疏水基和羧基离解平衡而形成的胶体分散系，将经过超微粉碎的农药、过氧化物、植物生长调节剂、根瘤菌、肥料和微肥等营养物质分散于胶体分散系中，并加入成膜剂、湿润乳化悬浮剂、扩散剂、稳定剂、防腐剂、防冻剂和警戒色等配套助剂，最后调制成具有成膜性的糊状或乳糊状。当其被包在种子上面时，能迅速固化成膜为种衣，播在土中，种衣遇水只能吸胀而不被溶解，保证种子正常吸水发芽生长，而药膜、肥膜缓慢释放，延长有效期，充分发挥药、肥效果，使种衣在种子周围形成防治病虫和供给营养的屏障。

（二）种子包衣的种类

1. 供氧包衣

主要用于淹水条件下发芽生长的水稻种子或涝洼地播种用的种子，这些条件因嫌气环境缺氧而种子不能发芽。可用过氧化钙、过氧化镁、过氧化锌作为种衣添加剂。

2. 植物生长调节剂包衣

用 IAA、NAA、芸薹素内脂、赤霉素、缩节胺、多效唑、矮壮素作为包衣添加剂，因药的作用不同可以促进种子发芽、生长或控制秧苗徒长。

3. 根瘤菌包衣

国内外在播种豆科牧草时普遍进行根瘤菌接种，而且丸化接种应用较多。中国农业科学院土壤肥料研究所对沙打旺丸化接种根瘤菌用飞机播种，结果结瘤早，结瘤率提高31%～51%，根瘤数增加85%～97%，根瘤增重25%～75%。

4. 改变土壤 pH 值包衣

用石灰作为牧草种子的丸衣，用于酸性土壤播种，可控制酸度，增加或保证根瘤菌的活力，保护种子萌发和幼苗生长，使植株早开花，叶多根粗，增加产草量。

5. 抑制农药和除草剂残效的包衣

活性炭包衣可消除除草剂残效，国外有些包衣可降低前茬杀虫剂和杀菌剂对后茬的危害。

6. 延缓发芽的包衣

美国种子公司研制出一种包衣，使种子吸水减慢，延迟种子发芽。该公司将此项技术用于制种，调节父母本花期相遇。另外，有机构正研制一种丸衣，目的是使在不宜春播的返浆涝洼地上实现秋播寄种。

7. 抗流失包衣

采用水软黏着剂，在种子一旦遇水时便与周围的土壤黏合在一起。限制了种子流动，适用于水土易流失的斜坡地播种。

8. 肥料和微肥包衣

用氮、磷、钾、硼、锌、钼、镁、铜等肥料作为种衣添加剂，可补偿土壤养分不足，调治作物缺素症。

9. 蓄水抗旱包衣

利用某些聚合物的吸水特性制成丸衣，这种丸衣具有吸水持水的功能，利于抗旱。用一种吸水能力强的淀粉连续多聚物做成种子包衣，因提高了抗旱能力，有助于种子发苗。

10. 农药包衣

用杀菌剂、杀虫剂、除草剂作为包衣添加剂，包衣只溶胀而不被水溶解流失，可保证种子正常吸水发芽和药剂缓慢释放，防止某些土传、种传病害或杂草侵袭。种子出苗后，药剂继续起作用，有效期一般为 45～60 天。

二、种子包衣的作用

种子包衣就是在种子外表均匀地包上一层药膜，犹如给种子穿上一件衣服一样。所用的药膜称种衣剂，又称包衣剂，它与可湿性粉剂、乳剂、胶悬剂和混合剂等一般拌种农药剂型不同，是用成膜剂等配套助剂、农药、微肥、生长调节剂等配制成的乳糊状新剂型。种衣剂以种子为载体，借助于成膜剂粘在种子上，很快固化成均匀的一层药膜，不易脱落。播种后，这层药膜对种子形成一个保护屏障，吸水膨胀，不会马上被溶解。随着种子萌动、发芽、出苗、成长，有效成分逐渐被植株根系吸收传导到幼苗植株各部位，使幼苗植株对种子带菌、土壤带菌及地上地下害虫起防病治虫作用，促进幼苗生长，增加产量。种子包衣的作用表现在以下方面。

（一）有效地防控作物苗期病虫害

通过对棉花、玉米、花生、高粱、大豆、黄红麻等作物进行多点试验示范，证明种子包衣有防效性广的特点，对多种作物病虫害有明显的防控效果，能确保苗全、苗齐、苗壮、整齐度好，尤其能有效地解决棉花保苗难的问题。

（二）促进幼苗生长

用种衣剂处理过的种子，出苗快，长势强壮，幼苗真叶多，植株高，苗色绿，百株鲜重高，为作物后期生长打下良好基础。有关单位试验表明，包衣的种子比不包衣的种子出苗率提高 8.9%。

（三）增加农作物产量

种子包衣起到了保护幼苗生长的作用，能促进作物生长，提高产量。根据全国多点试验示范结果，包衣种子可以提高农作物产量 5%～20%。据统计，使用包衣种子的玉米平均亩增产 40 kg，棉花 8 kg，水稻、大豆、高粱、谷子、花生平均亩增产 30 kg。

（四）减少环境污染

采用种子包衣，使苗期施药方式由开放式喷施改为隐蔽式施药，一般播种后 40～50

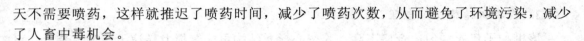

天不需要喷药，这样就推迟了喷药时间，减少了喷药次数，从而避免了环境污染，减少了人畜中毒机会。

（五）省种、省药，降低生产成本

包衣种子质量好，可以实行精量播种，用种量一般可减少 1/3，改变传统农业大播量的习惯。用药次数相对减少可以缓解农忙时劳力紧张局面，降低生产成本。

（六）有效地防止种子经营中假劣种子的流通

种子包衣可带动种子机械加工清选、计量包装等环节。种子有商标、有说明，使种子生产达到规范化、标准化，从而防止假劣种子鱼目混珠、坑农害农，并有利于改变传统农业耕作方式，促进农业耕作机械化。

三、种衣剂的使用

（一）种衣剂型号选择

根据不同作物、不同地区、不同使用目的，目前已有 20 多种型号的种衣剂得到推广，从粮食作物、经济作物、蔬菜、瓜果到中草药都有不同程度的应用。应根据各种种衣剂的主要成分、使用对象、作用效果以及应用范围来选择合适的种衣剂型号。

（二）种衣剂使用准备

在使用前检查种衣剂有无沉淀，如有沉淀可用棍棒搅动。如因气温低搅不动时，可以将装有种衣剂的桶浸放在 30～40 ℃的温水中，搅拌均匀后再使用。

（三）种衣剂用量确定

种衣剂用量应根据种衣剂的有效成分和作物种类不同决定。某种作物用某种型号的种衣剂，其药种比例一经确定，不要随意更改。药种比例一般是以每百克种子所需药肥有效物克数来表示，即有效物克数/种子 100 g。

四、种子包衣机

我国目前生产的种子包衣机，按搅拌方式可分为搅拌杆式和滚筒式两种；按药剂雾化方式可分为高速旋转甩盘雾化式和压缩空气雾化式两种。

5BYX—3.0 型种子包衣机吸收了 20 世纪 90 年代国外同类产品的先进技术，经专家检测评定，整机性能达到国内同类产品领先水平，完全可以替代进口产品，满足国内需求。

（一）主要特点

1. 配置合理

5BYX—3.0 型包衣机配置了性能优良、调节方便的种子喂料控制装置和液剂甩盘雾化装置。种子在进料筒内呈伞形均匀下落，与经甩盘雾化呈扇状环形带的雾状液剂第一次相混合。

2. 搅拌机结构设计合理

该机种子包衣均匀，合格率高。其空心搅龙结构再配置搅龙转速无级调节装置，可进一步提高包衣合格率，对玉米、小麦和水稻种子的包衣合格率都在95%以上。

3. 对不同药剂和不同种子适应性强

该机既能适应液剂和乳胶剂的农药型或生物型种衣剂，又能适应稻、麦、玉米及蔬菜等各类种子的拌药包衣处理。

4. 药种配比在较大范围内无级调节

该机药种配比可以在 1:20～1:160 的较大范围内无级调节。由于设计了种料喂入控制机构和可复流量计量泵，不仅药种喂入量及其配比调节极为方便，而且药种喂入量变异系数都可控制在 1.5%以内。尤其是在药种比小的情况下，种子包衣的均匀性更好，合格率更高。该机药种配比稳定，工作可靠，整机密封性能好，使用安全。

（二）适用范围

该机适用于县级种子公司、乡种子站、良种繁育场、国营农场种子生产基地的稻、麦、玉米和蔬菜等各类种子的包衣处理，可以单机、机组使用，也可组合到种子加工成套设备中使用。

五、种子包衣应注意的问题

化学农药型种衣剂是一种高效、剧毒的胶悬剂，所以种子包衣一定要严格按照操作规定进行，严防发生人畜中毒和种子出现药害。

（一）种子包衣的注意事项

进行种子包衣应注意以下事项。

（1）根据作物种类，选好种衣剂的剂型。

（2）在包衣前要对药剂进行复查，确认有效成分的含量是否准确。

（3）根据药剂要求的药种比例，先试包少量种子，然后进行发芽试验，没有问题后才能正常作业。

（4）包衣种子必须经过清选加工，质量达到原、良种的标准。要求种子水分低于标准水分1%。

（5）调整好包衣机，然后开始正常作业。

（6）作业时要求供药系统正常工作，确保计量药箱内药剂液面高度无变化。

（7）包衣后的种子立即装入标准包装袋内，严防人畜直接接触包衣种子。

（8）操作人员如有外伤，严禁进行种子包衣作业。操作时必须采取防护措施，如戴口罩，穿工作服，戴乳胶手套，严防种衣剂接触皮肤。

（9）工作完毕后，要及时清理包衣机中剩余的种衣剂，收回后妥善保管。

（二）使用包衣种子的注意事项

使用包衣种子应注意以下事项。

（1）种衣剂不能同敌稗等除草剂同时使用。使用种衣剂 30 天后才能使用敌稗；如若先使用敌稗，需 3 天后才能播种包衣种子，否则容易发生药害或降低种衣剂的效果。

（2）种衣剂在水中会逐渐水解，水解速度随 pH 值及温度升高而加快，所以不要和碱性农药、肥料同时使用，也不能在情况较严重的盐碱地使用，否则容易分解失效。

（3）在搬运包衣种子时，检查包装有无破损、漏洞，严防种衣剂处理的种子被儿童或禽畜误吃后中毒。

（4）使用包衣后的种子，播种人员要穿防护服，戴手套。

（5）播种人员播种时不能吃东西，喝水，徒手擦脸、眼，以防中毒，工作结束后用肥皂洗净手脸后再吃东西。

（6）严防用装过包衣种子的口袋装粮食或其他食物、饲料，要将口袋烧掉，严防中毒。

（7）盛过包衣种子的盆、篮子等，必须用清水洗净后再作它用，严禁再盛食物。洗盆和篮子的水严禁倒在河流、水塘、井池边，可以倒在树根、田间，以防人或畜、禽、鱼中毒。

（8）出苗后，间苗时严禁用间下来的苗喂牲畜。

（9）严禁在瓜、果、蔬菜上使用含有呋喃丹成分的各型号种衣剂，尤其叶菜类绝对禁用（因呋喃丹为内吸性毒药，菜类生育期短，用后对人有害）。

（10）用含有呋喃丹的种衣剂处理水稻种子时，注意防止污染水系。

（11）严禁将含有呋喃丹的种衣剂用水稀释后用喷雾器向作物喷施（因呋喃丹的分子较轻，喷施会污染空气，对人造成危害）。

（12）严防家禽、家畜吃误食种衣剂的死虫、死鸟，避免发生二次中毒。

（三）中毒后的急救

一旦发生种衣剂中毒，应立即使中毒者远离毒源，处于新鲜、干燥的气流中，然后脱去污染种衣剂的衣服，用肥皂及水彻底冲洗身体污染部位，不要重擦皮肤。若触及眼睛时，须用大量清水冲洗 15 分钟。若误服中毒，应触及喉咙后部引起呕吐，反复催呕直至呕吐物变清且没有毒物味道为止。若进行人工呼吸，不要口对口呼吸。若病人已失去知觉，则绝对不能喂食任何东西。若医生不能立即赶到，可先喂两片（每片 0.5 mg）阿托品。若有必要，可再次给药。即使病情改善，也必须观察中毒者 24 h 以上。医生急救时，可皮下注射 2 mg 阿托品。中毒严重者，注射量可高达 4 mg，然后每隔 10～15 min 注射一次，每次 2 mg，直至病情有明显好转。在处理种衣剂中毒时，不能用磷中毒一类的解毒药进行急救。

六、生物种衣剂

（一）生物种衣剂的概况

目前使用的化学农药型种衣剂效果虽好，但毕竟是高毒农药，给人畜和种子安全带来威胁，在土壤和农产品中存在残留问题。随着种衣剂技术的进一步发展，人们充分利用现代生物技术开发出了无公害、无抗性、无残留、安全高效的生物型种衣剂。获国家专利的 ZSB 生物种衣剂是利用现代生物技术研制成的一种微生物种衣剂，是以植物活性菌原菌剂为有效成分，辅以成膜剂及其他助剂而成。其有效成分植物活性菌原菌剂的含量为 20%～25%，其他助剂含量为 75%～80%。其功效及机理可归纳为对作物的激发和拮抗作用，即激发作物的生长发育，抵抗作物的多种病害，提高作物的抗逆能力；对作物的作用表现常常是先促进地下部分生长，然后促进地上部分发育，作用平稳而不易观察，不像化学种衣剂作用那样剧烈和明显。其优点包括：①无毒、无环境污染、无残留，不会发生公害；②使用安全，不会造成作物药害和人畜中毒事件；③不影响种子的活力，具有促进作物生长发育、减轻多种病害、提高作物产量的作用；④药效长且稳定，有多效性，能影响作物整个生长期；⑤成本较低，不存在原料紧缺等问题；⑥黏合力、耐水性较好，不易脱落，能较广泛地适用于各种生态环境。

（二）生物种衣剂的应用与效果

ZSB 生物种衣剂在水稻、油菜、玉米等 10 多种作物上的试验、示范表明，其对处理种子有益而无害，目前已大面积示范推广。从各地田间观察情况看，反映比较一致的是：对人畜无毒害，对种子无药害，作物苗期根系发达，生长健壮，能明显减轻水稻的白叶枯病、恶苗病，油菜的病毒病、菌核病，玉米的大小斑病、粗缩病等病害的危害．并且具有较显著的增产效果。例如，早稻平均增产 6.4%，油菜平均增产 4.5%～14.3%，玉米平均增产 4.4%～15.4%。

（三）生物种衣剂的应用前景

生物种衣剂是目前化学农药型种衣剂较为理想的替代产品。随着生物种衣剂的不断应用，充分利用其独特的优点，拓宽其应用领域，将为种衣剂技术应用提供更广阔的前景。ZSB 生物种衣剂具有改变作物生长特性，改善作物产量结构等功效，并且这些功效具有长期性和持久性。例如，ZSB 生物种衣剂处理水稻种子，在其种子萌动中，其"激发"和"拮抗"功效已移植于作物体内，并在生长发育中保持了这种功效。充分利用这些特点，可为品种改良提供新的途径。随着生物技术的发展，还可将生物种衣剂技术应用于育种研究，如借助种衣剂的屏障和营养作用，保护愈伤组织在一定条件下分化生长，实现人工种子生产。在作物杂交育种中，利用 ZSB 生物种衣剂的兼用性和种衣的屏障作用，在 ZSB 生物种衣剂中加入吸水剂（试验表明，吸水剂能有效地突破种衣屏障作用，促进种子快速吸水），制成具有屏障作用和不具屏障作用的不同剂型，分别处理父母本，使父母本提早或延迟发芽，实现杂交制种中父母本同期播种而花期很好相遇。还可进一步研究不同功效的 ZSB 生物种衣剂剂型，如研制可在干旱地区推广应用的抗旱型生物种衣剂等。

总之，生物种衣剂是种子处理技术的又一次革命，随着应用的不断深入，它必将发挥巨大的应用潜力和效用，有力地促进种子产业化的发展。

第十章 种子包装与标签

第一节 种子包装

我国的种子包装经历了一个从无到有、从简到繁的发展过程。由于我国市场经济起步晚，导致全社会对包装的作用和地位认识不足，大部分人对商品生产过程的理解还只局限在商品制造过程的本身，并没有向包装完整体系过程延伸。相对于其他企业来说，由于种子企业进入市场滞后，导致种子包装滞后。在 20 世纪 80 年代以前，我国的种子商品几乎没有外包装，即便有包装，也很简单，材料工艺也很落后。80 年代中期，有的种子企业认识到，要树立起种子市场的企业形象和产品形象，就要重视种子包装，并率先采用铝箔材料作为包装，包装系列产品投放市场后，产生了极大的经济效益和社会效益，并树立起了崭新的产品形象和企业形象。90 年代中期，我国在实施种子工程时，将种子包装作为种子工程的一个重要环节，推动种子包装进入了一个快速发展期。按照《种子法》的相关规定，国家农业部于 2001 年颁布了《农作物商品种子加工包装规定》，并于 2002 年制定实施了《农作物种子定量包装标准》。这标志着我国在农作物种子包装方面有了具体规章和明确的执行标准，企业在进行农作物种子包装时必须遵循上述规章和标准。目前，种子企业普遍认识到了种子包装的重要性，并且十分注重种子包装，都能按照上述规章和标准对种子进行包装。从市场角度看，现在销售的绝大多数种子商品都有形式各异的外包装。

一、种子包装的概念和意义

（一）种子包装的概念

种子包装有两方面的含义，一方面是指盛装种子商品的容器和包扎物，一般由包装造型、产品标志、包装标志、包装材料和包装容器等组成；另一方面是指利用适当的容器或包扎物对种子商品进行包裹、保护和装饰。

在现代市场营销中，一方面，包装是产品生产的最后一道工序，是产品不可分割的重要组成部分；另一方面，包装既附加产品的物质价值，又追加劳动增加新的价值，是企业增加经营收入的途径之一。

（二）种子包装的意义

随着市场经济的发展，商品包装已由商品的附属逐步演变成为商品的重要组成部分，具有极其明显的商业价值。包装不再是原始的一般字面上"包"与"装"的概念，而是集美术设计、商品介绍、使用说明为一体的销售形式。包装是浓缩的企业形象，一款好的包装是一个企业的财富。包装是产品的第二质量，是产品的形象和产品营销形象的成功载体，也是产品的无声推销员。好的包装是实施品牌战略的一种形式，用特色包装宣传自己的产品是一种营销手段。

对于农作物种子而言，包装能增加种子内在价值，增强种子的商品竞争力，提高种子企业知名度，突出反映种子企业特点和品种特性，迎合种子用户的心理需求，以满足种子用户的需要。包装在种子销售中极为重要，许多种子企业在市场营销中，把种子的包装、价格、分销渠道和销售促进排在一起，视为重要的营销策略。许多种子企业在发展包装功能作用方面不断创新，使包装超出自身原来的简单作用而发展成为种子商品的促销部分，增强了包装的实质作用：使包装由单纯的"包"与"装"发展为具有更高价值的促销，由被动的被人购买发展到吸引人来购买的半主动地位，无形中成为了种子商品的推销员，与品牌销售形成了紧密联合体，提高了企业信誉，增加了企业效益。

1. 包装能激发购买欲望

图案精美、色彩清丽、独具特色的种子包装能够引起种子消费者浓厚的兴趣和强烈的好感，进而激发其购买欲望，吸引消费者购买种子。

2. 包装能促进对品种的认识

包装能使消费者了解、认识商品。在包装上印刷的有关品种的名称、特征特性、水分、发芽率及种植方法等文字或图案，能向消费者传递商品的有关信息，是指导消费者正确使用商品的必要依据，对消费者了解和认识品种发挥积极的促进作用。

3. 包装能加深对种子企业的印象

商品包装是商品的无声推销员，能在生产企业和消费者之间架起一座桥梁。通常在种子包装上均印有生产单位、品种名称、种植方法等有关文字。这些文字能起到广告作用，可以有效地加深消费者对种子企业所形成的印象。

4. 包装能防止种子假冒

通过种子包装，可防止一些非法经营单位冒名顶替、掺杂使假、以次充好或私调种子搭车销售的现象，有利于监督和净化种子市场。种子经营单位再辅以生产上的技术指导，企业良好信誉必会迅速提高，促使销量增加。

5. 包装能保护种子

种子商品在流通过程中，都要经过运输和贮藏，其间可能出现挤压、振动、日晒、雨淋、虫蛀或污染等。通过科学的包装，就能使种子在运输和贮藏中避免受损伤与变质，从而保护种子的使用价值。

6. 包装能增加种子商品价值

种子包装是实现种子商品价值、增加种子产品价值的一种重要手段。包装是产品附加物，其物质价值如数转移到产品成本中去，会使产品增加新的价值。所以，种子企业开发包装业务，能增加种子产品价值，增加企业经营收入。

7. 便于运输和销售

种子包装后为种子购买者提供了方便，种子购买者买前不用准备包装物，可随意购买。种子包装后既方便运输，也便于搬运。种子包装后可整包销售，免去零售部门过秤装袋的麻烦。

二、种子包装的种类

（一）按照是否具有定量，将种子包装分为定量包装和非定量包装

定量包装是指以销售为目的，在一定限量范围内，具有统一的计量单位标注，能满足一定计量要求的预包装。商品种子一般采用定量包装。

非定量包装是指没有统一计量单位和一定计量的预包装。

（二）按照流通环节的不同要求，将种子包装分为销售包装与运输包装

销售包装是指以销售为目的，与内容物一起到达顾客手中的最小可售包装单元，是为了保护、说明、美化和宣传产品而设置的包装，又称内包装。销售包装表面必须有产品标志。所谓产品标志，是标注在销售包装的表面，用于识别产品及其质量、数量、特征特性和说明事项等的各种表示的统称。销售包装要有特色，使产品外在包装与内在性能完美地统一起来，给消费者一种直接的深刻印象，激起其购买的欲望。为此，商品包装要讲究装饰，要求美观、醒目、新颖、大方，有利于陈列展销，便于消费者识别、选购、携带和使用。

运输包装是指为适应运输条件和在运输过程中保护产品质量的包装，又称外包装。它具有保障产品的安全、方便储运装卸、加速交接和点验等作用。这种包装要根据不同产品的特点，结合用户的要求和运输工具的特性，因地制宜地采用包装形式。种子运输包装是指以种子运输贮藏为主要目的的包装，其具体要求是：①根据种子商品的性质、外形、体积、重量等特点，选择适宜的包装方法和材料；②根据运输工具的特点，运距远近，结合产品特性，做到合理包装，以提高运输质量，节约运输费用，减少运输损失；③种子运输包装表面必须有包装标志，所谓包装标志，是标注在运输包装的表面，用文字、符号、数字、图形等制作的特定记号和说明事项的统称，主要有发货人和收货人、起运地和到达地、产品规格、品质等级、件数、重量、体积以及保护商品的"小心""向上"标志等。

（三）按照是否防湿，将种子包装分为一般包装和防湿包装

大多数短期贮藏的农作物种子采用一般包装，包装材料有常用的麻袋、布袋、纸袋，包装容量根据种子数量需要而定。农作物种子需用量大，多半用麻袋大包装，贮藏、运输容量为 50 kg 及 100 kg。蔬菜种子需用量较小，有大包装或小包装。作为种质资源保存的种子均为小包装。

防湿包装密封后可防止种子吸湿回潮，即使在室温下贮藏，比不防湿包装的种子寿命要长。但是，不同质地的防湿材料制成的容器，它们的防湿作用也不相同，因而发芽率也有高低。很多蔬菜种子和贮藏期长的种质资源采用防湿包装，如不透性的塑胶袋、塑胶编织袋、沥青纸袋、铝箔塑胶复合袋（简称铝箔袋）、塑胶桶（罐）以及金属材料制成的桶或罐等。

（四）按照包装的次数，将种子包装分为一次包装、二次包装和三次包装

一次包装是将产品直接装入容器的包装。

二次包装即销售包装，是为保护一次包装而进行的大包装。销售包装一般在产品使用时就被丢弃。二次包装既保护商品又美观，便于销售。

三次包装即运输包装，这是为货物保管、标志和运输需要而进行的包装。视各种农作物种子而异，按运输要求进行袋装、箱装等包装。

三、种子包装的要求

产品包装设计成功与否，首先要看是否有自己独到的个性和形象，能否批量生产，包装成本是否合理，是否利于长途运输，是否方便消费者开启使用以及终端市场的销售等；其次要考虑包装的保护功能、视觉冲击力、商品属性定位、材料的选用、加工的工艺、是否利于现场工人或流水线包装等。能经历这些检验并为企业创造出很大经济效益的包装才能算是合格的包装。

以下是种子包装的具体要求。

（一）正确选择包装物

种子包装物现多用透明塑料袋或编织袋。透明塑料袋耐用漂亮，可在袋上注明说明文字或图案，但透气性差。编织袋透气性好，但印刷效果不好，不能透视内装种子的优劣。为解决以上缺陷，可将包装袋设计为一面是塑料布，另一面是编织布，即可解决透气性差和印刷效果不好的问题。

（二）包装内容要真实

包装种子净含量必须与所标注的含量相符，正负误差应在国标允许的范围内。种子包装上必须真实标明经营单位、品种名称、纯度、净度、水分、发芽率、特征特性、栽培要点、生产日期、产地、包装规格以及保质期等。这样可以增强经营者和生产单位的信誉，扩大销量。

（三）确保包装质量

种子企业应当提升种子包装质量，种子包装容器要封口严实不漏，并在封口处打印上包装日期，便于灵活机动地调节销售批次，不使种子在包装容器内储存时间过长。

（四）突出品牌效应

在激烈的市场竞争中，种子包装应追求品牌效应。种子包装应当按照规定要求，结合市场需求，根据种子用户的接受意识发展。这种发展应当与自己的品牌、品种相适应，把自己的注册商标、企业文化、品牌标志等具有企业自主特色的方面体现在包装上，突出品牌效应，形成一系列具有企业自主品牌特色的包装。目前的种子市场上大多数种子包装上只有种子名称，而没有品牌，这不利于形成品牌效应。种子企业应该在种子名称前面冠以"某某牌"，才能在种子市场上显示出品牌效应。

（五）有利于分辨种子类型

种子包装应借鉴别的商品包装的经验，不同农作物种类的种子采用不同的包装，使各种农作物种子更具有自己的特征。

（六）突出包装规格

种子包装应有不同的规格，其规格不但要以"克"为单位和以"粒"为单位标注，还要标注这些种子能种植多大的面积（以"亩"为单位），以适应采用不同播种方法的种子用户的需求。比如，玉米种子播种时，有的种子用户采用的是重新定苗式机播，有的采用的是直接定苗式机播，有的采用的是其他播种方法，不同播种方法之间所需的种子量则大不相同：重新定苗式机播以"克"计算，直接定苗式机播以"粒"计算，大多数种子用户最喜欢的是以"亩"为单位进行包装。种子包装的规格应同时以"克""粒"和播种面积"亩"标注，这样更方便种子用户在购买时选择。

（七）符合市场需求

种子包装的设计制作必须与市场需求相符合，种子包装的设计类型、文字、图案、色彩都应突出反映企业特点和品种特性，迎合种子用户心理需求，以满足种子用户的需要为出发点，使种子包装的外观具备强烈的视觉吸引力，容易被种子消费者所接受。因此，种子企业必须根据消费者的心理而采用新颖的设计、新颖的构思，使种子的包装设计表现得美观，有吸引力，以增强消费者的新鲜感。

四、种子包装的材料和容器

在农业市场经济发展过程中，种子包装的材料和容器也随之发生了一系列的变化，由过去的大麻袋包装发展到如今的金属盒、玻璃瓶、塑料袋、编织袋等各种较为规范的小包装。在市场经济条件下，种子企业希望自己的商品打入市场，就需要种子企业的生产经营与市场紧密地联系起来，并准确地认清市场与企业生产经营之间的关系，进而促进种子包装的变革。生产经营中的任何一个环节都会影响企业在市场中占据的地位，而种子包装在其中起到了不可忽视的作用。近年来，种子包装依据市场而不断变革，无论包装材料的种类、质量，还是包装容器造型、加工制作、功能作用等各方面都有相当大的进步。

（一）种子包装材料

种子包装材料又叫包装物，是指符合标准规定的将种子包装以作为交货单元的任何材料。销售包装和运输包装的要求不同，包装材料也应不同。

销售包装所用材料应符合美观、实用，不易破损，便于加工、印刷，能够回收再生或自然降解的要求。宜采用的包装材料有塑料编织布、塑料薄膜、复合薄膜、纸、镀锡薄钢板（马口铁）等。

运输包装用材料应符合材质轻、强度高、抗冲击、耐捆扎，防潮、防霉、防滑的要求。宜采用的包装材料有塑料编织布、麻袋布、瓦楞纸板、钙塑板、塑料打包带、压敏胶带、纺织品等。

（二）种子包装容器

种子包装容器是指用特定的材料制作，具有一定形状和规格，用以盛装种子的容器。销售包装和运输包装的要求不同，包装容器也应不同。

销售包装容器应符合外形美观，商品性好，便于装填、封缄，贮运空间小的要求，其规格、尺寸还应与运输包装容器内尺寸相匹配。宜采用的容器类型有塑料编织袋、塑料薄膜袋、复合薄膜袋、纸袋、金属罐等。

运输包装容器应符合适于运输、方便装卸、贮运空间小、堆码稳定牢靠的要求，其规格、尺寸还应符合运输工具的装载尺寸要求。宜采用的容器类型有塑料编织袋、麻袋、瓦楞纸箱、钙塑瓦楞箱等。

五、种子的防伪包装

（一）种子防伪包装的意义

防伪包装的意义不仅在于防伪技术本身，更重要的是将包装与防伪有机结合，营造了一种个性化包装的新理念。积极推广应用防伪材料和防伪技术，对各种子企业在保护知识产权，保护自己的种子产品，让农民买到放心种子方面具有重要意义和作用。各种子企业应根据不同种子产品的特点，设计和采用独具特色、能树立企业形象的防伪包装，以保证种子销售的安全性，也使企业的品牌形象深入人心，起到很好的广告作用。

（二）种子防伪包装技术

种子防伪包装采用的技术比较多，其防伪的效果和作用各不相同。经过种子营销实践检验，在种子防伪包装上，以下几种防伪技术防伪效果比较好。

1. 专业防伪膜防伪

采用特殊的防伪膜的制造工艺和技术生产的专业防伪膜复合种子袋，具有独特的防伪图案，能够起到很好的防伪作用。

2. 专业防伪油墨防伪

有一种专业金墨称为种子金，能够生产出一种金黄色的种子包装袋，具有很好的防伪效果。因为其油墨配方中的成分分析不出来，印刷时又控制不了氧化变色问题，所以不易被仿冒。

3. 手工防伪底纹防伪

一些公司研发出手工防伪底纹设计，用来生产独具特色和自主知识产权的种子袋，杜绝了软件设计防伪底纹的仿冒问题，具有很好的防伪效果。

六、种子包装策略

（一）类似包装策略

类似包装策略又称为相同包装策略，即一个企业所生产的所有不同作物、不同品种，在包装上采用相同的图案、相同的颜色、系列化设计，使消费者见到种子包装就联想到同一种子企业及其种子产品。这种策略的优点是可降低包装成本，节约包装费用，有利于树立企业形象，拓宽产品销路，防止假冒行为，避免给企业带来不利后果。种子企业可以把自己的企业注册商标或品牌标志印在醒目位置，消费者就会对该商标或品牌留下深刻印象，坚定购买的信心。

（二）系列化包装策略

这种策略是指种子企业对同一种类的农作物种子使用相同的包装，或使所有种子包装具有共同的特征，并形成系列包装。此策略可以使系列种子产品和系列包装具有相同性和统一性，促进销售。

（三）等级包装策略

这种策略是指按照合格种子产品价值的大小或质量的高低，将其分成若干等级，采取不同的包装。例如，简装和精装，普通包装和精美包装等。采取这种包装策略有助于种子分等定价，优质优价，提高企业经济效益。

（四）成套包装策略

这种策略是指种子企业将相互关联的种子产品成套置于同一包装中，便于顾客购买、携带和使用，促进种子销售。比如，充分考虑不同作物栽培技术，可以把不同季节、上下茬的作物、品种包装后再放入一个大包装，注明作物、品种就可以了。这种策略也有利于某些新品种的推销，如将新生产的品种一同放在包装中，使消费者尽快认识、了解进而接受新品种。

（五）双重用途包装策略

双重用途包装策略又称复用包装策略。这种策略的基本特点是包装内的种子播种完以后，包装自身可以留做其他用途。但是，已经盛放过包衣种子的包装要特别注意其药性作用，不能再用于盛放食用品。可复用的包装上印有种子企业标志、品牌标记等，能延续包装的广告时效，可明显起到广告宣传作用。这种策略能吸引消费者因喜爱包装而去重复购买种子。对于复用包装上需要特别注明的事项，应当在醒目位置注明。

（六）附赠包装策略

这种策略是指在种子包装内附赠小商品，以刺激消费需求，吸引消费者进行大量购买和重复购买，以扩大种子产品销售。附赠的小商品要注意具有纪念性、娱乐性、知识性，也要考虑消费者的意愿和社会效益。例如，在包装内附有彩券或包装本身可换取种子、礼品，以此来吸引消费者，增加消费者购买该种子的兴趣。又如，在包装内赠送印有品种广告或企业形象的文化衫；直接赠送新品种，让消费者免费试种；在包装内附赠含种子播种技术、管理技术、企业介绍等内容的光盘。这些方式在增加企业知名度的同时也会起到提高企业效益的作用。

（七）改变包装策略

这种策略是指企业对种子的现有包装进行革新。当产品销量减少，原包装设计与包装材料落后时，为扩大销售，就应对包装进行改进。包装既不能永远不变，又不能随意改变。对知名度高、识别性强的种子包装，不能轻易改变。

第二节　种　子　标　签

为了加强农作物种子标签管理，规范标签的制作、标注和使用行为，保护种子生产者、经营者、使用者的合法权益，根据《种子法》的有关规定，农业部制定颁布了《农作物种子标签管理办法》和《农作物种子标签通则》。在我国境内销售的农作物种子应当附有标签，标签的制作、标注、使用和管理应遵守上述规定。

一、种子标签的概念和作用

（一）种子标签的概念

种子标签，又称为种子标牌，是标注内容的文字说明及特定图案。对其含义应从以下四方面理解：文字说明是指对标注内容的具体描述；特定图案是指警示标志和认证标志等；对于应当包装销售的农作物种子，标签为固定在种子包装物表面及内外的文字说明及特定图案；对于可以不经包装销售的农作物种子，标签为种子经营者在销售种子时向种子使用者提供的印刷品的特定图案及文字说明。

（二）种子标签的作用

种子质量关系到种业健康发展，关系到农业生产安全、农民的利益和农村社会的稳定。建立和实施种子标签制度，对促进种子生产、规范市场、指导使用等具有重要的作用。《农作物种子标签通则》对种子标签的作用做了简要归纳，主要体现在以下几个方面。

1．明示质量信息

通过依法真实明示质量信息，使"质量第一"成为种子产业发展的重要指导方针，全面落实种子使用者的知情权和选择权，促进种子生产者重视种子标签，种子经销者依靠种子标签，种子使用者需要种子标签。因此，通过明示质量信息，使标签制度成为维护种子生产者、种子经营者和种子使用者合法权益的一个重要举措。

2．明确质量责任

通过依法明确种子质量责任主体发挥市场机制作用，充分打造企业的品牌，使"质量兴企"成为种子企业成长壮大的发展理念，调动种子企业的积极性，塑造产品形象和企业形象，使标签制度成为促进种子企业重视质量和不断提高种子质量水平的一条有效途径。

3．加强质量监督

种子标签对合格种子的许可规定、质量要求以及种子特性、数量、质量责任者或其他有关情况做出说明或陈述。这些信息已是商品种子本身不可分割的组成部分，成为种子质量的有效组成部分。因此，商品种子质量包括实物质量和质量信息。由于实物质量监督成本较高，在市场经济下，从更加注重效率角度对质量信息的监督往往成为国家宏观管理种子质量的另一种重要形式。

4. 消除贸易技术壁垒

种子标签制度是与国际接轨的制度，无论是美国的《联邦种子法》，还是欧盟的《种子营销法令》，都以种子标签制度为核心。种子标签是种子进入种子市场的"通行证"。因此，实施种子标签制度，有利于促进今后我国种子贸易国际业务的发展，是消除技术贸易壁垒和提高我国种子市场竞争力的一项客观要求。

二、种子标签设计制作的原则和要求

（一）种子标签设计制作的原则

种子标签设计制作的原则有以下四个方面。

（1）真实。种子标签标注内容应真实有效，与销售的农作物商品种子相符。

（2）合法。种子标签标注内容应符合国家法律法规的规定，满足相应技术规范的强制性要求。

（3）规范。种子标签标注内容表述应准确、科学、规范。相关规定要求标注的内容应在标签上描述完整，标注所用文字应为中文。除注册商标外，应使用国家语言文字工作委员会公布的规范汉字，可以同时使用有严密对应关系的汉语拼音或其他文字，但字体应小于相应的中文。除进口种子的生产商名称和地址外，不应标注与中文无对应关系的外文。

（4）清晰。种子标签制作形式符合相关规定的要求，印刷清晰易辨，警示标志醒目。

（二）种子标签设计制作的要求

种子标签设计制作的要求主要有两方面：一是对种子标签内容的要求；二是对种子标签形式的要求。

1. 对种子标签内容的要求

对种子标签内容有以下要求。

（1）品种名称标注要规范，不使用未经批准的名称。《农作物种子标签管理办法》第六条规定：品种名称应当符合《中华人民共和国植物新品种保护条例》及其实施细则的有关规定，属于授权品种或审定通过的品种，应当使用批准的名称。产地、生产商标注要规范。产地要标注种子的繁育所在地，而不是生产或经营单位所在地；生产商的地址、联系方式标注要详细，地址和联系方式变更后，种子标签所标注的内容要及时改正。

（2）标注的内容要清晰全面。种子企业的种子标签标注应当没有内容混淆现象，如不能把作物种类和种子类别相混淆；种子世代类别标注要清楚；主要农作物的种子标签，要有品种审定编号和种子生产许可证编号；种衣剂包衣种子的种子标签，要有种衣剂有效成分的标注，并且要有按照药剂毒性标注的警示标志等。

（3）种子质量指标标注要与实际相符。按《种子法》要求标注种子标签，首先，应当符合国家种子质量标准；其次，就是应当标注真实。所以，质量指标的标注必须与其种子质量相一致或标注的质量指标低于种子的实际质量指标。

（4）种子标签有些项目必须标注在包装物外面。作物种类和种子类别、品种名称、生产商（进口商、分装单位）名称、质量指标、净含量、生产年月、种子经营许可证编号、警示标志、转基因等必须标注在包装物外面。

2. 对种子标签形式的要求

对种子标签形式有以下要求。

（1）使用规范的汉字。

（2）所有字体字号不能小于 1.8 mm，表示净含量的字号应更大些；可以同时使用汉语拼音和其他文字，但其字号应小于相应的中文。

（3）警示标志或说明应醒目。

（4）标注内容必须印制，不能采用临时手写或盖印等办法；印刷字体、图案与基底形成明显的反差。

三、种子标签的种类和规格

（一）种子标签的种类

《农作物种子标签管理办法》规定："标签标注内容可直接印制在包装物表面，也可制成印刷品固定在包装物外或放在包装物内，但作物种类、品种名称、生产商、质量指标、净含量、生产年月、警示标志和'转基因'标注内容必须在包装物外"；"可以不经加工包装进行销售的种子，标签应当制成印刷品在销售种子时提供给种子使用者"；"要求种子经营者向种子使用者提供的种子简要性状、主要栽培措施、使用条件的说明，可以印制在标签上，也可以另行印制材料。"因此，农作物种子的标签有多种形式：直接印制在包装物表面，固定在包装物外面的印刷品，放置在包装物内的印刷品，为可以不经包装销售的农作物种子提供的印刷品。

（二）种子标签的规格

种子标签印刷品的制作材料应当有足够的强度，长和宽不应小于 12 cm 和 8 cm。种子标签可根据种子类别使用不同的颜色，育种家种子使用白色并有紫色单对角条纹，原种使用蓝色，亲本种子使用红色，大田用种使用白色或者蓝、红以外的单一颜色。

四、种子标签的内容

农作物种子标签应当标注的内容有作物种类、种子类别、品种名称、产地、种子经营许可证编号、质量指标、检疫证明编号、净含量、生产年月、生产商名称、生产商地址以及联系方式。要求种子经营者向种子使用者提供的种子简要性状、主要栽培措施、使用条件的说明，可以印制在标签上，也可以另行印制材料。为使种子运输、贮藏和销售顺利进行，还要在包装物上做出特定标记。一般应做好指示标记和识别标记，按照种子特性用图案或简易的文字标出运、储、销应注意的事项，如种子需要防雨、防潮使用伞形图案表示等。

《农作物种子标签管理办法》第五条规定："属于下列情况之一的，应当分别加注：主要农作物种子应当加注种子生产许可证编号和品种审定编号；两种以上混合种子应当标注'混合种子'字样，标明各类种子的名称及比率；药剂处理的种子应当标明药剂名称、有效成分及含量、注意事项；并根据药剂毒性附骷髅或十字骨的警示标志，标注红色'有毒'字样；转基因种子应当标注'转基因'字样、商品化生产许可批号和安全控制措施；进口种子的标签应当加注进口商名称、种子进出口贸易许可证编号和进口种子审批文号；分装种子应注明分装单位和分装日期；种子中含有杂草种子的，应加注有害杂草的种类和比率。"

第六条规定："作物种类明确至植物分类学的种。种子类别按常规种和杂交种标注，类别为常规种的，可以不具体标注；同时标注种子世代类别，按育种家种子、原种、杂交亲本种子、大田用种标注，类别为大田用种的，可以不具体标注。品种名称应当符合《中华人民共和国植物新品种保护条例》及其实施细则的规定，属于授权品种或审定通过的品种，应当使用批准的名称。"

第七条规定："产地是指种子繁育所在地，按照行政区划最大标注至省级。进口种子的产地，按《中华人民共和国海关关于进口货物原产地的暂行规定》标注。"

第八条规定："质量指标是指生产商承诺的质量指标，按品种纯度、净度、发芽率、水分指标标注。国家标准或者行业标准对某些作物种子质量有其他指标要求的，应当加注。"

第九条规定："检疫证明编号标注产地检疫合格证编号或者植物检疫证书编号。进口种子检疫证明编号标注引进种子、苗木检疫审批单的编号。"

第十条至第十二条规定："生产年月是指种子收获的时间。""净含量是指种子的实际重量或数量，以千克（kg）、克（g）、粒或株表示。""生产商是指最初的商品种子供应商。进口商是指直接从境外购买种子的单位。"

五、建立健全种子标签制度的措施

（一）强化种子生产经营企业的种子标签意识

种子生产经营企业应扭转只重视种子生产过程的管理和种子经营体制的改革，而忽视对小小的种子标签正确使用的观念。

（二）提高广大农民对种子标签的认识

种子经营单位在种子销售过程当中，应实事求是地向农民宣传种子和种子标签知识；各级农业部门，要将《种子法》及其相关规定作为农业技术培训的主要内容进行宣传介绍；新闻媒体要加大种子法律法规和种子科技的宣传力度。只有这样，才能提高广大农民对种子标签的认识。

（三）加强对种子标签的监管力度

各级种子管理部门要在宣传种子法律法规的同时，督促种子生产经营企业建立健全种子标签制度。首先，根据《种子法》和《农作物种子标签管理办法》设计出各种类型的种子标签式样，让种子生产经营企业借鉴。其次，在种子标签执法管理中要搞好"三查"：一查种子种类、品种、产地与标签标注的内容是否相符；二查种子质量是否低于国家最低标准或低于标签标注指标，种子中含有杂草种子的是否加注有害杂草的种类和比率；三查种子标签标注的种子生产经营许可证编号、检疫证明和品种审定编号是否属实。

第十一章 种子检验

种子检验是指种子收获后，收购、调运或播种前对每批种子进行的检验。收购时主要检验种子纯度、净度、发芽率、水分以及棉花的健籽率等。种子清选入库后，还需检验千粒重、病虫害等。播种前主要检验种子发芽率。具体检验方法应按照国家标准，即 GB/T 3543.1—3543.7—1995《农作物种子检验规程》（以下简称《95 规程》）进行。《95 规程》由七个系列标准构成：GB/T 3543.1—1995《农作物种子检验规程 总则》；GB/T 3543.2—1995《农作物种子检验规程 扦样》；GB/T 3543.3—1995《农作物种子检验规程 净度分析》；GB/T 3543.4—1995《农作物种子检验规程 发芽试验》；GB/T 3543.5—1995《农作物种子检验规程 真实性和品种纯度鉴定》；GB/T 3543.6—1995《农作物种子检验规程 水分测定》；GB/T 3543.7—1995《农作物种子检验规程 其他项目检验》（由生活力的生化测定、种子健康测定、重量测定和包衣种子检验四部分组成）。《95 规程》基本内容可分为扦样、检测和结果报告三大部分。检测部分的净度分析、发芽试验、真实性和品种纯度鉴定、水分测定为必检项目，其他项目属于非必检项目。

第一节 扦 样

扦样就是从大量的种子中，随机取得一个重量适当、有代表性的供检样品。扦样是种子检验工作的第一步，是做好种子检验工作的基础和首要环节。扦样是否正确、有代表性，直接影响检验结果的可靠性，因此必须高度重视，认真扦取。样品应由从种子批的不同部位随机扦取若干次的小部分种子合并而成，然后随机抽取规定重量的样品。不管哪一步骤都要有代表性，如果没有代表性，全部检验工作将失去意义。扦样前，扦样员（检验员）应向种子生产、经营、使用单位了解该批种子堆装混合、贮藏过程中有关种子质量的情况。

一、种子批的划分

种子批是指同一来源、同一品种、同一年度、同一时期收获且质量基本一致、在规定数量之内的种子。一批种子不得超过规定的重量，其允许差距为 5%。若超过重量时，需分成几批，分别批号。例如。一批玉米种子 12 万 kg，按照规定其种子批最大重量为 4 万 kg，则该批种子应划分为三个种子批，各扦取一个样品。

二、扦样的方法

（一）袋装种子扦样法

袋装种子根据种子批袋装的数量确定扦样点。堆垛的种子应均匀地在上、中、下各部位设立扦样点，每袋只需扦一个部位。不是堆垛的种子，可间隔一定袋数扦样。单管扦样器适用于扦取中小粒种子，双管扦样器适用于扦取较大粒种子。

（二）散装种子扦样法

散装种子根据种子批散装的数量确定扦样点。散装种子扦样时应随机从各部位扦取初次样品（指从种子批的一个扦样点上所扦取的一小部分种子），每个部位扦取的数量应大体相等。散装种子扦样使用长柄短筒圆锥形或圆锥形扦样器。散装种子扦样应根据种层厚度分层取样，1 m 以下分 2 层，2～3 m 分 3 层，3 m 以上分 4 层。

三、送验样品的分样和处理

送验样品是指送到检验机构检验的、规定数量的样品，可以是全部混合样品（由种子批内扦取的全部初次样品混合而成）或它的次级样品，即用分样器经多次对分法或抽取递减法分取的供各项测定用的试验样品。分样方法有机械分样（分样器）法和四分法、棋盘式分样法。

样品必须妥善包装，以防在运输途中损坏。只有在下列两种情况下，样品应装入防湿容器内：一是供水分测定用的样品（需磨碎的种类为 100 g，不需要磨碎的种类为 50 g）；二是种子批水分较低并已装入防湿容器内。在其他情况下，与发芽试验有关的送验样品不应装入密闭防湿容器内，可用布袋或纸袋包装。保留样品（封存样品）要在适宜条件下（低湿、干燥）保存一个生长周期。

样品必须由扦样员尽快送到检验机构，不得延误。经化学处理的种子，须将处理药剂的名称送交种子检验机构。每个送验样品须有记号，并附有扦样单（证书）。扦样后，必须立即填写扦样单（证书），并由双方签字。

此外，必要时还应进行种子批的异质性测定，目的是检查种子批是否存在显著的异质性。有异质性的种子批，所扦取的样品没有代表性，应拒绝扦样。种子批的异质性测定可通过净度分析、发芽试验以及种子千粒重进行。

第二节 净 度 分 析

种子净度是指样品中去掉杂质和其他植物种子后，留下的本作物净种子的重量占样品总重量的百分率。种子净度是判断种子品质的一项重要指标，是衡量一批种子种用价值和分级的依据，因而在农业生产上有着重要的意义。优质种子应该洁净，不含任何杂质和其他废品。净度低对生产有很大的影响：一是影响作物的生长发育和产量（如含杂草种子和害虫）；二是降低种子利用率（杂质多，净种子就少）；三是影响种子贮藏与运输的安全（泥沙、含水分较高的杂质影响透气，引起发热霉变等）；四是影响人畜健康（有毒的杂草混在产品中，食用后可能发生中毒现象）。

净度分析的目的是测定供检样品不同成分的重量百分率和样品混合物特性，并据此推测种子批的组成。

一、净度分析标准

进行种子净度分析时，需要区别净种子、其他植物种子和杂质。净种子是送验者所验送的种子，包括该种的全部植物学变种和栽培品种。其他植物种子是除净种子以外的任何植物种子单位，包括杂草种子和异作物种子。杂质是除净种子和其他植物种子外的种子单位和所有其他物质和构造。种子单位是通常所见的传播单位，包括真种子、瘦果、颖果、分果和小花等。下面是种子净度分析的具体标准。

（一）净种子

凡能明确地鉴别出其属于分析的种（已变成菌核、黑穗病孢子团或线虫瘿除外），即使是未成熟的、瘦小的、皱缩的、带病的或发过芽的种子单位都应作为净种子，包括：完整的种子单位[在禾本科中，种子单位如是小花，须带有一个明显含有胚乳的颖果或裸粒颖果（缺乏内外稃）]，大于原来种子单位 1/2 的破损种子。

根据上述原则，在个别属或种中有一些例外：①豆科、十字花科，其种皮完全脱落的种子单位应列为杂质；②豆科种子单位的分离子叶也列为杂质；③甜菜属复胚种子超过一定大小的种子单位列为净种子；④在燕麦属、高粱属中，附着的不育小花须除去而列为净种子。

（二）其他植物种子

其鉴定原则与净种子相同，但甜菜属种子单位作为其他植物种子时不必筛选，可用遗传单胚的净种子定义。

（三）杂质

出现以下情况可鉴定为杂质。

（1）明显不含真种子的单位。

（2）甜菜属复胚种子单位大小未达到净种子定义规定最低大小的。

（3）破裂或受损伤种子单位的碎片为原来单位种子大小的 1/2 或不及 1/2 的。

（4）按该种的净种子定义，不将其附属物作为净种子部分或定义中尚未提及的附属物。

（5）种皮完全脱落的豆科、十字花科的种子。

（6）脆而易碎、呈灰白色、乳白色的菟丝子种子。

（7）脱下的不育小花、空的颖片、内外稃、稃壳、茎叶、球果、鳞片、果翅、树皮残片、花、线虫瘿、真菌体（如麦角、菌核、黑穗病孢子团）、泥土、砂粒、石砾及所有其他非种子物质。

二、净度分析方法

（一）送验样品称重和重型混杂物的检查

应将送验样品称重。若在送验样品中有大小或重量明显大于所测种子的物质，应先挑出来并称重，再分为其他植物种子和杂质。

（二）试样的分取

从除去重型混杂物的送验样品中分取规定重量的试样。分样方法可采用机械分样（分样器）法、四分法或棋盘式分样法。

（三）试样的分离

将试样分离成净种子、其他植物种子和杂质三部分，分别称重，折算百分率。样品可以是一份全试样或两份半试样（比如棉种一份全试样是 350 g，两份半试样分别为 175 g）。分离试样时可借助放大镜、分级筛、吹风机、天平等器具，在不损伤发芽势的基础上进行。

（四）结果计算

1. 检查分析过程中重量的增失

不管是一份试样还是两份半试样，应将分析后的各种成分重量之和与原始重量比较，核对分析期间重量有无增失，若增失差距超过原始重量的 5%，则必须重做，填报重做的结果。

2. 计算各成分的百分率

百分率必须根据分析后各成分重量的总和计算，而不是根据试样的原始重量计算。一份全试样各成分重量百分率计算到一位小数，两份半试样各成分重量百分率至少保留两位小数。

3. 检查重复间的误差

（1）两份半试样。分析后任一成分的差距不得超过规定的重复间容许差距。若所有成分的实际差距都在容许范围内，则计算每一成分的平均值。如果实际差距超过容许范围，则再重新分析成对样品，直到 1 对值在容许范围为止，但全部分析不必超过 4 对。凡 1 对间的差距超过容许差距两倍时，均略去不计。各种成分百分率的记录值应由全部保留的几对数值加权平均计算得出。

（2）两份或两份以上全试样。两份试样各成分的实际差距不得超过规定的差距，若所有成分都在容许范围内，则取其平均值；若超过，再分析一份试样。若分析后的最高值和最低值差异没有大于容许误差两倍时，则填报三者的平均值。如果其中的一次或几次显然是由于差错造成的，那么该结果须去除。

（五）结果报告

1. 净度分析结果

以三种成分（净种子、其他植物种子、杂质）的重量百分率来表示。

$$净度 = \frac{净种子重量}{各成分总和} \times 100\%$$

$$其他植物种子 = \frac{其他植物种子重量}{各成分总和} \times 100\%$$

$$杂质 = \frac{杂质重量}{各成分总和} \times 100\%$$

结果应保留一位小数，各种成分的百分率总和必须为 100%。成分小于 0.05% 的填报为"微量"，如果一种成分的结果为零，须填为"0.0"。当测定某一类杂质或某一种其他植物种子重量的百分率达到或超过 1% 时，该种类应在结果报告上注明。

2. 其他植物种子数目测定

其他植物种子数目测定有以下三种方法。

（1）完全检验。试样不少于 25 000 个种子单位，数出其他各植物种子数目。

（2）有限检验。只从整个试样中找出送验者指定的其他植物。

（3）简化检验。试样最少量是完全检测时的 1/5。

三、棉种健籽率的测定

棉种健籽率是指净度测定后的净棉籽样品中除去嫩籽、小籽、瘦籽等成熟度差的棉籽留下的健壮种子数占样品总数的百分率。测定方法有下面两种。

（一）剪籽法

从净种子中随机取样 400 粒，重复 4 次，逐粒用剪刀剪开或用刀切开后观察，色泽新鲜、油点明显、种仁饱满的为健籽，色泽浅褐或深褐、油点不明显、种仁瘪的为非健籽。

$$健籽率 = \frac{供检棉籽数 - 非健籽数}{供检棉籽数} \times 100\%$$

（二）开水烫籽法

从净种子中取试样 4 份，每份 100 粒。将试样置于小杯中，用开水浸并搅拌 5 min。待棉籽短绒浸湿后，取出放在白瓷盘中，呈深褐色或深红色的为成熟籽，即健籽，呈浅褐色、浅红色或黄白色的为非健籽。

$$健籽率 = \frac{供检棉籽数 - 非健籽}{供检棉籽数} \times 100\%$$

第三节　发　芽　试　验

种子的发芽率是判断种子质量的重要指标之一。发芽试验的目的是测定种子发芽率，因此要采用正确的方法认真进行。在实验室内幼苗出现和生长达到一定阶段为发芽。种子发芽率鉴定时幼苗的主要构造已发育，可以肯定能否长成正常植株，全面鉴定幼苗的根、胚轴、子叶、初生叶、顶芽周围组织、芽鞘至第一叶等主要构造，试验结果与田间出苗率相关性好，因此能客观地反映种子批的使用价值。

一、试验方法

（一）数取试验样品

从混合均匀的净种子中随机数取 400 粒，每个重复 100 粒，大粒种子或带有病原苗的种子可以再分为 50 粒甚至 25 粒的副重复。复胚种子单位可视为单粒种子进行试验，不需弄破（分开），但芫荽种子例外。

（二）选用发芽床

一般小粒种子选用纸上，大粒种子选用砂床或纸间，中粒种子纸床、砂床均可。纸上是指将种子放在一层或多层纸上发芽，纸间是将种子放在两层纸中间。具体做法是将纸铺于发芽皿内，再放入保湿的光照发芽箱内。

1. 纸床

纸床要求有一定的强度，质地好，吸水性强，保水性好，无毒无菌，不含可溶性色素或其他化学物，pH 值为 6.0～7.0。可用滤纸、吸水纸作为纸床。

2. 砂床

砂床发芽包括砂上（种子压入砂的表面）和砂中（种子播在一层平整的湿砂上，然后根据种子大小加盖 10～20 mm 厚度的松散砂）发芽两种。砂粒大小要均匀，其直径为 0.05～0.08 mm。沙子要无毒、无菌、无种子，持水力强，pH 值为 6.0～7.5。沙子使用前必须进行洗涤和高温消毒，化学药品处理过的种子样品发芽所用的沙子不可再重复使用。

3. 土壤

当纸床或砂床上幼苗出现植物中毒症状，或对幼苗鉴定结果发生怀疑时，为了比较研究目的，可采用土壤作为发芽床，方法同正常田间播种。

（三）加水

砂床加水应为最大持水量的 60%～80%，其中禾谷类等中小粒种子为 60%，豆类等大粒种子为 80%。纸床应吸足水分后，再沥去多余的水即可。土壤作为发芽床应加水至手握土粘成团，而用手指轻轻一压就碎为宜。水质应纯净，无毒无害，pH 值为 6.0～7.9。

（四）置床培养

将数取的种子均匀地排在湿润的发芽床上，粒与粒之间应保持一定的距离。在培养皿上贴上标签，放在规定的条件下进行培养。发芽期间要经常检查光、温、水、气状况。发芽床要始终保持湿润。恒温发芽温度要保持不变，变温发芽应保持 8 h 高温、16 h 低温。一般采用光照，变温条件光照应在 8 h 高温期进行。

（五）休眠种子的处理

当试验结束还存在硬实或新鲜不发芽种子时，可采用下列一种或几种方法对其进行处理。

1. 破除生理休眠的方法

此种方法有温度[（1）和（2）]处理、化学[（3）—（6）]处理和机械[（7）]处理等。

（1）预先冷冻。试验前，将各重复种子放在湿润的发芽床上，在 5～10 ℃条件下进行预冷处理。例如，麦类在 5～10 ℃条件下处理 3 天，然后在规定温度下进行发芽。

（2）加热干燥。将发芽试验的各重复种子放在通气良好的条件下干燥，种子摊成一薄层。各种作物种子加热干燥的温度和时间是不同的，应注意区分。

（3）硝酸处理。水稻休眠种子可用硝酸溶液浸种 16～24 h，然后置床发芽。

（4）硝酸钾处理。硝酸钾处理适用于禾谷类、茄科等许多种子。发芽开始时，发芽床可用体积分数 0.2% 的硝酸钾溶液湿润。在试验期，水分不足时可加水湿润。

（5）赤霉酸处理。燕麦、大麦、黑麦和小麦种子可用体积分数 0.5% 的赤霉酸溶液湿润发芽床。芸薹属可用体积分数 0.01% 或 0.02% 浓度的赤霉酸溶液湿润发芽床。

（6）双氧水处理。可用于小麦、大麦和水稻休眠种子的处理。用体积分数 29% 的浓双氧水处理时，小麦浸种 1 min，大麦浸种 10～20 min，水稻浸种 2 h。用淡双氧水处理时，小麦用体积分数 1% 浓度，大麦用体积分数 1.5% 浓度，水稻用体积分数 3% 浓度，均浸种 24 h。用浓双氧水处理后，须马上用吸水纸吸去沾在种子上的双氧水，再置床发芽。

（7）去稃壳处理。水稻用出糙机脱去稃壳，有稃大麦剥去胚部稃壳（外稃），菠菜剥去果皮或切破果皮，瓜类嗑开种皮。

2．破除硬实的方法

（1）开水烫法。适用于棉花和豆类的硬实，发芽试验前将种子用开水烫种 2 min，再行发芽。

（2）机械破除法。小心地把种皮刺穿、削破、锉伤或用砂纸摩擦。豆科硬实可用针直接刺入子叶部分，也可用刀片切去部分子叶。

3．除去抑制物质的方法

甜菜、菠菜等种子单位的果皮或种皮内有发芽抑制物质时，可把种子浸在温水或流水中预先洗涤，甜菜复胚种子洗涤 2 h，遗传单胚种子洗涤 4 h，菠菜种子洗涤 1～2 h，然后将种子干燥，干燥最高温度不得超过 25 ℃。

二、幼苗鉴定

（一）试验持续时间

每个种的试验持续时间均不同。试验前或试验间用于破除休眠处理所需时间不作为发芽试验时间的一部分。如果样品在规定时间内只有几粒种子开始发芽，则试验时间可延长 7 天，或延长规定时间的一半。根据试验情况，可增加计数时间的次数；反之，如果在规定试验时间结束前，样品已达到最高发芽率，则该试验可提前结束。

（二）鉴定方法

每株幼苗都必须按规定的标准进行鉴定。鉴定要在主要构造已发育到一定时期进行。根据种的不同，试验中绝大部分幼苗应达到子叶从种皮中伸出（如莴苣属），初生叶展开（如菜豆属），叶片从胚芽鞘中伸出（如小麦属）。尽管一些种（如胡萝卜属）在试验末期，并非所有幼苗的子叶都从种皮中伸出，但至少在末次计数时，可以清楚地看到子叶基部的"颈"。在计数过程中，发育良好的正常幼苗应从发芽床中拣出，对可疑的或损伤、畸形或不均衡的幼苗，通常到末次计数。严重腐烂的幼苗或发霉的种子应从发芽床中除去，并随时增加计数。复胚种子单位作为单粒种子计数，试验结果用至少产生一个正常幼苗的种子单位的百分率表示。当送验者提出要求时，也可测定 100 个种子单位所产生的正常幼苗数，或产生 1 株、2 株及 2 株以上正常幼苗的种子单

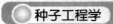

位数。

（三）鉴定标准

幼苗划分为正常幼苗和不正常幼苗。

1. 正常幼苗

正常幼苗是指在良好土壤及适宜水分、温度和光照条件下，可以继续生长发育成为正常植株的幼苗。属于下列类型之一者为正常幼苗。

（1）完整幼苗。幼苗主要构造生长良好、完全、匀称和健康。因种不同，幼苗应具有下列一些构造：发育良好的根系；发育良好的幼苗中轴；具有特定数目的子叶；具有展开、绿色的初生叶；具有一个顶芽或苗端；在禾本科植物中有一个发育良好、直立的芽鞘，其中包着一片绿叶延伸到顶端，最后从芽鞘中伸出。

（2）带有轻微缺陷的幼苗。幼苗的主要构造出现某些轻微缺陷，但在其他方面能均衡生长，并与同一试验中的完整幼苗相当。

（3）次生感染的幼苗。感染由真菌或细菌引起，使幼苗主要构造发病和腐烂，但有证据表明病源不来自种子自身。

2. 不正常幼苗

不正常幼苗是指生长在良好土壤及适宜水分、温度和光照条件下，不能继续生长发育成为正常植株的幼苗。

（1）受损伤的幼苗。由于机械处理、加热、干燥、昆虫损害等外部原因使幼苗构造残缺不全或受到严重损伤，以致不能均衡生长的幼苗。

（2）畸形或不匀称的幼苗。由于内部因素引起生理紊乱，幼苗生长细弱，或存在生理障碍，或主要构造畸形，或不匀称的幼苗。

（3）腐烂幼苗。因初生感染（病源来自种子本身）使幼苗主要构造发病和腐烂，并妨碍其正常生长的幼苗。

（四）重做试验

当试验出现下列情况时，应当重新试验。

（1）怀疑种子有休眠，可打破休眠后重新进行试验，并应注明所用的方法。

（2）发现真菌或细菌蔓延结果不一定可靠时，可采用砂床或土壤重新进行试验。

（3）当用纸床正确鉴定幼苗数有困难时，可用砂床或土壤进行试验。

（4）当发现试验条件、幼苗鉴定或计数有差错时，采用同样的方法重新试验。

（5）当100粒种子重复的差距超过新规程规定的最大容许差距时，采用同样方法进行重新试验。

三、试验结果计算和结果报告

发芽试验结果以粒数的百分率表示。当一个试验的4次重复（每个重复以100粒计，相邻的副重复合并成100粒的重复）正常幼苗百分率都在最大容许差距内时，则其平均数表示发芽百分率。不正常幼苗、硬实（有生命力但在正常条件下不易发芽，需采取措施破除其硬壳方能发芽的种子）、新鲜不发芽种子（由生理休眠引起的不发芽种子，试验期间保持清洁和一定硬度，有生长成为正常幼苗潜力的种子）和死种子（变软、变色、发霉并没有幼苗生长迹象的种子）的百分率按 4 次重复的平均数计算。正常幼苗、不正常幼苗和未发芽种子百分率的总和必须为 100%。

填报发芽试验结果时，须填报正常幼苗、不正常幼苗、硬实、新鲜不发芽种子和死种子的百分率。假如其中任何一项结果为零，则将符号"—0—"填入该格中。同时还须填报采用的发芽床和温度、试验持续时间以及为促进发芽所采用的处理方法等。

第四节 品种真实性和纯度鉴定

品种真实性和纯度鉴定方法要求快速省时、简单易行、经济实用、鉴定准确，并经过多年的核准比对试验，达到标准化后，进入实用阶段。从标准的角度而言，我国的种子检验国家标准 GB/T 3543.5—1995《农作物种子检验规程 真实性和品种纯度鉴定》（以下简称 GB/T 3543.5—1995）列入的测定方法，是目前世界上较全面的方法，而且完全与国际接轨。这里主要介绍种子形态法、快速测定法、培养生长箱测定法、田间小区种植鉴定。

一、种子形态法

种子形态特征是植物生活史中最稳定的性状之一，是鉴定品种的重要依据。对栽培品种鉴定最有用的形态特征有种子形态、大小、表面特征和颜色等。种子形态鉴定是品种鉴定最简便、最快速的方法，如果能找到鉴定品种在种子形态特征方面的差异，那就应尽可能加以利用，如利用它把种子分成几类，以便于采用其他方法进一步鉴别。

（一）数取试样

随机数取 400 粒种子（在检验室内进行测定，一般采用净种子），鉴定时设重复，每重复不超过 100 粒种子。

（二）鉴定

按种子形态特征的差异，以标准样品作比较，鉴别出异品种种子（或鉴定真伪）。种子形态特征除了 GB/T 3543.5—1995 所介绍的一些特征特性外，也可以利用现有的研究结果，如大量的种子鉴定手册中所列举的形态特征。

（三）记录并报告

按规定格式记录鉴定的结果，并计算和报告 4 个重复间的平均值。

二、快速测定法

快速测定法通常是借助某种特定的化学试剂与种子中特有成分发生反应，或者种子或幼苗存在荧光物质，利用紫外光照射进行荧光测定，来鉴定真实性和纯度的方法。这类方法具有快速、简单、花费少、重演性好的特点，有时可以用来鉴别品种。在大多数情况只能把种子分成几类，再与其他方法结合应用。这类方法的应用范围较窄，目前比较成功的方法有：硫酸铜—氨法测定草木犀种子；荧光测定燕麦、黑麦草、野茅种子；黑麦草种子染色体计数测定；盐酸测定燕麦种子；大豆种皮过氧化物酶显色测定；水稻种子香味测定；苯酚测定大麦、燕麦、黑麦、小麦种子；氢氧化钾测定黍子、水稻、高粱种子；氢氧化钠测定小麦种子。下面简要介绍其中几种方法。

（一）苯酚测定

苯酚测定是一种快速、实用有效的方法，适用于大麦、草地早熟禾、燕麦、多花黑麦草、水稻和小麦种子品种纯度的测定，尤其是对于小麦种子，一直被国际种子检验协会（ISTA）、北美官方种子检验协会（AOSA）、国际植物新品种保护联盟（UPOV）等标准组织所采纳，很多国家如瑞典、美国、俄罗斯等已经把苯酚测定法作为品种纯度测定的常规方法。在利用苯酚测定法检查品种纯度时，必须对该品种的标准样品（要求达到育种家种或原种）与被检品种的颜色反应进行比较。苯酚反应并非取决于种子发芽，所以生长室或田间种植鉴定并非能完全证实苯酚测定结果，如样品中异品种不能发芽，种植鉴定就不能证实苯酚测定的结果。以下是苯酚测定的标准程序。

1. 试样数取与准备

随机数取 400 粒种子（在检验室内进行测定，一般采用净种子），鉴定时设重复，每个重复不超过 100 粒种子。培养皿里垫上两层滤纸，并加入蒸馏水湿润。倒去多余水分，并将种子排列在湿滤纸上（9 cm 的培养皿中排列 50 粒种子）。盖好盖子，让种子吸湿过夜（25 ℃，18～24 h）。为了加快测定速度，这一步骤可以采用替换方法，即蒸馏水浸种18～24 min 后改为热水浸泡 10 min，这样能获得既快速又染色较为均匀的结果。

2. 测定

将 5 g 苯酚（石碳酸）结晶溶入 500 mL 蒸馏水中，配制 1%的苯酚溶液，装入棕色玻璃瓶内在低温下贮藏（但配好溶液超过 3 个月后就不能再使用）。将两层干滤纸垫入培养皿，并加入足够的 1%苯酚溶液（9 cm 培养皿约加 2～3 mL 苯酚溶液），浸湿滤纸。将已预湿的种子移到培养皿中经苯酚溶液湿润的滤纸上，盖上盖子。这种测定应注意苯酚溶液加入量要一致，并且要求培养皿的大小要一致。经福美双杀菌剂处理过的种子，在测定时要求比未经处理的种子延长反应时间。

3. 鉴定

种子苯酚染成颜色可分为不染色、浅褐色、褐色、深褐色、黑褐色和黑色。有些小麦品种染色只显示一种颜色，而另一些品种显示一种以上的颜色。对于大麦、燕麦、多花黑麦草种子，应评价种子内外稃染色的情况，不同于小麦种子观察颖果颜色。苯酚染色可鉴别籼、粳稻种子的品种纯度。谷粒染色分为不染色、淡茶褐色、茶褐色、黑褐色和黑色五级。米粒染色分为不染色、淡茶褐色、褐色或紫色三级。

4. 记录与报告

经 2～4 h 后（如小麦为 4 h 后，燕麦为 2 h 后），检查种子的颜色反应，并与标准样品进行比较。检查后，按规定的记载表格式进行记载。

（二）大豆种皮过氧化物酶显色测定

此方法已被许多种子检验室采用，用于种子批标签所标明品种的正确性和混合种子样品的鉴定。以下是其测定程序。

1. 试样数取和准备

随机数取 400 粒种子（在检验室内进行测定，一般采用净种子），鉴定时设重复，每个重复不超过 100 粒种子。从大豆种子剥下种皮，每支试管放入 1 个种皮，并加入 1 mL 无离子水经过 30～60 min。

2. 测定

每支试管加入 10 滴 0.5%愈创木酚溶液，待 10 min 后，每支试管加入 1 滴 0.1%过氧化氢溶液。

3. 鉴定

在加入过氧化氢溶液 1 min 后，计数试管内种皮漫出液呈现红棕色的种子数（高过氧化物酶活性），或者试管里种皮漫出液无色的种子数（低过氧化物酶活性）。

4. 记录与报告

按照规定的记载表格的格式记录鉴定的结果，计算和报告 4 个重复间的平均值。

（三）高粱种子氢氧化钾—漂白液测定

根据不同高粱品种种皮或种皮下层黑色素存在情况的不同，可鉴定其品种。以下是本方法的测定程序。

1. 试样数取

随机数取 400 粒种子（在检验室内进行测定，一般采用净种子），鉴定时设重复，每个重复不超过 100 粒种子。

2. 测定

配制 1:5 氢氧化钾和新鲜普通漂白粉（5.25%次氯酸钠）的混合液，即称取 1 g 氢氧化钾加入 5.0 mL 漂白液。一般以配制 100 mL 溶液较为方便。须将漂白液和配好的氢氧化钾—漂白液保存在冰箱里备用。将种子放入玻璃器皿，然后加入氢氧化钾—漂白液（测定前须将氢氧化钾—漂白液置于室温条件），以淹没种子为度。在氢氧化钾—漂白液中的浸种时间，棕色种皮的种子浸泡 10 min，白色种皮的种子浸泡 5 min。在浸泡期间，定期轻轻摇晃，使溶液与种子良好接触。然后将种子倒在纱网上，用自来水慢慢冲洗。将经淋洗的种子放在纸巾上，让其气干。因为这样过度干燥可能失去色素，所以要注意干燥适度。

3. 鉴定

待种子干燥后，计数黑色种子数和浅色种子数。

4. 记录与报告

按《真实性及品种纯度鉴定记载表（室内）及填报》格式记录鉴定的结果，计算和报告 4 个重复间的平均值。

（四）小麦红白皮种子氢氧化钠测定

一般情况下，要正确区分红白皮小麦品种是困难的，特别是经杀菌剂处理的种子样品更是如此。有时在田间条件下，种子受不良气候影响，也会给这种区分带来困难。但是，经过氢氧化钠处理后，就会容易区分。以下是此方法的测定程序。

1. 试样数取

随机数取 400 粒种子（在检验室内进行测定，一般采用净种子），鉴定时设重复，每个重复不超过 100 粒种子。

2. 测定

用 95% 的甲醇浸洗种子 15 min，再让种子干燥 30 min。然后，将种子浸入 5 mol / L 氢氧化钠溶液中，在室温条件下浸 5 min。将种子移至培养皿里，不可加盖，让其在室温下干燥。

3. 鉴定

待种子干燥后，计数黑色种子数和浅色种子数。

4. 记录与报告

按照规定的记载表格的格式记录鉴定的结果，计算和报告 4 个重复间的平均值。

三、培养生长箱测定法

培养生长箱测定法是将种子种植在一致的控制环境下进行幼苗和植株的测定，主要采用两条途径。

第一条途径是给植株提供加速发育的条件，当幼苗达到适宜评价的发育阶段，对全部或部分幼苗进行鉴定。目前实践中使用这条途径有下面两种方法。

（1）加速生长。给予幼苗加速生长发育的条件（如较高温度和长日照），可以鉴定如田间生长植株一样的许多性状，而可大大缩短测定时间。例如，莴苣幼苗在不到 3 周的时间内可以划分种类；菜豆播种后 4 周就可开花，可以依据开花时间和花色进行鉴定；大豆播种 200 天后就可检查茸毛颜色，而在大田种植则需 2 个月。

（2）减少植株季节性条件的需求。例如，小麦、大麦品种种植在较高温度和长日照下，播种后 30 天就抽穗；苜蓿在较低温度和短日照条件下，生长减慢进入休眠，而在较高温度下持续生长。

第二条途径是让植株生长在特殊的逆境条件下，测定不同品种对逆境的不同反应来鉴别不同品种。目前实践中使用这条途径有下面两种方法。

（1）控制营养条件。目的是使品种生长在缺乏营养特别是缺磷条件下，加速幼苗胚轴系统的紫色或红色色素的发育。例如，高粱、玉米、大麦、燕麦和小麦的花青苷颜色可以区别品种。

（2）对杀菌剂的损伤反应。把幼苗和植株暴露在杀菌剂条件下生长，记录杀菌剂改变生长的程度。例如，大豆幼苗暴露在杀菌剂下，不同品种会出现不同程度的反应。

如同其他测定方法一样，此方法也有其局限性，如花颜色、幼苗色素的差异是质量性状，既可用于真实性的鉴定，也可用于鉴定异型株；而株高、穗数等数量性状的测定只能用于真实性鉴定，不能用于鉴定异型株。

培养生长箱测定法的整个检测过程包括播种、浇水、光照、温度控制、幼苗和植株鉴定以及结果报告。

（一）播种

1. 培养介质

为鉴定下胚轴、胚芽鞘或胚轴系统的花青素或紫色素的发育，所有样品都应种植在无杂质的砂床中。用于除草剂赛克津或其他化学药品敏感性测定的幼苗，也应种植在无杂质的砂床里。为鉴定小麦和高粱幼苗胚芽鞘颜色，样品可播在湿润纸床上，并将培养皿盖好。为鉴定开花、花色或叶片特征，并且从播种至抽穗或开花需要一定时间的样品，应播种在无杂质的砂床里或土壤里。为鉴定抽穗或开花特性而种植在无杂质砂床里的植株，必须用补充营养液进行特别的处理，以使植株在营养缺乏逆境下表现出差异。但应注意，如果将样品种植在土壤钵内，并且从播种后生长期超过 30 天时，其就可能没有受到有效的营养缺乏逆境的影响。通常，小粒种类种子可先播在薄层砂里，然后再放在土壤床上，这样很方便。利用一种钉板，可在种植培养介质上打出适当深度和空间的播种孔，这有利于正确播种和加速工作。利用正方形或长方形盆种植比利用标准钵更省生长箱空间。这种盆底面开孔，浇水后能漏去多余的水或营养液。具体方法是在盆底上先垫入纸或其他合适材料，然后填入砂或土壤，待加水完全湿润达到适宜湿度后再播种。另外应注意把生长箱种植盆每日换位，使小气候对发育幼苗和植株的影响降低到最低程度。

2. 播种密度

在播种小粒豆类如苜蓿时，每孔播入 3～4 粒种子，播深 0.6 cm，粒行距 2.5 cm×2.5 cm，出苗后随机进行间苗，达到每株一孔。在播种小麦、大麦、燕麦、玉米、高粱和莴苣时，播深 1 cm，粒行距 2.0 cm×4.0 cm。在播种大粒豆类如菜豆、大豆时，应播深 2.5 cm，粒行距 2.5 cm×5.0 cm。胡萝卜的根形状鉴定和洋葱的球茎鉴定播在温室容器中，土深 17 cm，出苗时进行间苗。洋葱种子用于叶色鉴定，应在砂床容器中播深 1 cm，粒行距 2.5 cm×4.0 cm。当利用各种规定方法测定时，应准备适宜的标准对照样品，以便供检样品的性状或反应与标准样品进行比较。标准对照样品必须真实可靠，并经认可。

（二）浇水

在出苗前，全部种植盆应加水一致，以满足所有品种出苗的需要。一旦出苗，为鉴定色素而种植在砂床里的大麦、莴苣幼苗，应用霍格兰氏 1 号营养液每隔 4 天浇 1 次，其他时间则用普通水浇。为鉴定胚芽鞘和胚轴上色素而种植的燕麦和小麦幼苗，应用缺磷的霍格兰氏营养液每隔 4 天浇 1 次，其他时间用普通水浇。为鉴定色素而种植在砂床里的大豆、高粱、玉米和洋葱幼苗，应每天用无营养水浇。种植在土壤钵内的幼苗可用霍格兰氏 1 号营养液浇水。因为土壤通常含有营养供应，因此，其上的幼苗不需要每天用含有营养液的水浇，只需要每隔 4 天浇 1 次。当测定大豆幼苗对除草剂赛克津敏感性时，可采用霍格兰氏 1 号营养液溶解入 0.3×10^{-6} 的赛克津，按每平方厘米盆表面 0.37 mL 赛克津溶液，每天直接喷施在种植盆上面。应用赛克津测定，要在幼苗小叶叶片完全展开时进行，如在第 10 天应用，喷施赛克津溶液增加到 0.56 mL/cm^2。

（三）光照

1. 光照强度

生长箱测定应使用高强度的光照，可用白冷光荧光灯和白炽灯作为光源。如果使用较低的光照强度，有时会引起花色素发育的减少，导致幼苗色素的差异不明显。如果样品在温室进行测定，应补充光源以达到这一要求。对于如胡萝卜鉴定根类型可用高压碘汞灯，而不采用钠蒸气灯，因为它会促进叶生长。

2. 光周期

在测定小麦、燕麦、高粱、玉米、莴苣、苜蓿和大豆样品时，应用 24 h 连续光照的光周期，但赛克津和光周期测定除外。当进行大豆幼苗赛克津敏感性测定时，需用 16 h 光照和 18 h 黑暗交替的光周期。菜豆样品应种植在 20 h 光照和 4 h 黑暗交替的光周期。在测定大豆样品开花期时，根据供检样品熟性的不同（早、中或晚），可利用 13.5 h、15.5 h 和 18 h 光照的光周期。在温室进行测定，应补充光源以达到要求。

（四）温度控制

一般农作物种子绝大多数可种植在 25 ℃温度条件下，在 20～25 ℃也能得到满意的结果，但胡萝卜和洋葱应播种在 20 ℃下，苜蓿休眠种子种植在 10 ℃下。高于 25 ℃会导致某些种类和品种抑制发芽或发芽缓慢。供品种鉴定的温室应有控温设备。一般认为，低温可促进花青素的发育。如果最大的光照强度仍比前面建议的数字低，那么，生长箱采用较低的温度，用低温来补偿低光照。

（五）幼苗和植株鉴定

下面主要介绍几种作物的幼苗和植株鉴定。

1. 小麦

小麦幼苗的芽鞘和茎色的鉴定，可在播后大约第 7 天进行。其颜色可分为紫色和绿色。抽穗情况的记载可在出苗后 30 天左右进行。抽穗情况可分为正在抽穗（春小麦）和未抽穗（冬小麦）。该法可用于区分品种和鉴定异型株。

2. 高粱

可在出苗后第 14 天进行高粱幼苗芽鞘和顶端颜色鉴定。芽鞘颜色可分为紫红色和绿色。顶端颜色可能有四种：深紫色（在茎和叶的近轴和远轴表面全深紫色）、中等紫色（近轴叶表面几乎深紫色，但远轴叶表面为黄褐色）、浅紫色（幼苗在茎和叶边缘有局

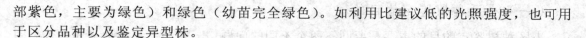

部紫色，主要为绿色）和绿色（幼苗完全绿色）。如利用比建议低的光照强度，也可用于区分品种以及鉴定异型株。

3. 玉米

玉米的评定性状类似高粱。另外，玉米第一叶下的幼苗包叶环可以记录绿色或紫色。

4. 大豆

大豆幼苗花青素鉴定，可在播后第 10～14 天进行。如果幼苗是培育在原来说明的条件下，则可能观察到四种苗色：绿色（仅有绿色素）、赤褐色（下胚轴下部有赤褐色素）、淡紫色（下胚轴紫色，上胚轴绿色）和深紫色（下胚轴和上胚轴均为紫色）。同时在播后第 21 天待 3 片小叶完全展开时，可进行上面一片小叶背面茸毛的鉴定。小叶茸毛角度可分为直角、紧贴、中等；茸毛颜色可分为黄褐色、灰色；小叶形状可分为卵形（长宽比小于 1.6）和尖形（长宽比大于 2）。该法适用于区分品种和鉴定异型株。

（六）结果报告

1. 质量性状

对于质量形状，可填报产生每一种类型的结果，并填报检查的总数。如果与已知品种或标准比较，应包括该品种或标准的结果。如有必要，也可得出结论。

2. 数量性状

对于数量性状，描述与得出结论要慎重，如株高、穗长和穗数等不允许分成明显的类型，而是应该包括一定范围的类型，表示为"高于 15 cm 的植株""播种后在 45 天内开花的植株""有 5 个以上分蘖的植株"。如果界限不明显，应与标准样品比较，采用统计分析。

四、田间小区种植鉴定

以上三种方法均属于室内检验方法，而小区鉴定是在大田进行的。在种子繁殖和生产过程中，监控品种是否保持原有的特征特性或符合种子质量标准要求的主要手段之一就是进行田间小区种植鉴定。现行的强制性种子质量国家标准明确规定了品种纯度指标，而田间小区种植鉴定在今后一定时期内仍是商品种子品种纯度鉴定的唯一认可的标准方法。此方法最为可靠和准确，原因在于以下几方面。

（1）目前评定品种特异性的标准仍然是品种的农艺特征特性，而不是基因或基因的产物（有时与表现型一致，但也有不一致的），因而依据最可靠。

（2）要求种植标准样品进行对照，消除了由环境因素所引起的表现型差异对鉴定结果的影响。

（3）规范了品种特征特性的描述，并开展了比较试验，从而消除了检验员的主观影响。

（4）检测数量大，代表性强，如对基础种子，要求纯度达 99.9%，按 4N 规则，应至少检测 4 000 粒才有意义，而其他方法从经济上考虑很难达到此要求。此方法还有适用范围广、技术简单易行的优点。小区种植鉴定缺点也很明显，主要是在时间上无法满足种子贸易的验证需要，费工、费时。这一缺点可以利用种子检验室的快速检测方法作为弥补。

（一）小区种植鉴定的目的

小区种植鉴定的目的主要是要回答两个不同的问题：一是样品与品种描述是否名副其实，即通过对田间小区内种植的有代表性样品的植株与标准样品生长植株进行比较，来判断其品种真实性是否相符；二是样品检测值是否符合国家发布的品种纯度标准要求，即田间小区种植鉴定中的非典型株（即变异株）的数量是否不超过国家规定的最低标准要求。

（二）小区种植鉴定的种类及其作用

小区种植鉴定从广义来说可分为前控和后控两种。当种子批用于繁殖生产下一代种子时，该批种子的小区种植鉴定对下一代种子来说就是前控，也就是种子繁殖期间的亲本鉴定。比如生产良种，如果对生产良种的亲本即原种进行小区种植鉴定，那么原种的小区种植鉴定对生产良种来说就是前控。前控在良种生产的田间检验之前或同时进行，可以作为淘汰不符合要求的种子田的依据之一。小区种植鉴定的后控是检测生产种子的质量，如对收获后的良种进行鉴定就是后控。

小区种植鉴定主要作用有两方面：一是在种子认证过程中，作为种子繁殖过程的前控与后控，监控品种的真实性和纯度是否符合种子认证方案的要求；二是作为种子检验的目前唯一认可的检测种子品种纯度的方法。小区鉴定可以长期观察，充分展示品种的特征特性，加之现行品种描述的特异性都是根据表现型来鉴别，所以迄今为止其作为品种纯度的唯一认可方法的地位始终未动摇。我国实施的小区种植鉴定方法多种多样，可通过同地异季（通过温室和大田或大棚，如我国的杂交西瓜、甘蓝种子的检验）或异地异季（通过天然大温室，如杂交水稻、杂交玉米种子在海南鉴定）进行种植鉴定。

（三）小区种植鉴定的鉴定程序

1. 田块选择

在选定小区鉴定的田块时，必须确保小区种植田块的前作符合 GB/T 3543.5—1995 的要求。应检查该田块的前作档案，确认该田块已经过精心策划的轮作，种子收获时散落在田块的作物种子和杂草种子已得到清除。在考虑前作状况时，应特别注意土壤中的休眠种子或未发芽的种子。为了使小区出苗快速而整齐，应选择土壤均匀、良好的田块。

2. 小区设计

为了使小区种植鉴定的设计便于观察，应考虑以下几个方面。

（1）最简单的布局是将同一品种、类似品种的所有样品连同提供比较的标准样品种在一起，以突出它们之间的任何细微差异。

（2）在同一品种内，把同一生产单位生产、同期收获的有相同生产历史的相关种子批播在一起，便于记载。这样，搞清了一个小区内的变异株情况后，就便于检验其他小区的情况。

（3）当要对数量性状进行量化时，如测量叶长、叶宽和株高等，小区设计要采用符合田间统计要求的随机小区设计。

（4）如果资源充分允许，小区种植鉴定可设重复。

（5）小区种植鉴定种植株数究竟种植多少株是很难统一规定的，因为这涉及权衡观察大样品的费用以及时间与得出错误结论的风险。必须牢记，要根据检测的目的确定株数，如果是要测定品种纯度并与发布的质量标准进行比较，必须种植较多的株数。为此，经济合作与发展组织（OECD）规定了一条基本的原则：若品种纯度标准为（N−1）×100%/N，种植株数 4N 即可获得满意结果；如纯度要求 99%，即 1/100，N 为 100，种植 400 株即可达到要求。

（6）小区种植的行、株间应有足够的距离。《国际种子检验规程》推荐：禾谷类及亚麻的行距为 20～30 cm，其他作物为 40～50 cm；每米行长中的最适种植株数为禾谷类 60 株，亚麻 100 株，蚕豆 10 株，大豆和豌豆 30 株，芸薹属 30 株。在实际操作中，行株距都是依实际情况而定，只要有足够的行株距就行。

3. 小区管理

小区的管理要求通常如同于大田生产粮食的管理，不同的是，不管什么时候都要保持品种的差异和品种的特征特性，做到在整个生长阶段都能允许检查小区的植株状况。小区种植鉴定只要求观察其特征特性，不要求高产，土壤肥力应中等。对于易倒伏作物（特别是禾谷类）的小区种植鉴定，尽量少施化肥，有必要把肥料水平减到最低程度。使用除草剂和植物生长调节剂必须小心，因为它们会影响植株的特征特性。

4. 鉴定和记录

小区种植鉴定在整个生长季节都可观察，有些种在幼苗期就有可能鉴别出品种，但成熟期（常规种）、花期（杂交种）和食用器官成熟期（蔬菜种）是品种特征特性表现最明显的时期，必须进行鉴定。记载的数据用于结果判别时，原则上要求花期和成熟期相结合，并通常以花期为主。小区种植鉴定记载也包括种纯度和种传病害的存在情况。

GB/T 3543.5—1995 所说的变异株又称为非典型株，在其术语中将其定义为"一个或多个性状（即特征特性）与原品种育成者所描述的性状明显不同的植株"。这里所说的性状明显不同，包括质量性状和数量性状的不同。经济合作与发展组织建议在小区种植鉴定记录中采用主要性状，这也是国际植物新品种保护联盟（UPOV）强制性品种描述的特征特性。在小区中决定某一植株是否为变异株，需要靠小区鉴定检验员的经验。做出主观判断时要借助于官方品种描述，区分是遗传变异还是由环境条件所引起的正常变异。对那些与大部分植株特征特性不同的变异株应仔细检查，应有对各株记录和识别它们的方法。通常将标签、塑料牌或有颜色的带子（如红绳）等标记系在植株上，这样在后来的观察时就不需再计数。估计每一小区的平均植株群体，便于计算变异株的水平。如果小区中的变异株总数接近或大于淘汰值，必须更加准确地估算群体。

5. 结果计算与容许差距

品种纯度结果表示有以变异株数目表示和以百分率表示两种方法。

（1）以变异株数目表示。GB/T 3543.5—1995 所规定的淘汰值就是以变异株数表示的，如纯度 99.9%，种植 4 000 株，其变异株不应超过 9 株（称为淘汰值）；如果不考虑容许差距，其变异株不超过 4 株。淘汰数值是在考虑种子生产者利益和有较少可能判定失误的基础上，把一个样本内观察到的变异株数与发布的质量标准进行比较，再充分考虑做出有风险接受或淘汰种子批的决定。不同标准的淘汰值不同，错误淘汰种子批的风险为 5%。

（2）以百分率表示。田间小区种植鉴定的品种纯度结果可采用如下公式计算：

$$品种纯度（\%）=\frac{作物的总株数-变异株（非典型株）}{作物的总株数}\times100\%$$

第五节　种子水分和重量测定

一、种子水分测定

种子水分即种子含水量，是指按规定的程序把种子样品烘干后，失去的重量占供检样品原始重量的百分率。种子水分极易受外界环境条件的影响，所以在测定过程中要尽量避免水分的增失。例如，送检样品必须装在防湿容器中；接受样品后立即测定；测定过程中取样、磨碎和称重等操作要迅速。

种子水分测定主要有下面几种方法。

（一）低温恒重烘干法

1. 适用范围

该法适用于葱属、花生、芸薹属、辣椒属、大豆、棉属、向日葵、亚麻、萝卜、蓖麻、芝麻、茄子的水分测定，要求在相对湿度 70% 以下的室内进行。

2. 取样磨碎

送验样品要充分混合（可用匙在样品罐内搅拌，也可将样品的罐口对准另一个同样大的空罐口，把种子在两个罐间往返倾倒）。从混合均匀的样品中取 15～20 g 种子。取样时不要直接用手触摸种子，可用勺或铲子。烘干前将必须磨碎的种子磨碎，做两次重复。样品盒的大小应能使试样在盒中的分布每平方厘米不超过 0.3 g。

3. 烘干称重

先将样品盒预先烘干、冷却、称重，并记下盒号。取 2 份试样，每份 4.5～5.0 g。将试样放入预先烘干的样品盒内，用 1/1 000 的天平再称重。烘箱通电预热至 110～115 ℃，将样品摊平放入烘箱内上层，样品盒距温度计的水银球约 2.5 cm，迅速关闭烘箱门，在 5～10 m 内箱温回升至 103±2 ℃，开始计时，烘 8 h。用坩埚钳（或戴上手套用手）盖好盒盖（在箱内加盖），取出样品盒后放入干燥器内冷却至室温，约 30～45 min 后称重。

4. 结果计算

$$种子水分（\%）=\frac{M_2-M_3}{M_2-M_1}\times100$$

式中　M_1——样品盒和盖的重量；

　　　M_2——样品盒和盖及样品烘前重量；

　　　M_3——样品盒和盖及样品烘后重量。

5. 容许差距

若两个重复测重的差距不超过 0.2%，结果为两测定值的平均数，精确度为 0.1%，否则重做。

（二）高温烘干法

该法适用于芹菜、西瓜、大麦、小麦属、高粱属、玉米等种子。方法与低温恒重烘干法相同，只是烘箱温度是 130～133 ℃，样品烘干时间为 1 h。

（三）高水分预先烘干法

1. 适用范围

该法适用于需磨碎的种子。如果禾谷类种子水分超过 18%，豆类和油料作物水分超过 16%，必须采用预先烘干法。

2. 取样

称取两份样品各 2 500±0.02 g，置于直径大于 8 cm 的样品盒中，在 103±2 ℃烘箱中预烘 30 min，油料种子在 70 ℃预烘 1 h，取出样品盒后放在室温冷却称重。此后立即将两个半干样品分别磨碎，各取一份试样进行低温恒重或高温烘干法测定。

3. 计算与记录

$$种子水分（\%）= S_1 + S_2 - \frac{S_1 \times S_2}{100}$$

式中　S_1——第一次整粒种子烘后失去的水分（%）；

　　　S_2——第二次磨碎种子烘后失去的水分（%）。

（四）种子水分速测仪测定水分

目前国内生产的种子水分速测仪型号多，可按说明书使用。

二、种子重量测定

重量测定是从净种子中数取一定数量的种子，称其重量并换算成国家种子质量标准规定水分条件下的重量。

（一）千粒法

该法从净种子中随机数取 2 个重复，每个重复大粒种子 500 粒，中小粒种子 1 000 粒，称重。2 个重复的差数与平均数之比不应超过 5%，若超过应再分析第 3 个重复，直至达到要求，取差距小的 2 个重复计算其测定结果。

$$千粒重（g）= \frac{实测千粒重（g）×[1-实测水分（\%）]}{1-规定水分（\%）}$$

（二）百粒法

该法随机从净种子中数取 8 个重复，每个重复 100 粒，分别称重（g），计算 8 个重复的平均重量、标准差及变异系数。如果变异系数超过规定，则应再测定 8 个重复，并计算 16 个重复的标准差。凡与平均数之差超过 1 倍标准的重复略去不计。将 8 个或 8 个以上的每个重复 100 粒的平均重量换算成 1 000 粒种子的平均重量。

（三）全量法

该法从净种子中分出一部分种子作为试样，全部进行计数，然后将试样称重（g），最后将整个试样的重量换算成 1 000 粒种子的重量。

第六节　种子健康检验

种子健康检验是包括生化、微生物、物理、植保等多学科知识的综合检测技术，主要内容是对种子病害和虫害进行检验。所涉及的病害是指在其侵染循环中某阶段和种子联系在一起，并由种子传播的一类植物病害；种子虫害则指在种子田间生长和贮藏期间感染和危害种子的害虫。健康检验的目的是：防止在引种和调种中检疫性病虫害的传播和蔓延；了解种子携带病虫的种类，明确种子处理的对象和方法；了解种子携带病虫数量以确定种用价值；为种子安全贮藏提供依据；作为发芽试验的一个补充。健康检验项目包括田检和室检两部分。田检是根据病虫害发生规律，在一定生长时期比较明显时检查。检验主要依靠肉眼，一些病毒病很难以室内分离培养的方式来诊断，必须结合田检确定。室检方法较多，是贮藏、调种、引种过程中进行病虫害检验的主要手段。

一、种子病虫的危害性及健康检验的重要性

种子及其他繁殖材料是病虫越冬和越夏的重要场所。种子是传播植物病虫害的重要途径，也是初次侵染来源之一。种子不健康极易造成产量降低和品质下降，给农业生产带来极大影响。此外，病虫严重影响着种子的安全贮藏，还直接或间接危及人畜健康。因此，良种繁育推广工作的健康检验是一个重要环节，调种、引种时，健康检验也是防止病虫害传播的一种重要手段。优良种子的条件之一就是无病虫。

二、种子虫害检验

种子害虫种类繁多，国内已知仓库害虫至少有 250 多种，常见的有象鼻虫、隐翅虫、谷盗类、蛾类、小茧蜂和螨类等。在虫害检验时，应先了解害虫形态特征、生活习性及其危害症状。检验种子虫害应根据不同季节害虫活动特点和规律，在其活动和隐藏最多部位取样。常用检测方法有肉眼检验、过筛检验、剖粒检验、染色检验、比重检验和软 X 射线检验。害虫感染种子的方式分明显感染和隐伏感染。明显感染指成虫或幼虫暴露在种子之上的感染方式。这类感染可用肉眼检验和过筛检验。隐伏感染指害虫某一时期潜伏于种皮内，表面损伤不易发现。这类感染可用剖粒检验、染色检验、比重检验及软 X 射线检验。

三、种子病害检验

引发种子病害的原因，统称病原。由于种子带病的类型和病原不同，病害检验的方法也不相同，目前常用的方法有下面几种。

（一）肉眼检验

该法借助肉眼或低倍放大镜检验，适用于混杂在种子中的较大病原体、被大量病菌孢子污染的种子及病粒等。

（二）过筛检验

该法利用病原体与种子大小不同，通过一定的筛孔将病原体筛出来，然后进行分类称重。适用于检查混杂在种子中的较大病原体，如菟丝子、菌核、虫瘿、杂草种子等。

（三）洗涤检验

有些附着在种子表面的病菌孢子肉眼不能直接检查，这时可用洗涤检验。

（四）漏斗分离检验

该法主要用于检验种子外部所携带的线虫，如稻干尖线虫病的病原线虫等。

（五）萌芽检验

在种子萌发阶段开始为害或长出病菌的，要根据种子或幼苗的病症进行检验。

此外，还有分离培养检验、噬菌体检验和隔离种植检验等。

四、种子健康检验应注意的问题

（一）种子扦样

健康检验的扦样原则与方法基本与常规扦样相同，差别在于每次换扦样品前对所用过的取样器、分样器及其他容器、用具等，均须经过酒精火焰消毒或充分洗涤、烘干等灭菌手续，以防交叉污染，保证结果的正确性。

（二）测定方法

种子健康检验可采用不同的测定方法，但其敏感性、重演性以及所需设备费用却有差异。应采用哪种方法取决于所研究的病原菌、害虫、研究条件、种子种类和测定的目的。同时，在选择方法时，检验者应掌握被选择方法的有关知识和经验。

（三）试样的量

通常试样的量不得少于 400 粒净种子，也可根据需要和要求，把整个送验样品或其中一部分作为试样，随机取得数量相当于 400 粒种子的重量。

（四）结果的计算和报告

结果用供检的样品中被感染种子的百分率或病原体数目表示。填报结果要填写病原菌的学名，同时说明所用的测定方法（包括所有的预措施方法），并说明用于检查的样品或部分的数量。

第七节　包衣种子检验

包衣种子泛指采用某种方法将其他非种材料包裹在种子外面的种子,包括丸化种子、包膜种子、种子带和种子毯等。

一、扦样

（一）种子批的大小

如果种子批无异质性，种子批的最大重量可与不包衣种子所规定的最大重量相同。种子批重量（包括各种丸衣材料或薄膜重量）不得超过 42 000 kg（即 40 000 kg 再加上 5%的容许差距）。种子粒数最大为 1×10^9（即 10 000 个单位，每单位 100 000 粒种子）。

以单位粒数划分种子批大小的,应注明种子批重量。

(二)送验样品的大小

送验样品不得少于规定的丸粒数或种子粒数。如果成卷的种子带所含种子达到 2×10^6 粒,就可以组成一个基本单位(即视为一个容器)。

(三)送验样品的取得

由于包衣种子送验样品所含的种子数比不包衣种子的相同样品少些,所以在扦样时必须特别注意所扦的样品能保证代表种子批。在扦样、处理及运输过程中,必须注意避免包衣材料的脱落,并且必须将样品装在适当容器内寄送。

(四)试验样品的分取

试验样品不应少于规定的丸化粒数或种子数。如果样品较少,则应注明。丸化种子用分样器进行分样。

二、净度分析

严格地说,丸化种子和种子带内的种子净度分析并不是规定要做的。如送验者提出要求,可用脱去丸衣的种子或从带中取出的种子进行净度分析。

(一)试验样品

丸化种子的净度分析应从送验样品中分取试验样品,可用一个试验样品或这一重量一半的两个半试样进行。试样或半试样称重,以克表示。

(二)脱去丸化物

将试样放入细孔筛里浸在水中振荡,以除去丸化物。所用筛孔建议上层筛用 1.00 mm,下层筛用 0.5 mm。丸化物质散布在水中后,将种子放在滤纸上干燥过夜,再放在干燥箱中干燥。

(三)分离三种成分

称重后将丸化种子的试样分为净丸化种子、未丸化种子及杂质三种成分,并分别测定各种成分的重量百分率。净丸化种子包括:含有或不含有种子的完整丸化粒;丸化物质表面覆盖面积占种子表面一半以上的破损丸化粒,但明显不是送验者所述的植物种子或不含有种子的除外。未丸化种子包括:任何植物的未丸化种子;可以看出其中含有一粒非送验者所述种的破损丸化种子;可以看出其中含有送验者所述种,但包衣面积不足种子表面的一半的破损丸化种子。杂质包括:脱下的丸化物质,明显没有种子的丸化碎块,按净度分析规定作为杂质的任何其他物质。

(四)种的鉴定

尽可能鉴定所有全部其他植物种子所属的种。为了核实丸化种子中所含种子是确实属于送验者所述的种,必须从用于净度分析的净丸化种子中或剥离(或溶化)种子带中取出 100 颗,除去丸化物质,然后测定每粒种子所属的植物种。

（五）其他植物种子的数目测定

其他植物种子数目测定的试样不应少于规定的数量，试样应分为两个半试样。按上述方法除去丸化物质，但不一定要干燥，须从半试样中找出所有其他植物种子或按送验者要求找出某个所述种的种子。

（六）结果计算和表示

结果计算及表示应符合净度分析的规定。

三、包衣种子的发芽试验

发芽试验须用经净度测定后的净丸化种子，并须将净丸化种子充分混合，随机数取400粒，每个重复100粒。

发芽床、温度、光照条件和特殊处理应依据本章第三节"发芽试验"中的规定。纸、砂可作为发芽床，有时也可用土壤。建议丸化种子用皱褶纸，尤其是发芽结果不能令人满意时，用纸间的方法可获得满意结果。新鲜不发芽种子，可采用破除生理休眠的方法进行处理。

根据丸化材料和种子种类的不同，供给不同的水分。如果丸化材料粘附在子叶上，可在计数时用水小心喷洗幼苗。

试验时间可能比不包衣种子所规定的时间要长，但发芽缓慢可能表明试验条件不是最适宜的，因此需做一个脱去包衣材料的种子发芽试验作为核对。

正常幼苗与不正常幼苗的鉴定标准仍按不包衣种子的规定进行。一颗丸化种子，如果至少能产生送验者所叙述种的一株正常幼苗，即认为具有发芽力。如果不是送验者所叙述的种，即使长成正常幼苗也不能包括在发芽率内。

幼苗的异常情况可能是由于丸化物质所引起，当发生怀疑时，应用土壤进行重新试验。

复粒种子构造可能在丸化种子中发生，或者在一颗丸化种子中发现一粒以上种子。在这种情况下，应把这些颗粒作为单粒种子试验。试验结果按一个构造或丸化种子至少产生一株正常幼苗的百分率表示。对产生两株或两株以上正常幼苗的丸化种子要分别计数其颗数。

结果计算与本章第三节"发芽试验"的规定相同。

四、包衣种子的重量测定和大小分级

丸化种子的重量测定与不包衣种子相同。丸化种子大小分级测定：所需送验样品至少 250 g，分取两个试样各 50 g，然后对每个试样进行筛理。圆孔筛的规格是：筛孔直径比种子大小的规定下限值小 0.25 mm 的筛子一个，在种子大小范围内以相差 0.25 mm 为等分的筛子若干个，比种子大小的规定上限值大 0.25 mm 筛子一个。将筛下的各部分称重，保留两位小数。各部分的重量以占总重量的百分率表示，保留一位小数。两份试样之间的容许差距不得超过 1.5%，否则再分析一份试样。

第十二章　种子营销与售后服务

第一节　种子营销的概念、特点和意义

一、种子营销的概念

营销是个人或团体同别人自由交换产品和价值以获得其所欲之物的一种社会和管理过程。

市场营销是指个人或团体为满足消费者或用户的需求而提供商品或劳务的整体营销活动。通过这种活动，个人或团体交换产品和价值，从而满足双方的欲望和需要。

种子营销是指种子企业为满足种子使用者或种子用户的需求而提供种子商品（指以作为商品种子出售为目的的种子），来获得经济效益的经营活动和过程。

二、种子商品的特点与种子营销的特点

（一）种子商品的特点

1. 种子商品是有生命的商品

种子商品是有生命的商品，是繁衍后代的载体。一方面，其性能的好坏、质量的优劣需要较长的时间借助于一定自然力的作用才能显现，在推销时很难看出来；另一方面，各类作物的种子在储存保管和运输中，对温度、湿度、水分也有严格要求。

2. 种子商品是技术密集型商品

种子是凝结了科学技术的商品，具有较大的潜在价值。随着现代生物技术与农业科学的相互融合与渗透，育成的品种无论在品质、产量、抗性等方面与传统品种比，都有许多大的突破，为提高农作物产量、改善农作物品质等创造了很大的潜力，也为种子使用者提供了更大价值空间。

3. 种子商品是生产资料商品

种子是特殊的、最基本的、不可替代的农业生产资料，是农业生产中兼具核心技术与核心产品双重特性的生产资料。农作物产量的提高和品质的改善，种子都起着关键作用，有着决定性的影响。良种是农业增产的内在因素，其在农业生产中的作用是其他农业生产资料和措施不可代替的。

4. 种子商品是时效性很强的商品

种子商品的时效性首先表现在种子的生命有限性上。种子的生命是有限的，种子只

有在其生命时限内栽培,才能发挥应有的作用。如果超过了种子的生命时限,就会失去作为种子的价值。种子商品的时效性还表现在季节性上。种子只有按照农时季节栽培,才能表现出优良性状,也才能发挥应有的作用。如果错过了农时栽培,种子就不能表现其优良性状和特有的价值。

5. 种子商品是区域性显著的商品

种子的生命特性决定了只有在适宜的水分、温度等环境条件下,其内在优良性状才能得到正常发挥和显现。不同地区的气候环境存在差异,因而种子的使用也有一定的地域限制。在不适宜的地区栽培种子,就会影响种子商品的使用价值。

(二)种子营销的特点

1. 种子营销的区域性

不同的种子或品种适应不同的气候及土壤条件,而不同的区域气候和土壤等条件各不相同。如果在不适宜的区域销售种子,就会影响种子商品的使用价值。因此,在营销区域的划分上必须考虑这一特点,在种子销售前搞好种子区域试验,取得大量翔实的第一手资料,确定每一个品种最佳的种植区域,以保证在最适宜的区域销售最适宜的种子,使种子用户和种子企业都获得最大的经济效益,真正实现双赢。

2. 种子营销的季节性

种子营销主要集中在收获后到下一季播种之前,具有很明显的季节性。农业生产的季节性决定了种子营销的季节性,使种子的营销具有明显的旺季与淡季的差别。种子生产与农作物生产的季节基本一致,种子收获都集中在农作物成熟收获季节。农作物生产季节是种子营销的淡季,种子收获后至下一季农作物播种之前是种子营销的旺季。种子生产和销售活动是在不同时段进行的,产销不同期,存在很大的盲目性。这就要求种子企业在组织种子营销时,应对种子的生产、收获、贮存、调运、加工及营销等各个环节统筹安排,协调种子营销的季节性,不失时机、不违农时地组织好种子营销活动。

3. 种子营销的周期性

农业生产的周期性决定了种子生产和种子营销的周期性。种子生产和营销要不断地重复播种、收获、收购、销售这样的周期。新品种选育周期长,投资大(特别是随着生物技术,如转基因技术、细胞工程技术等在种子领域的广泛应用,更需要大量投资)且种子生产经营具有市场、自然双重风险,这就要求种子企业对种子营销要有超前性和预见性,既要照顾当前,又要考虑长远;既要搞好当季的种子营销,又要谋划好以后的种子营销。

4. 种子营销的专业技术性

种子是农业科学技术的主要载体,是决定农产品产量和品质的根本内因,这就决定了种子营销的专业技术性。同时,由于不同品种、不同质量的种子,其外在农艺性状十分相似,不易区分,且其内在品质包括发芽率、纯度、水分等在交易时不能立即被检测出来,这些容易导致交易双方的信息不对称,从而影响种子营销。这就要求种子营销人员必须具备一定的农业科学技术和种子营销的专业知识,也对种子商品的促销方式、手段以及技术服务等提出了特殊要求。

5. 种子营销的分散性

种子用户数量大，分布区域广，市场需求极其分散，这些决定了种子营销量大面广的分散性特点。这就要求种子企业在安排种子营销时，对营销渠道的选择，营销价格的确定，营销终端的分布等，都要周密安排和部署。要合理设置营销网点，选择少环节和少中间商的短渠道，避免多环节和多中间商的长渠道，减少销售过程中调运、中转、贮存等流通时间和费用，以保证及时和不违农时地将种子销售到广大种子用户的手中，充分满足农业生产对种子的需求。只有这样，种子企业才能搞好种子营销，获得最好的经济效益。

6. 种子需求的价格弹性低，供给的价格弹性高

一方面，由于受耕地总量的限制，作物的播种面积以及由此决定的种子需求量是相对稳定的。这就决定了种子需求的价格弹性小，即种子价格的变化对单位面积播种量几乎没有影响，因此种子是一种典型的缺乏价格弹性的不可替代的必需品。也就是说，对于特定作物，其种子需求有一个与其播种面积直接相关的临界容量，一旦种子供给达到这一临界点，即使种子价格下降幅度很大，也不会产生新的需求；同时，为了维持一定的播种面积，即使种子价格提高到一定程度，需求量也不会大幅度减少。另一方面，种子生产决定种子供给，单位土地面积产种量与需种量之比可作为潜在的种子供给能力。一般而言，种子生产受价格影响较大，在与一般大田生产等效的价格水平上，较小幅度地增加或减少种子价格，都将会极大地刺激种子生产者的生产欲望或降低他们的生产积极性。价格对种子供给能力发挥巨大的杠杆作用，因此种子供给存在显著的价格弹性。种子企业进行种子营销时，应该充分注意种子的这种价格弹性，既不要造成种子供大于求，当季销售不完，种子大量积压，使种子企业遭受损失，也不要造成种子供不应求，满足不了农业生产的用种需求，给农业生产造成损失。

三、种子营销的意义

随着我国农业市场经济体制的建立和发展以及种子工程的推进和实施，种子营销的地位和作用越来越重要。种子营销对种子企业和农业生产都具有重要意义。

（一）种子营销是种子工程的重要环节

种子营销包括收购和销售两个不可分割的市场交易职能，这就必然派生出种子运输、种子贮藏和种子加工等市场实体职能。同时，还伴生出标准化、资金筹集、承担风险、沟通信息等市场辅助职能。而种子的收购、销售、贮藏和加工都是种子工程的重要环节。因此，搞好种子营销能够有力促进种子工程的实施。

（二）种子营销是联系种子生产和农业生产需要的纽带

种子企业生产出来的种子，只有迅速销售出去，才能及时满足农业生产的需要，并实现种子的使用价值和价值。所以，只有做好种子营销工作，才能使种子企业生产和农业生产需要紧密联系起来。种子营销情况越好，对种子企业的生产经营和农业生产越有利。

（三）种子营销是实现农业再生产的重要条件

要保证种子企业经营和农业生产的不断进行，必须有一定的周转物资和资金。这就

需要通过种子营销取得货币，换回种子企业所需要的生产资料。因此，做好种子营销工作，达到货畅其流，就能缩短种子在流通领域的停留时间，加速资金周转，从而促进种子企业经营和农业再生产的顺利进行。

（四）种子营销是促进企业改善经营管理，检验和提高经营效果的重要手段

种子营销不仅是种子企业生产经营的结果，也是调整和改善生产经营的出发点。种子营销是种子企业生产经营活动的主要内容和实现赢利的重要手段，是实现种子价值和使用价值的唯一途径。通过种子营销，种子企业可以掌握市场信息，了解农业生产和种子用户对种子的需求，从而为种子企业正确进行生产经营决策提供重要依据。这对改善种子企业经营管理，保证市场供应，具有重要的意义。任何企业的经济效益，只有通过产品营销才能反映出来。产品适销对路，经济效益就好；产品积压滞销，经济效益就差，种子企业也一样。因此，种子营销也是检验和提高种子企业经营效果的重要手段。

第二节　种子市场机会分析、市场细分化与目标市场选择

一、种子市场机会的概念和特点

（一）种子市场机会的概念

市场机会又称营销机会，是指由于环境变化造成的对企业营销活动富有吸引力和利益空间的领域。简单地说，市场机会是指市场上客观存在的未被满足或未被充分满足的消费需求。

种子市场机会又称种子营销机会，是指某种特定的营销环境条件，在该营销环境条件下种子企业可以通过一定的营销活动创造利益。

种子市场机会的价值越大，对种子企业利益需求的满足程度越高。种子市场机会的产生来自于营销环境的变化，如新市场的开发、竞争对手的失误以及新品种的推广等，都可能产生新的待满足需求，从而为种子企业提供市场机会。

（二）种子市场机会的特点

了解市场机会的特点，分析市场机会的价值，有效地识别市场机会，对于避免环境威胁及确定企业营销战略具有重要的意义。市场机会作为特定的市场条件，是以其针对性、利益性、时效性、公开性四个特征为标志的。

1. 针对性

特定的营销环境条件只对于那些具有相应内部条件的企业来说是市场机会。因此，市场机会是具体企业的机会，市场机会的分析与识别必须与企业具体条件结合起来进行。确定某种环境条件是不是企业的市场机会，需要考虑企业所在行业及本企业在行业中的地位与经营特色，包括企业的产品类别、价格水平、销售形式、工艺标准、对外声誉等。

2. 利益性

可以为企业带来经济的或社会的效益，是市场机会的又一特性。市场机会的利益特

性意味着企业在确定市场机会时，必须分析该机会是否能为企业真正带来利益、能带来什么样的利益以及利益的多少。

3. 时效性

对现代企业来讲，由于其营销环境的发展变化越来越快，它的市场机会从产生到消失的过程通常也是很短暂的，即企业的市场机会往往稍纵即逝。同时，环境条件与企业自身条件最为适合的状况也不会维持很长时间，在市场机会从产生到消失这一短短的时间里，市场机会的价值也快速经历了一个价值逐渐增加再逐渐减少的过程。市场机会的这种价值随时间而变化的特点，便是市场机会的时效性。

4. 公开性

市场机会是某种客观的、现实存在的或即将发生的营销环境状况，是每个企业都可以去发现和共享的。也就是说，市场机会是公开化的，可以为整个营销环境中所有企业所共用。这就要求企业尽早去发现那些潜在的市场机会。

二、种子市场机会分析

发现、分析和评价市场机会，是种子企业制定营销战略的基础。农业是一种特殊的产业，种子的生产经营活动，必然受到土壤、气温、降水等自然气候条件以及农业政策的影响。在现代科学技术不断发展的今天，市场需求不断变化，企业竞争日趋激烈，种子产品的市场生命周期越来越短，因此，必须采取各种方法寻找、发现和识别新的市场机会。企业不仅要善于寻找、发现和识别新的市场机会，而且要善于对各种市场机会加以分析和评价。分析哪些市场机会是企业可以利用的，哪些市场机会是不可利用的，以及利用市场机会需要什么条件和为企业带来的利益。

（一）种子营销环境分析

1. 种子营销环境的概念

营销环境是指影响企业与目标顾客建立并保持互利关系等营销管理能力的各种角色和力量。

种子营销环境是指一切影响、制约种子企业营销活动的最普通的因素。种子企业得以生存的关键，在于它在环境变化需要新的经营行为时所具有的自我调节能力。

2. 种子营销环境的分类

按规模大小，种子营销环境可分为宏观环境（也称间接环境）和微观环境（也称直接环境）。前者包括政治与法律环境、经济环境、人口环境、社会文化环境、自然环境、科学技术环境等，后者包括企业内部环境、供应商、营销中介、顾客、竞争者和社会公众等。

按对企业营销活动的影响，种子营销环境可分为不利环境与有利环境，即形成威胁的环境与带来机会的环境，前者指对企业营销不利的各项因素的总和，后者指对企业营销有利的各项因素的总和。

按对企业影响的时间，种子营销环境可分为长期环境与短期环境。

按所属的范围，种子营销环境分为企业内部环境和外部环境。

3. 种子营销环境的特点

种子营销环境有以下特点。

（1）客观性。营销环境作为一种客观存在，是不以企业的意志为转移的，有着自己的运行规律和发展趋势，对营销环境变化的主观臆断必然会导致营销决策的盲目与失误。营销管理者的任务在于适当安排营销组合，使之与客观存在的外部环境相适应。

（2）关联性。构成营销环境的各种因素和力量是相互联系、相互依赖的。例如，经济因素不能脱离政治因素而单独存在；同样，政治因素也要通过经济因素来体现。

（3）层次性。从空间上看，营销环境因素是个多层次的集合。第一层次是企业所在的地区环境，如当地的市场条件和地理位置；第二层次是整个国家的环境，包括国情特点、全国性市场条件等；第三层次是国际环境因素。这几个层次的外界环境因素与企业发生联系的紧密程度是不相同的。

（4）差异性。营销环境的差异主要因为企业所处的地理环境、生产经营的性质、政府管理制度等方面存在差异，不仅表现在不同企业受不同环境的影响，而且同样一种环境对不同企业的影响也不尽相同。

（5）动态性。营销环境随着时间的推移经常处于变化之中。例如，营销环境利益主体的行为变化和人均收入的提高均会引起购买行为的变化，影响企业营销活动的内容；营销环境各种因素结合方式的不同也会影响和制约企业营销活动的内容和形式。

4. 种子营销环境分析的意义

企业营销活动成败的关键，在于企业能否适应不断变化着的营销环境，适当安排营销组合（可控因素），使之与不断变化着的营销环境（不可控因素）相适应。许多企业的发展壮大就是因为善于适应环境，而另有许多企业则往往对环境变动的预测不及时，结果造成极大的被动，甚至破产倒闭。因此，企业必须时时注意对营销环境进行调查、预测和分析，然后据以确定营销战略和策略，并相应地调整企业的组织结构和管理体制，使之与变化了的环境相适应。分析营销环境对企业市场营销活动的意义主要表现在以下几个方面。

（1）营销环境分析是企业营销活动的基础。营销环境总是在制约着市场营销活动的进行。比如：营销宏观环境中的经济环境制约着一个企业对其某种新产品的定价；营销微观环境中的企业自主研发能力和企业人力资源制约着企业的研发活动和营销渠道设计。社会生产力水平和技术进步的变化趋势、消费者需求结构的改变、国家一定时期的政治经济政策等，都直接或间接地影响着企业的生产经营活动。成功的企业经营者都十分注重市场调查与分析营销环境。营销企业只有密切注意对营销环境进行调查、预测和分析，才能确定适当的生产经营战略，并相应调整企业的组织机构和管理体制，使之与变化了的市场环境相适应。

（2）营销环境分析利于企业寻求新的市场机会。分析营销环境是为了避免环境威胁和寻求营销机会。环境威胁就是营销环境中对企业营销不利的趋势。对此如无适当应变措施，则可能导致某个品牌、某种产品甚至整个企业的衰退或被淘汰。营销机会就是企业能取得竞争优势和差别利益的机会。机会和威胁往往同时并存，营销环境为市场营销活动带来环境威胁的同时也给企业带来了市场机会。如果企业不注重营销环境的分析，它所失去的不仅是新的市场机会，而且可能遭到变化了的市场环境的威胁；

如果对环境威胁十分重视，积极地寻求规避威胁的对策，不仅可能消除威胁，而且极有可能将威胁转化为企业发展的新机遇。营销管理者的任务就在于抓住机会，以有力的措施迎接市场挑战。

（3）营销环境分析为企业科学决策提供了依据。市场营销的一切活动都是在营销环境下进行的，只有在科学正确地分析、了解了营销环境以后，才能为市场营销活动提供决策依据。企业的生产经营活动要受到各种环境因素的制约，企业的内部条件、外界的市场环境与企业经营目标的动态平衡，是科学决策的必要条件。企业的决策应当具有科学性，这种科学性主要来源于对营销环境的客观分析。企业只有认真分析自身的内部条件和外部的市场环境，充分了解自己所拥有的实力，才能找出自己的优势和不足，明确它们能够为企业带来哪些相对有利条件以及企业可能面临的环境威胁，从而为企业的科学决策提供充分的客观依据，促使企业在生产经营过程中的资源得到最优配置，确保企业在激烈的市场竞争中立于不败之地。

（二）种子用户分析

种子企业应开展针对种子用户的分析，通过分析要明确以下几方面情况：种子用户对种子需求的具体情况，如品种、组合、质量、价格、产量、生育期、抗性等；影响种子用户购种的主要因素有哪些；针对种子目标市场宣传的有效途径有哪些；经销商及委托经销处的信誉度、技术知识水准及对种子用户的影响力等情况。种子用户分析包括以下几项主要内容。

（1）种子用户购买行为模式分析。

（2）影响种子用户购买行为的主要因素（文化因素、社会因素、个人因素、心理因素等）分析。

（3）购买过程（参与购买的角色、购买行为、购买决策中的各阶段）分析。

（4）种子用户消费心理、消费习惯、消费历史、忠诚度、美誉度分析。

（三）竞争者分析

我国种子行业发展迅速，种子市场竞争形势复杂，参与市场竞争的种子企业众多，种子的品种多样齐全。在激烈的市场竞争中把握住了竞争者的情况就等于掌握了成功的要素，所以要明确竞争者是谁。竞争者在不断增加和变化，它不再只是同行业者，而采购者、代理商、顾客等都可能处于竞争关系。种子企业在种子市场上开展营销活动，仅仅发现市场机会是不够的，还必须对现有的市场机会进行深入的分析和研究，了解其主要竞争对手的产品策略，树立现代市场竞争观念，制定正确的市场竞争战略，在竞争中取得主动权。企业的竞争者有现实竞争者和潜在竞争者两种，企业在关注与警惕现实竞争者的同时，也不能忽视了潜在竞争者的存在，要全方位、全天候监控市场，全面收集和分析市场信息。总之，种子企业要把对主要竞争者情况的了解与掌握放在重要位置。

1. 竞争者类型

种子企业在经营过程中会面对许多竞争对手。从购买者的角度来观察，每个企业在其营销活动中，都面临四种类型的竞争者。

（1）愿望竞争者，指满足购买者当前存在的各种愿望的竞争者。

（2）平行竞争者，指能满足同一需要的各种产品的竞争者。

（3）产品形式竞争者，指满足同一需要的同类产品不同形式间的竞争者。

（4）品牌竞争者，指满足同一需要的同种形式产品的各种品牌之间的竞争者。

2. 竞争者分析的主要内容

竞争者分析包括以下主要内容。

（1）识别竞争者。进行竞争者分析，企业一般可从行业和市场两个方面来研究。首先，从行业的角度看，提供同一类种子产品或可替代种子产品的企业，属于行业竞争者。例如，茄子、辣椒、番茄等蔬菜品种和苜蓿、豌豆等牧草品种，一种种子产品价格上涨，会促使消费者转向消费其他蔬菜或牧草种子品种，因为许多种子品种是可以相互替代的。因此，企业要在市场竞争中取得或保持有利地位，就必须全面分析和了解本行业内的竞争状况，确定自己的竞争者范围。其次，从市场的角度看，那些满足相同市场需要或服务于同一目标市场的企业，属于市场竞争者。例如，牧草种子与其他饲料作物种子等都能满足顾客相同的需要。以产业的观点来看，牧草种子的生产经营企业以其他同行业企业为竞争者；从市场的观点来看，顾客需要的是生产满足饲喂的能力，这种需要可以用牧草、饲料作物、粮食作物等种子品种来满足，生产饲料作物和粮食作物等种子品种的企业都可成为牧草种子生产经营企业的竞争者。因此，以市场的观点来分析研究竞争者，可以使种子企业更容易识别现实竞争者和潜在竞争者，有利于种子企业拓宽眼界，制定长期的营销发展规划。

（2）辨别竞争对手的战略。种子企业要分析和研究竞争者的营销战略，并把竞争者按其营销战略划分为不同的战略群体，使企业更容易分清谁是主要的竞争对手，以便确定本企业的竞争战略。一个种子企业最直接的竞争来自于在相同目标市场推行相同战略的企业。

（3）判定竞争者的目标。种子企业要判定竞争者的目标是追求利润、市场份额、现金流量，还是多种目标的组合。要进一步了解竞争者，就必须对每一个竞争者的目标组合如成本领先、技术领先、服务领先、赢利能力、市场占有率等，进行分析和研究，了解竞争者的重点目标是什么，以利于企业有针对性地做出竞争决策。例如，一个以技术领先为主要目标的企业，对其他企业推出的新的产品品种会非常敏感，会做出强烈的竞争反应。

（4）评估竞争者的优势与劣势。企业要充分估量竞争者的优势和劣势以及竞争者目前实施营销战略的情况，以便使企业发现竞争者的弱点，攻其不备取得竞争的优势地位。要对竞争者各个方面进行详尽的调查与分析，搞清楚竞争者的优势与劣势是科研、生产、营销，还是管理。一般来说，由科研院所建立的种子企业具有科研优势，民营种子企业具有管理优势，国有种子企业具有一定的生产与营销优势。种子企业要充分收集竞争对手的情报资料，从产品开发、产品组合、营销战略、现金流量、市场份额、销售额、销售渠道等多方面对竞争者分析和研究，以发现竞争者的薄弱环节和错误决策，利用竞争对手的劣势获得成功。

（5）要掌握竞争者的反应模式。由于竞争者的经营观念与内在文化的不同，导致其对其他竞争者的反应模式可能不同。常见的反应模式包括：从容型，即对竞争者的行动没有迅速反应或反应不强烈；选择型，即可能只对某些类型的攻击做出反应；凶狠型，即对竞争者向其发动的进攻都会做出迅速而强烈的反应。

（四）本企业状况分析

种子企业本身就是一个复杂的系统，具有复杂的结构。种子企业的组织机构一般包括市场营销管理部门、其他职能部门和最高管理层等，其组织管理水平、职能的发挥情况等，都会影响种子企业整体功能和市场竞争力。种子企业要想在激烈的市场竞争中站稳脚跟，立于不败之地，就要对本企业的情况有一个正确的认识和评价，就要利用过去实绩等资料来了解本企业状况，并分析和整理出本企业的优势和劣势。在种子营销中必须扬长避短，充分发挥本企业的优势，尽量避开本企业的劣势。在激烈的市场竞争中，只有做到知已知彼，才能百战不殆。内部环境条件是企业能否在竞争中获胜的决定因素。企业的内部环境条件包括以下三方面。

（1）企业的经营目标、实力、经营规模与资源状况。

（2）企业内部差别优势。企业内部差别优势是指该企业比市场中其他企业更优越的内部条件，通常是先进的工艺技术、强大的生产力和良好的企业声誉等。企业应对自身的优势和弱点进行正确分析，了解自身的内部差别优势所在。企业还可以有针对性地改进自身的内部条件，创造出新的差别优势。

（3）企业内部的协调程度。市场竞争力是由企业的整体能力决定的。只有企业的组织结构及所有各部门的经营能力都相互协调时，企业的整体竞争能力才会增强。

三、种子市场细分化

（一）种子市场细分化的概念

市场细分化是企业依据消费者在需要、购买动机、习惯等方面的差异，把全部消费者（或用户）划分为不同类型的消费者群，形成不同的细分市场，从而有利于企业选择目标市场和制定各项营销策略的活动过程。

种子市场细分化就是种子企业根据种子消费者需求的不同特征，调查分析不同的种子消费者潜在需求的差异，将需求基本相同的群体归并为一类，形成总体市场中的若干子市场。

（二）种子市场细分化的意义

市场细分化已成为现代企业从事市场营销活动的重要手段。种子企业对市场细分化的主要意义在于以下几方面。

1. 有利于企业深刻地认识市场

市场由消费者组成，而每一个消费者都是集多种特征于一身，每一种特征都可能与一部分的消费者相一致，与另一部分的消费者不一致。消费者的不同特征和不同需求纵横交错，市场由此而极其复杂。市场细分化有利于企业深刻地认识市场。

2. 有利于企业分析、寻找最佳的市场机会

竞争迫使种子企业经营者注意并力图适应农户的种子需求差别，有针对性地提供不同的品种，采用不同的营销渠道和广告促销方式开展市场营销。但是，任何一个种子企业都只能根据自己的资源经营少数几种甚至单一品种去满足一部分消费需要，不可能完

全满足种子用户的需求的多样性和复杂性，而市场细分化有利于企业分析、寻求最佳的市场机会。企业可以分析各个不同细分市场的需求及其被满足的程度，那些需求尚未得到满足或满足不够的细分市场，往往就是良好的市场机会。即便竞争者似乎占领了市场各个角落，企业利用市场细分也能及时、准确地发现属于自己的市场机会。

3. 有利于企业有针对性地制定最佳的市场营销策略

企业可以为不同的细分市场生产适合该消费者群特定需要的产品，并根据他们的购买行为制定适当的市场营销策略，以获得良好的经济效益。种子市场总是不断变化，有厚利可图的市场也是越来越少，依靠市场细分来发现未满足的需求，捕捉有利的市场机会，是种子企业在竞争中求生存、求发展日益受到普遍重视的营销策略。

4. 有利于企业确定经营方向，并开展针对性的营销活动

面对广阔的市场，企业的人、财、物是有限的，因此慎重地选择自己所要满足的那部分市场，集中企业内部的有效资源，发挥自己的特长，满足细分市场中特定顾客的需求，有利于企业集中人力、物力、财力投入目标市场，使企业的优势资源得以发挥。这样既能够稳固地占领目标市场，又能够使自身的资源配置达到优化。

5. 有利于企业深入研究潜在需求，开发新产品

目标市场明确，有利于企业深入研究和发掘顾客的潜在需求，更有针对性地开发新产品，以满足顾客不断变化的需求。

6. 市场细分化对小企业具有特别重要的意义

与大企业相比，小企业的生产能力和竞争实力要小得多，它们在整个市场或较大的细分市场上无法建立自己的优势。借助市场细分化，小企业可以发现某些尚未满足的需要。这些需要或许是大企业忽略的，或许是极富特殊性的，大企业不屑为之专门安排营销力量。

需要说明的是，市场细分化对有的企业不一定有效。原因在于市场细分化使差异化的产品增多，而小批量生产，多品种推销意味着规模效益小，增大成本和销售费用。当细分市场给企业造成不利影响时，营销者可实施"反细分策略"，或除去某些细分市场，或把几个细分市场集合起来，以扩大产品的适销范围，降低过高的生产成本和营销费用，增加销售量。

（三）种子市场细分化的基础

市场不是单一、拥有同质需求的顾客群体，而是多样、异质的群体。由于消费者各自的条件不同，各种外界因素的影响不同，因而消费者在需要、购买动机、习惯等方面总是存在着或大或小的差异，这种差异的存在是市场细分化的内在依据。对于种子营销来说，区域种植消费品种需求本身的异质性是种子市场可细分的客观基础。

1. 同质偏好

同质偏好即某地市场的所有消费者具有大致相同的偏好。就种子的属性而言，人们要求大同小异，没有自然分割。

2. 分散偏好

分散偏好即人们对某一作物种子的多种属性偏好均等，散布在某一市场的整个空间。

人们对某种农作物种子各有不同的要求，有的偏重这种属性，有的偏重那种属性，有的两者兼而有之。种子营销者可以兼顾对种子各有不同要求的用户，以便满足种子用户的不同要求，分散偏好的消费者就会各得其所。

3. 群组偏好

群组偏好即具有不同偏好的种子用户形成若干群落，出现自然细分市场。初次进入此市场的种子企业，通常有三种营销方式：一是将品种定位于若干群落的中心，实行适应所有顾客的无差异营销；二是选择适应若干群落中最大的一个群落，实行集中性营销；三是发展好几个品种（品牌）分别定位于不同的细分市场，实行差异性营销。

（四）种子市场细分化的原则

细分后的市场还要按一定的原则来检测是否有效。市场细分化的好坏将决定市场营销战略的命运。

（1）差异性。在整体市场中确实存在着消费上的明显差异性，足以成为细分依据。

（2）可衡量性。细分出来的市场不仅范围比较清晰，而且能大致判断该市场的大小。

（3）可接近性。细分出来的市场是种子企业营销活动能够做到的市场。以务实为行为准则的企业对难以进入的市场进行细分是没有任何意义的。

（4）效益性。如果细分出来的市场容量太小，销售有限，得不偿失，则没有必要进行市场细分。

（五）种子市场细分化的程序

以下是种子市场细分化的一般程序。

（1）根据种子用户因地理环境的差异和其他可以观察到的特点不同而对产品要求也不相同的情况，将所有种子用户归类划分。

（2）在归类的现实或潜在市场中选择一些种子用户作为样本，分析其购买行为的特点。

（3）将归类后各种子用户与样本种子用户对照，删掉那些与样本种子用户的购买行为有重大差别的用户。

（4）对基本相同的种子用户再进行进一步的微观分析，不仅评定各种子用户之间是否存在重大差别，而且要评定这类种子用户在市场购买方面的主要特点和特殊偏好。

（5）结合本企业条件和产品情况，从已确定的各类种子用户（即细分市场）中选择出最有利的目标市场。

四、种子目标市场的选择

目标市场就是企业决定要进入的市场，也即企业在市场细分化的基础上，根据自身特长意欲为之服务的那部分顾客群体。换句话说，目标市场是指企业根据本身条件和外界因素确定的产品（或服务）的销售对象。

种子目标市场是在种子市场细分化的基础上，明确各子市场对种子产品的需求、市场容量、竞争状况、技术水平等市场特性，并结合企业的基本情况选择的为之服务的目标顾客群。

目标市场选择就是在细分的市场中决定企业要进入的市场。即使是一个规模巨大的企业也难以满足所有的市场，因此每个企业必须选择自己的目标市场。

理想的目标市场必须具备以下条件。

（1）有足够的销售量，即一定要有尚未满足的现实需求与潜在需求。

（2）企业必须有能力满足目标市场的需求。在整个市场中，有利可图的细分市场有许多，但不一定都能成为本企业的目标市场，企业必须选择那些有能力予以满足的市场作为自己的目标市场。

（3）必须在选定的目标市场中有竞争优势。

第三节 种子营销战略与策略

一、种子营销战略

（一）种子营销战略的概念和意义

1. 种子营销战略的概念

种子营销战略是指种子企业在现代市场营销观念下，为实现其经营目标，对一定时期内市场营销发展的总体设想和规划。简言之，种子营销战略是种子企业为实现一定的营销目的而设计和制定的带有全面性、长远性、根本性的行动纲领和方案。

在对目标市场的营销环境进行全面调查研究的基础上，发现、分析和评价市场机会，是种子企业制定营销战略的基础。种子营销战略的制定和实施是企业市场营销部门根据战略规划，在综合考虑外部市场机会及内部资源状况等因素的基础上，确定目标市场，选择相应的市场营销策略组合，并予以有效实施和控制的过程。

2. 种子营销战略的意义

种子营销战略是确定企业长远发展目标，并指出实现长远目标的策略和途径。种子企业营销战略确定的目标，必须与企业的宗旨和使命相吻合。种子企业营销战略是一种思想，一种思维方法，也是一种分析工具和一种较长远和整体的规划。种子营销战略作为一种重要战略，其主旨是提高种子企业营销资源的利用效率，使企业资源的利用效率最大化。由于营销在企业经营中的突出战略地位，使营销战略连同产品战略被合称为企业的基本经营战略，对于保证种子企业总体战略的实施起着关键作用，尤其是对处于竞争激烈环境的企业，制定营销战略更显得非常迫切和必要。

（二）种子营销战略的内容

种子营销战略一般包括战略思想、战略目标、战略行动、战略重点、战略阶段等。营销战略思想是指导企业制定与实施战略的观念和思维方式，是指导企业进行战略决策的行动准则。它应符合社会主义制度与市场经济对企业经营思想的要求，树立系统优化观念、资源的有限性观念、改革观念和着眼于未来观念。战略目标是企业营销战略和经营策略的基础，是关系企业发展方向的问题。战略行动则以战略目标为准则，选择适当的战略重点和战略阶段。其中，战略重点是指事关战略目标能否实现的重大而又薄弱的项目和部门，是决定战略目标实现的关键因素。由于战略具有长期的相对稳定性，战略目标的实现需要经过若干个阶段，而每一个阶段又有其特定的战略任务，通过完成各个阶段的战略任务才能最终实现其总目标。

（三）种子营销战略的特征

种子营销战略有以下特征。

（1）市场营销的第一目的是创造顾客，获取和维持顾客。

（2）要从长远的观点来考虑如何有效地战胜竞争对手，使自己立于不败之地。

（3）注重市场调研，收集并分析大量的信息，只有这样才能在环境和市场的变化有很大不确实性的情况下做出正确的决策。

（4）积极创新，其程度与效果成正比。

（5）在变化中进行决策，要求其决策者要有很强的能力，要有像政治家一样的洞察力、识别力和决断力。

（四）种子营销战略的种类

1. 发展方向营销战略

制定营销战略，首先应该明确本企业的发展方向。种子企业不论大小都应对自身进行分析，明确自身优势、劣势、机会与威胁，力争扬长避短，充分利用机会，制定发展方向战略。县级种子公司规模小，资本少，没有科研能力，但过去长期掌握本县市场，对县内农民的需求了解透彻是其优势。县级种子公司的发展方向战略应是联合大公司或科研院所，深度开发本县及周边市场。由科研院所成立的种子公司的发展方向战略应是专注于自有品种的推广与开发，通过品种保护，以自有品种的封闭生产经营模式或授权生产经营模式获取较高的回报。上市公司、规模较大的企业的发展方向战略近期看应走买断特色品种经营和开展大路货经营相结合道路，长期看应走自主开发品种、努力开创品牌的道路。

2. 差异化营销战略

差异化就是自己的产品与竞争者产品相区分的行动。前些年，许多销售的种子连小包装都没有，属于完全的同质化，没有任何差异。但是现在有些企业在差异化上已经尝到了甜头，如有的种子企业实施的是产品差异化战略，而有的种子企业实行的是服务差异化战略。种子企业至少可以在三个方面实现差异化：产品、服务、渠道。品种差异化是指通过开发具有知识产权的新品种所获得的差异化。由于我国已经加入了国际植物新品种保护联盟，且实施了植物新品种保护条例，所以实行产品差异化的最有效途径就是开发具有知识产权的新品种，开发新品种产生的差异化最明显、最持久、最难以模仿。服务差异化是指通过增加服务内容和提高服务质量所实现的差异化。当产品差异化较难实现时，取得竞争成功的关键有赖于服务内容的增加和服务质量的提高。种子行业的服务差异化主要表现在技术培训和技术咨询。农民购买种子的真正需求是想取得较好的收成或收入，因此技术培训与咨询实质是农民购种需求的一个重要组成部分。种子企业如能向自己的客户提供技术资料，开辟示范田，雇请技术员对农民进行指导与操作培训，也能实行差异化营销。渠道差异化是指通过设计分销渠道的方法取得差异化。渠道差异化一方面体现在分销渠道能否

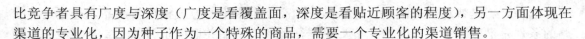

比竞争者具有广度与深度（广度是看覆盖面，深度是看贴近顾客的程度），另一方面体现在渠道的专业化，因为种子作为一个特殊的商品，需要一个专业化的渠道销售。

3. 品牌营销战略

品牌营销战略包括以下内容。

（1）新品种开发战略。新品种的选育和开发能力是种子企业的核心竞争力之一，能够确保企业源源不断地推出优良品种，是塑造种业品牌的基础。只有品质优良和价位低廉的种子才能赢得广大农民的信赖。种子企业要以市场为导向，加大科研力度，用基因工程、杂种优势利用及多倍体等高新技术，加速选育和开发优质、高产、抗性强、适应性广的新品种，不断推陈出新，加快新老品种更新换代，以品质优良的新品种淘汰老品种，加快新老品种的替代更换，从而提高作物品种的品质和产量。

（2）质量管理战略。质量是种子企业的生命，质量问题是种业品牌的"超级杀手"。优良品种、优质种子是种子企业创立名牌的根本，是农民产生信任感和购买欲的最直接要素。种子企业要树立质量经营观念，确立"质量第一"的工作方针，要建立品牌的质量保证体系，即建立一整套科学的种子质量保证体系和符合国家标准的种子质量企业标准，加强种子质量控制、监督、检验体系建设。种子企业要推行全面质量管理，将种子质量管理贯彻于种子开发、生产、经营的始终，从品种开发、生产经营到售后服务全过程实行全方位的、全体员工共同参与的质量管理。通过清选加工、包衣处理、标准化包装、建立种子质量信誉卡，不断提高种子质量水平，并用投保种子质量险帮助种子用户树立起对企业种子品牌的信任和信心。种子企业只有通过向社会供应高质量的种子，才能不断提升企业的品牌地位。

（3）广告宣传战略。种子企业品牌的广告宣传应采取多种方式，不仅要通过购种时传播、田间地头传播、免费赠送品种特性说明书和栽培管理技术资料，而且还要通过新闻媒体传播新品种的特性、栽培要点和田间管理等新技术。种子企业要规范种子企业品牌的宣传活动，保证对外传播内容的高度一致。企业所有的社会和经营活动都必须与企业的远景、宗旨和核心价值相吻合。企业的宣传活动和内容，企业的标志、商标、包装等，必须在企业理念之下高度统一。只有这样，企业的品牌塑造才能获得事半功倍的效果。

（4）企业文化战略。由于品牌塑造涉及了企业的各个方面，所以种子企业要引导全体员工确立强烈的品牌意识。只有全体员工都来营造、关心和爱护企业品牌，才能使品牌建设真正富有成效。在当今种子企业员工文化素质越来越高且崇尚个性化发展的时代，要用现代的管理思想指导具体的管理活动以充分调动员工的积极性，用先进的企业文化引导员工确立共同的价值趋向和工作目标以规范员工的行为，营造平等、尊重、沟通、协作的工作气氛，这是塑造优势品牌的根本保障。

4. 产品生命周期营销战略

任何一个产品，包括种子，都有一个有限的市场生命。产品在市场生命的各个不同阶段，对销售者提出了不同的挑战，同时各个不同阶段产品利润有高有低，因而产品在各阶段需要不同的营销战略。按产品生命周期理论，一般产品的生命周期分为导入、成长、成熟和衰退四个阶段。

（1）导入阶段。这是指产品推出时销售缓慢增长的时期。这一时期有四种营销战略可供选择。一是快速撇脂战略，即以高价和高促销水平的方式推出新产品。选择这种战略的条件是潜在市场大，且潜在客户渴望得到该类产品并愿照价付款。二是缓慢撇脂战略，即以高价和低促销水平的方式推出新产品。选择这种战略的条件是市场有限，顾客愿意出高价，潜在竞争不激烈。三是快速渗透战略，即以低价格和高促销水平推出新产品，选择这种战略的条件是市场很大，顾客对价格敏感，生产具有规模优势。四是缓慢渗透战略，即以低价格和低促销水平推出新产品。选择这种战略的条件是市场很大，市场对价格敏感，产品的知名度高。根据种子行业育种投资大、成本高、生产不具备规模优势的特点，种子企业可选择的为前两种战略，其中大面积播种品种（水稻、玉米、小麦、棉花、油菜等），可选择快速撇脂战略，而小面积播种品种宜选择缓慢撇脂战略。

（2）成长阶段。这是指销售迅速增长的时期。这一时期种子企业可以采取进入新的细分市场，扩大产品宣传和适当降低价格的战略。

（3）成熟阶段。这是指产品销售增长率开始放慢步伐的时期。这一时期对于种子企业适宜的营销战略是进行营销组合的改进，如在价格、分销、广告、促销、人员销售、服务等方面进行改进。

（4）衰退阶段。这是销量急剧下降，直到为零，或者保持在一个低水平上持续的时期。这一个时期对于种子企业已无继续营销的意义。

二、种子营销策略

（一）营销策略的意义

制定种子营销策略是种子企业营销管理过程中的关键环节。产品、价格、分销渠道、促销是市场营销组合的四大因素。企业将其有机配合、综合运用，就可以确定营销策略。种子营销策略既是种子企业制定营销战略的基础，又是种子企业参与和赢得竞争的有力手段。营销策略是否正确，对企业营销活动影响很大。正确的营销策略可以提高企业的声誉，有利于充分发掘和利用企业的潜力；可以满足更多的消费者的要求，从而吸引更多的购买者，也有利于本企业各种产品之间在产销方面的相互促进；可以使企业集中营销力量，促进商品营销，有效地规避市场风险，达到营销目标。

（二）市场营销组合

种子企业营销策略的制定体现在市场营销组合的设计上。为了满足目标市场的需要，企业应对自身可以控制的各种营销要素如质量、包装、价格、广告、销售渠道等进行优化组合。重点应该考虑产品（Product）策略、价格（Price）策略、渠道（Place）策略和促销（Promotion）策略，即"4P"营销组合。随着市场营销学研究的不断深入，市场营销组合的内容也在发生变化，又有人提出了消费者的需求与欲望（Consumers' needs and wants）、消费者愿意付出的成本（Cost）、购买商品的便利（Convenience）和沟通（Communication）即"4C"为主要内容的市场营销组合。种子企业在进行营销组合时必须考虑以下几点。

（1）通过调查国内外优秀种子企业来了解它们一般的营销组合。

（2）突出与竞争者有差异的独特之处，充分发挥本企业的优势。

（3）营销组合是企业可以控制的，企业可以通过控制各组合来控制整个营销组合。

（4）营销组合是一个系统工程，由多层分系统构成。

（5）营销组合因素必须相互协调，根据不同的产品，制定不同的价格，选择不同的渠道，采取不同的促销手段。

（6）营销组合不是静态的，而是动态的。产品生命周期分为四个阶段，当产品生命周期所处阶段发生变化时，其他组合因素也随之变化。就拿广告来说，导入期为通告广告；成长期为劝说广告；成熟期为提示广告。

（7）在产品、价格、渠道、促销四种主要的组合因素中到底哪种最重要，这会因行业、业态不同而异，但一般来说，其中受到高度重视的是产品。企业提供的产品是否是市场所需产品，是否能满足消费者需求，能否解决消费者所要解决的问题，能否提供消费者希望获取的利益，这才是产品的关键所在。只有让消费者满意，消费者才会认可企业产品，接受企业产品。要解决销售问题，还是应该首先解决产品问题，做到产品计划先行。

（三）种子商品的营销策略

1. 产品策略

种子企业应提升种子的技术品位，提高种子的核心价值。作为技术产品，种子的价值很大程度上决定于种子的技术含量。一般而言，种子的技术含量高，其增产潜力、品质以及抗逆性就强，因而给作为种子消费者的农户带来的价值也就大。所以，种子企业应尽可能开发技术含量高的品种以生产质量好、价值大的种子，通过打造区别于或优于其他同类种子的特性形成竞争优势。一般来说，可供企业选择的产品组合策略有扩大（或缩小）产品组合策略、改进现有产品组合策略以及高档产品、低档产品同步组合策略等。种子企业要注重开发系列化、多样化产品。种子商品的生命特性和不同地区自然条件的差异性决定了对种子性能包括生育期长短、抗逆性等要求的多样性。因此，制定产品开发策略时，应充分考虑地区间自然、经济条件的不同。对于同一品牌同类产品，应针对不同地区自然环境、耕作制度的差异，开发出适应不同地区要求的系列化、多样化产品，以满足不同地区生产者的不同需求。在内包装上，针对大多数地区农业生产规模小、单位农户用种量少的特点，采用小包装形式，对于在单位农户用种量大的地区销售的种子，则可采用大包装形式。

2. 定价策略与方法

种子市场是一个竞争非常激烈的市场，且中国的农业生产成本相对较高，因此，种子的价格便成了消费者选种时要考虑的一个重要因素。种子商品的生产资料属性与潜在价值大的特性决定种子商品不宜采用低价渗透策略，而应实施以产品价值或消费者感知价值为导向的定价策略与方法。

（1）主要定价策略有以下几种。

新产品定价策略。一是取脂定价策略。这是一种以高价投放新产品进入市场的策略。它尤其适合用于没有竞争对手的新产品，可以带来高额的初期利润，以后随着竞争产品的加入，产品的价格可逐渐降低。种子新品种定价适宜采用此策略。二是渗透定价法。这是一种建立在低价基础上的新产品定价策略。其目的是为了使新产品能立即被市场接受，并能取得长期的市场领先地位。种子新品种定价不适宜采用此策略。三是满意定价策略。这是一种将产品价格定得比较适中，使各方面都满意的新产品定价策略。种子新品种定价适宜采用此策略。

折扣与让价策略。这是指企业对标价或成交价款实行降低、减让部分价格或收款，或加赠货品，或另给一些津贴，以使顾客多获益的一种定价策略。让价，又称回扣、津贴。这种给顾客施以优惠、鼓励顾客购买的方式，是争取顾客和提高市场占有率的一种方法。种子商品定价适宜采用此策略。

单一定价和变动定价策略。单一定价是企业对购买相同数量的同一产品、同一类型的顾客，按同一价格出售产品的策略。种子商品定价适宜采用此策略。变动定价策略是企业对购买相同数量同一产品的顾客，采用不同价格策略，成交一般通过讨价还价完成。种子新品种定价不适宜采用此策略。

心理定价策略。这是一种根据消费者心理来制定产品价格的策略，如尾数定价、整数定价、声望定价等。种子新品种定价不适宜采用此策略。

（2）种子商品定价方法有以下几种。

购买者生产成本比例法，即以种子投入占农产品生产总投入的比例为依据制定种子价格。国外一些大型的种子公司就采用这种定价方法。它们一般根据历年来农场主种植业总成本中种子投入所占比例，对当年或下一年度种子投入将占农作物生产投入的比例进行猜测，在此基础上决定其种子销售价格。值得注重的是，比例降低并不一定意味着种子价格要下降。因为随着播种方法与技术的改进，单位面积的用种量将会明显减少。所以尽管单位土地面积的种子费用减少，但种子单价仍有上升的空间。

购买者获得价值定价法，即从种子购买者使用种子所获得的效用或价值出发进行定价。在种子市场竞争激烈和农户对于种子质量以及由此决定的价值增值更加关注的时代，这种方法无疑是种子企业塑造品牌、保持顾客、促进质量提高的最好方式。另外，种子商品的特点也适合采用这种方法对其进行定价。种子作为高科技产品，本身具有较大的潜在价值，为增加购买者效用提供了前提。同时，作为种子商品在市场上正式销售的品种，一般都经过了多轮区域试验和生产试验并通过了国家和地方品种审定。在区域试验和生产试验中，对品种的增产效果、品质及其他特性都有严格的检验和记录。因此，与其他商品比较，衡量种子对购买者的效用和价值的标准更具有客观性，更为轻易。采用这一方法要注重的问题是，种子的生命特性决定其潜在效用与现实价值之间有一定差距，因此不能将种子价格定在价格的上限即农户感知价值或给农户带来的潜在价值上，而应使价格与农户感知价值或农户可能获得的潜在价值保持一定距离。这样可以避免农户期望值过高，而当由于气候、温度、水肥等原因导致种子的实际表现与潜在效用存在差距时，对种子企业及其产品产生怀疑甚至要求索赔。

3. 分销渠道策略

种子企业要构建扁平化的营销渠道体系。"扁"是指渠道要尽可能短，种子流转的环节尽可能少；"平"指零售商要尽可能多，种子终端销售的覆盖面尽可能广。种子的生命特性、技术密集性以及生产资料属性要求种子在最短的时间内由生产者转移到种子用户手中，而且生产者与消费者要能随时进行沟通交流，方便技术指导，因此营销渠道不能太长。同时，种子需求的高度分散性又要求设置有更多、更广的零售点，以方便农户购买。种子企业为了使其种子商品以较短的时间、较快的速度、较省的费用实现从生产领域向消费领域的顺利转移，要制定一系列的分销渠道策略。常采用的分销渠道策略有下面几种。

（1）普遍性分销渠道策略，也称广泛性分销渠道策略。即种子企业对所有分销渠道都不进行选择，任何中间商都可以销售其产品。换句话说，种子企业可广泛地采用中间商来推销自己的产品。广泛性分销渠道策略能扩大产品销量，提高产品及其企业的知名度，但种子企业难以控制分销渠道。

（2）选择性分销渠道策略，又称特约经销。即种子企业从各种类型的分销渠道中，精选少数中间商来销售其产品。换句话说，种子企业在推销产品时，仅是有选择地使用一部分中间商。这种渠道策略能使种子企业与一部分中间商结成良好的长期稳定的购销关系。此策略一般是在产品推销实践中筛选出来的，即先采取普遍性分销渠道策略，经过一段广泛的分销实践之后，淘汰一部分效益低、能力差的中间商，从而形成选择性分销策略。

（3）专营性分销渠道策略。专营，又称独家经营，即种子企业在特定的市场区域，仅选择一家中间商（代理商、批发商或零售商）销售其产品。换句话说，种子企业在一定市场范围内只选择一家中间商来经销自己的产品。这一策略只适用于价格较高、买者较少、技术较复杂的产品。种子企业与独家经营商店一般均签有购销合同，并规定中间商不得再经销其他生产企业的商品。

4. 促销策略

促销就是企业向消费者宣传产品或服务，以激发消费者购买行为，扩大产品销售的活动。从事促销活动有"推"与"拉"两种策略。"推"策略即由企业的推销人员通过一定渠道，将产品或服务提供给消费者，达到销售的目的；"拉"策略即通过宣传使消费者对产或服务发生兴趣，从而使其自行到销售地点购买产品。在现代的市场经济条件下，种子企业应通过种子促销塑造企业良好形象，架起企业和用户之间双向传递信息的桥梁，有效地对种子用户进行外部刺激，扩大需求，诱导购买者购买自己企业的种子，把潜在的购买者变成自己企业的现实购买者。在激烈的市场竞争中促销是种子企业扩大销售、参与市场竞争的重要手段。

促销有人员推销和非人员推销两种方式。非人员推销又分为广告、宣传与营业推广、公共关系等类型。种子企业要根据自身企业的特点及推销良种的特点选择适合自己的促销方式。促销组合就是企业根据促销目标和资源状况，把人员推销、广告宣传、营业推广和公共关系等多种促销方式结合起来，综合运用，形成一个整体促销策略。研究促销组合，其目的是更有效地把商品或劳务与企业介绍给消费者，树立企业良好形象，促进商品或劳务的推销。

人员推销指企业通过自己的推销员或委托销售代理机构直接和顾客联系，进行推销产品的活动。人员推销主要是指种子企业派种子推销人员直接与目标用户接触、洽谈，宣传种子及企业形象，达到促进销售的目的。人员推销一般具有较大的灵活性和针对性，能对不同的客户随时调整推销策略，并能与客户在沟通中建立感情从而有利于建立稳定的购销关系，促进种子长期销售。但人员推销一般费用较高，对应面较窄，一般在新品种推广前期易采用人员推销。

广告指为了某种特定的需要，通过一定形式的传播媒介，公开而广泛地向公众传递信息的一种宣传手段。广告宣传一般是通过电视、报纸等媒体宣传企业推广的品种及企业形象的促销方式。广告宣传一般覆盖面较广，广告信息的接受者是一个范围广泛的群体，它不仅包括现实用户，还包括潜在用户。种子广告有一定的滞后性，因为种子的最终购买者是农户，一般农户受文化水平的限制接受新事物的能力有限，他们一般在没有得到广告宣传的种子使用效果成功范例之前，多数人不愿盲目购买，而是看周围有人种得好才购买，也就是所说的跟风购买，这也是种子营销的困难之一。

营业推广指在一个比较大的目标市场中，为了刺激需求而采取的能够迅速产生诱导购买的促销措施。种子企业营业推广是种子企业利用各种能够迅速激起需求和购买欲望的手段，来诱导消费者形成购买行为的一种促销方式。营业推广有赠送使用品种、有奖销售、折价、展示等方式，一般是一定时期、一定任务的短期销售。种子需求弹性小的特点决定了种子营业推广比一般商品效果差，所以种子企业一般应慎重选择营业推广的形式和手段，不宜频繁采用。

公共关系特指一定的组织机构和与它相关的社会公众之间的相互关系。企业促销措施中的公共关系，是指一个企业为增进社会各界的信任和支持，树立企业良好的信誉和形象，运用信息交流的方式所进行的一系列宣传联系工作。公共关系是企业营销的智慧体现，也是企业实力的展示。种子企业通过各种公共关系活动使社会各界公众了解本企业，以取得其信赖和好感，从而为企业创造一种良好的舆论环境和社会环境。公共关系是一种长期效应，属于一种间接的促销手段。公共关系不仅推销种子，还推销企业的品牌、树立企业的良好形象。一旦树立了企业品牌的良好信誉，就能在一定时间内产生良好的销售效应。

种子商品的可视性差、难检验等特性决定了其促销方式和手段不可能完全照搬工业品或其他日用品的促销模式。促销方式上，应尽可能选择人员推销形式。人员推销有助于生产者和消费者的双向交流。许多资料表明，技术产品主要不是以广告或其他单向交流形式去培养消费者的品牌意识和顾客的忠诚度，而是通过双向交流的形式达到目的。促销手段上，应尽可能选择直观、形象的宣传工具，要将与种子配套的栽培技术、田间治理技术等制成光盘或录像带，供需求者随时查看，使其对种子商品的使用过程及功效有一个直观的和动态的了解；要有针对性地向农户发放印有商品种子功能、栽培过程、技术要点的宣传画，让其了解、熟悉种子及其特性，从而产生购买爱好。促销途径上，鉴于目前我国农业生产中的政府性行为比较强，可通过政府权威舆论工具进行宣传；同时，选择当地有一定舆论影响力的种田能手，免费向他们提供种子让其试种，对四周农户起示范、宣传作用，也可以通过在地方电视台播放广告，达到宣传产品的目的。

5. 网上营销策略

随着高科技的发展、通信方式的变革和互联网的兴起，上网人数急剧增加，庞大的互联网把众多的生产商、经销商和消费群体连成一体，网上购物和推销产品已成时尚，网络成为人们交易的重要途径。由于网络的便捷和快速性及范围的宽广性，在网上搞营销可以取代现行的代理制和经销制。更由于网上营销成本低、效率高，网上营销发展得很迅速。即便是在农村，好多农户也都配备了电脑，网络对于种子的宣传作用也越来越大。种子企业要充分利用网络的作用，建立自己的网站，形成一个和广大客户沟通的网络平台，也可以在一些农业专业型网站发布企业信息或在一些搜索引擎上获得理想的排名。

第四节 种子营销方案的制定与实施

营销方案是营销战略的细化，是营销工作的执行标准、操作手段及缜密的计划。在市场营销中，既要制定较长期的战略规划，决定企业的发展方向和目标，又要有具体的市场营销方案，具体实施战略规划目标。种子企业要更有效地开拓市场，发展壮大，必须认真研究与设计营销方案。

种子营销方案是种子企业年度生产经营方案的一个重要组成部分。在种子营销方案中，生产单位根据种子购销合同约定的种子营销数量以及市场预测情况，具体规定计划期内各类种子产品的销售数量、销售时间、销售方式和销售收入。正确编制种子营销方案，可以为生产经营方案提供可靠的依据，并为有计划地组织种子营销创造条件。

一、种子营销方案的制定

（一）产品方案制定

产品方案制定主要是确定种子生产总面积与计划销售量。由于种子生产的周期长，且种子市场总需求量的相对恒定，所以生产面积与各类组合具体面积的确定是营销工作的第一步。这一步走好了，营销工作就有了一个好的开头。种子生产总面积和各类组合具体面积的确定主要依据两方面的信息：一是市场需求的预测；二是竞争对手的生产情况与市场总生产面积。在此基础上，确定种子的计划销售量。合理确定种子的计划销售量是编制种子营销方案的重要环节。

（二）价格方案制定

1. 制定价格的程序

以下是种子企业制定价格的程序。

（1）选择定价目标，即选择生存、最大的当期利润、最高的当期收入、最高的销售增长率还是最大的市场撤脂作为定价目标。

（2）确定需求，要估计产品的需求量，即每一可能的价格上企业的可能销量。

（3）估算成本，即详细计算出本企业的产品成本，为制定产品价格提供可靠的依据。

（4）分析考察竞争者的产品成本与价格，为制定本企业产品价格提供参考。

（5）选择定价法，即从成本加成定价法、目标利润定价法、认知价值定价法和通行价格定价法中选择一种或几种定价方法，制定本企业产品的价格，并确定产品的最终价格。

2. 建立价格体系和应对机制

确定价格后，种子企业还要建立一种价格体系，反映购买时机、数量、地区需求的差别；同时也要建立价格应对机制，即当竞争者价格降低或提高时，本企业如何应对。价格体系和价格应对机制包括修订价格、地理定价、价格折扣和折让、促销定价、差别定价、产品组合定价等。

（三）营销渠道方案制定

营销渠道的选择就是从许多条可以达到目标消费者的销售渠道中选择最佳销售渠道的过程。最佳的营销渠道应是费用最省、路程最短、时间最少、速度最快、效益最大、消费者满意的营销渠道。选择营销渠道要全面考察市场因素、农产品因素、社会服务因素、政策因素以及本身的实际销售能力等，做到符合市场供求实际，并提高企业的竞争能力。现行种子企业的营销渠道选择有两种趋势：一种是缩短渠道级数，直接向零售商进行批发；另一种是建立专营渠道体系。究竟选择什么样的渠道方案，要以经济性、可控制性、适应性这三种标准进行评估。

有效的营销渠道管理是要求选择好营销渠道成员并对其进行激励，其目标是建立一个长期的伙伴关系并使所有渠道成员赢利。

（四）广告开发、营业推广与公共关系方案制定

现代的种子企业不仅要开发优良品种，制定有吸引力的价格，同时还要注重与现实和潜在的顾客、零售商、其他利益方和公众进行沟通，将品种信息、企业形象信息传播出去。这些信息传播的方式有广告、销售促进、公关等。

1. 广告开发方案制定

广告开发方案包括确定广告目标、广告预算决策、广告信息选择、媒体决策和评价广告效果。

（1）广告的种类。

广告从不同角度划分，可分为若干种类。

按内容不同，广告可分为：①开拓性广告，主要用于介绍产品用途、特征、使用方法以及产品生产企业的情况和所能提供的服务；②提示性广告，主要用于提请顾客注意本企业产品的存在，加深印象，以求提高重复购买率；③竞争性广告，主要宣传产品新用途、新特色、生产厂家的历史、规模、能力等，以说服顾客购买其产品；④比较性广告，通过产品之间的比较来突出宣传某种产品的特点；⑤分类广告，主要介绍某类产品特点和交易条件等。

按目的不同，广告可分为两种：①商品广告，主要用于传播商品信息，激发顾客当前和长期需求，具有商品推销和宣传的双重目的；②企业广告，主要宣传企业历史、成就、经营范围、厂牌、商标等，以树立企业的良好形象，发展企业对外联系，推动企业发展。

按媒体不同，广告可分为两种：①视听广告，如广播、电视、电影等；②印刷广告，如报纸、杂志等。

按适用区域和范围不同，广告可分为户外广告、交通广告、销售广告等。此外，还有通过邮政传递的邮寄广告等。

（2）设计广告的原则。

企业运用广告促销方案，必须遵循以下基本原则。

1）针对性原则。企业运用广告宣传，应在市场调查的基础上，确定目标市场，进行有针对性的宣传。

2）实事求是的原则。广告的目的是传递信息，争取顾客，推销商品。广告的内容必须是真实可靠的，应充分尊重客观事实，如实反映客观情况，能经受实践的检验。只有

这样，才能树立企业及其产品的形象和信誉。

3）事实性与心理性相配合的原则。在竞争激烈的市场上，企业推出新产品，消费者对其毫无了解。这时，加强事实性广告宣传，能创造产品的初级需求。当产品竞争者增多时，广告应偏重于心理宣传，宣传企业及其产品的形象和信誉，加强心理攻势。

4）简明性原则。广告要在有限的版面和时间内，输出尽可能多的信息，使接受者易读、易听、易看和记忆，这要求广告必须简明、扼要、醒目。

5）艺术性原则。广告的内容和形式要多样化，独具特色，富有时代性和创造性。应注重广告的艺术形象和表现手法，做到主题鲜明、情调高雅、美观大方、生动活泼、画面清晰、色彩柔和、文字简明、语言通俗。

6）时效性原则。现代广告广泛应用体现科技新成果的媒体，传播速度快，传播面广，能确保时效，及时传播。广告不是直接面对消费者，而是通过一定的媒体把商品信息间接地传递给消费者，是单向信息沟通方式，只能发出，不能收回。

（3）广告媒体及其选择。

一个广告包含广告实体和广告媒体两个相联系的部分。广告实体是各种情报、资料、信息等总称。广告媒体是指传播信息、情报等广告实体的载体。广告实体必须依附广告媒体才能传播。常用的广告媒体有报纸、杂志、广播和电视等。

报纸是一种与社会有着广泛联系的大众宣传工具，具有读者广泛、传递迅速、空间余地大、制作灵活和费用较低等优点；其缺点是内容庞杂，针对性不强，色彩单调，版面少，感染力差，广告范围、对象有限，且一般浏览者多，时效过短，宣传效果不显著。杂志是一种能提供给一定对象阅读的广告。

杂志的优点是权威性强，专门化程度高，针对性强，感染力较强，能保存，时效长；缺点是灵活性较差，出版周期长，发行量有限，读者面窄，宣传面不广。

广播是最大众化的广告媒体。其优点是迅速、及时，遍及城乡，具有强制性，制作简单，安排灵活，费用低廉；其缺点是广播时间有限，仅语言播送，表现手法单一，艺术感染力差，保留时间短，印象不深。

电视是一种形象、色彩、声音和动作兼有的最佳的视听广告媒体。其优点是具有强烈的感官刺激，最接近现实生活，吸引力大，传播范围广，表现手法直观，真实性强，能播放系列广告等；其缺点是广告时间短，选择性较差，易受其他节目影响，费用较高。

要使广告起到促销作用，必须注意广告媒体的选择。为了收到广告宣传的预期促销效果，选择广告媒体的要求包括：①根据宣传的商品或劳务的种类和特点来选择广告媒体；②根据目标市场的特点来选择广告媒体；③根据广告的目的和内容来选择广告媒体；④根据广告媒体本身特性来选择广告媒体；⑤根据广告预算费用来选择广告媒体。

2. 营业推广方案制定

（1）营业推广的类型。根据目标市场的特点和推广目的的不同，可将营业推广分为三种类型。一是针对现实顾客。其目的是鼓励和刺激顾客的购买欲望，提高重复购买率，并吸引潜在顾客，促进新产品的推广，扩大市场占有率。二是针对经营者。鼓励经营者大量进货代销，促成交易，加速货款回收。三是针对推销人员。鼓励推销人员努力推销商品，积极开拓新市场，扩大销售量。

（2）营业推广的方式。在市场营销活动中，营业推广的促销方式多种多样。

1）产品展销、陈列。企业通过展销会、陈列室、交易会、订货会等形式，展示、陈列产品，洽谈业务，达成交易。种子产品陈列、农产品展览会或展销会，也是种子营业推广方式的重要形式。它们能起到示范表演的作用，给顾客留下较深刻的印象，促进销售。

2）义务咨询和现场服务。对技术性较强的商品，现场安装、调试、示范操作，定期检修，提供零配件和售后服务，以增强消费者购买信心和信任感。开展义务咨询服务，回答用户疑难问题和满足其要求。

3）代培训人员。企业为购货单位代培训技术人员，传授商品知识和技巧。

4）赠送物品、奖券和优惠券。这是指把这些免费送给少数消费者使用，借此征求意见，扩大影响，争取潜在购买者，奖励成交额大的顾客。

5）对商品进行包装、装潢，美化商品、增加商品价值，吸引更多顾客购买。

6）有奖销售。实行有奖销售，特别是巨额有奖销售，对消费者有很大吸引力。

7）交易推广。采取对中间商实行价格折扣，为客户垫付资金、加价补贴、分期付款等交易方式，以扩大销售量。

8）招商洽谈。约定时间、地点，预先发出邀请，而后洽谈，以加强联系和促进成交。营业推广常用赢利策略、有限时间策略、有限规模策略和最佳推广途径策略等。

3. 公共关系方案制定

公共关系特指一定的组织机构和与它相关的社会公众之间的相互关系。市场营销中的公共关系是指企业为增进社会各界的信任和支持，树立企业良好的信誉和形象，与公众沟通信息，建立了解信任关系，提高企业知名度和声誉，创造良好的市场营销环境的一种宣传联系和促销活动。公共关系的目标是提高企业知名度，加深消费者对企业及其产品的印象，激励企业全体职工，增强凝聚力，提高效率。

（1）公共关系的对象。

1）内部公众，即本企业职工。企业推进内部公共关系，要在兼顾国家、企业、职工三者利益的前提下，处理好企业与职工的关系，倡导职工当家作主的精神，调动职工积极性、主动性和创造性。

2）金融公众。企业与银行等金融机构取得联系，以获得资金上的支持。

3）新闻媒介公众。企业通过新闻媒介机构，如报纸、杂志、广播、电视等，传递信息，树立企业和产品形象。这是一种免费的促销宣传。

4）政府公众。企业与政府机关有着广泛的联系，企业需要得到政府机构，特别是业务主管机关的支持。

5）社会公众。企业需要各界群众组织的支持。

6）消费公众。企业与广大消费者建立并保持和谐的良好关系，这是企业生存和发展的基础。

7）其他公众。企业与有关部门，特别是睦邻单位，应建立友好关系，以求互相支持，彼此配合，共同发展。

（2）公共关系的主要活动方式。

1）宣传报道。一般公众认为新闻宣传报道较为真实、客观、可信，企业应争取一切可以利用的机会与新闻界建立联系，及时向新闻媒介提供信息。

2）听取意见。企业应随时听取公众意见、要求和建议，并及时研究，将改进的情况告知公众，并致感谢，以密切企业与公众的关系。

3）建立联系。企业应与消费者、政府机构、社会团体、银行、大专院校、商业、科研机构及其他企事业单位建立广泛联系，主动向其介绍情况，听取其意见，争取其支持和合作。

4）印发宣传资料。企业通过印发宣传资料，向公众提供商品和劳务信息，介绍产品性能、特征以及企业的状况。

5）倡导、举办、参加社会福利慈善事业。

6）赞助、支持公益活动。企业在力所能及的范围内，赞助、支持公益活动，如运动会、节日庆祝、基金捐献、节目赞助等。通过这些活动，能加深公众对企业的印象，扩大影响，给企业带来潜在效益。

7）内部公关。企业应深入群众，调查研究，了解企业内部各种情况，及时调整各种关系，改善职工福利，做好职工的思想政治工作，调动各方面的积极性，使职工共同关心、支持企业的活动。

（3）开展公共关系的原则。

1）实事求是地宣传、介绍企业情况。宣传介绍企业一定要客观地反映情况，这样才能赢得公众的信任和理解。任何浮夸、吹嘘，都会引起公众反感而失去公众。

2）必须把维护和增进公众利益放在首位。公共关系的宗旨是增进了解、加深印象，树立企业及其产品的信誉，为扩大销售创造条件。为此，必须把公众利益放在首位。任何损害公众利益或把公众利益的位置安排不当的行为和做法，都将导致公关活动失败。

3）必须坚持长期目标与短期活动相结合。一方面，把长期目标分解为具体目标，落实到短期活动中；另一方面，使短期活动成为长期目标的基础，为长期目标服务。

4）开展全方位公共关系与抓重点公共关系相结合。公共关系宣传，应立足于全社会，普遍开展宣传，争取社会舆论的支持，减小副作用，避免制约因素的影响。同时，也要突出重点，抓住关键公众，有针对性地开展公关工作，与其建立较为牢固的、持久的良好关系。

二、种子营销方案的实施

种子营销方案的实施是种子企业通过组织、指挥、协调和控制等管理手段，把营销方案的内容落实到一系列营销活动中，或者说是将营销方案变为企业的具体营销活动，以实现种子企业的营销目的和经营目标的活动。

（一）组织

组织是指为实现企业的共同任务和目标，对企业的营销活动进行合理的分工，合理配置与使用企业的营销资源，正确处理企业员工相互之间关系的营销管理活动。组织营销活动的具体做法是：根据企业营销目标将关系营销工作进行必要的划分和归类，设立必要的部门和机构，任用合适的人员，授予必要的权力，分工协作，使营销活动正常开展。

（二）指挥

指挥是指企业管理者或企业管理机构通过下达各种指令和信息，有效地调度、引导和推动下属完成企业的营销任务，实现企业的营销目标的营销管理活动。指挥包括两个方面：一是按企业营销方案的要求，按一定的组织层次，自上而下发出指令和信息，将下属的营销活动约束和引导到实现营销计划目标上来；二是根据下级执行指令、开展营销活动的过程中出现的问题和新的情况，及时给予必要的指导和调节。

（三）协调

协调是指为完成企业的营销任务而对企业内外各部门、各环节以及全体员工的营销活动加以统一调节，使之相互密切配合的营销管理活动。协调具有综合性和整体性的特点，其目的在于及时纠正和克服营销活动中的不协调和不平衡现象，使各个部门协调一致，以利于发挥整体营销优势，确保企业营销方案落到实处。

（四）控制

控制是指企业接收内外有关信息，按照预定的目标和标准对企业的营销活动进行监督、检查、衡量，并随时纠正营销活动中的偏差，以确保营销方案的目标得以实现的营销管理活动。监督、检查、衡量和纠正营销活动中的偏差是控制的主要功能，确保营销方案目标的实现是控制的根本目的。这一目的，可以通过对企业营销活动的控制，按照营销方案来实现，也可以通过适当地调整营销方案来实现。总之，通过营销控制，要保证企业实际的营销活动及其成果同预期的营销目标一致，把企业营销方案和目标转化为现实。

第五节　种子售后服务

一、种子售后服务的概念和作用

（一）种子售后服务的概念

种子售后服务是指种子企业在种子销售以后为购买了种子的顾客所提供的各种服务，主要包括临时贮藏保管、代办托运、送货上门、技术咨询、技术指导和技术培训等一系列活动。种子售后服务的目的就是解决种子使用中的问题，降低种子用户使用成本和风险，增加种子的使用价值和用户的满意度，使种子用户成为回头客或种子的宣传员。种子售后服务的核心理念是提高种子用户的满意度和忠诚度，通过种子售后服务最终实现种子营销业绩的提升和种子企业的快速发展。

（二）种子售后服务的作用

售后服务是商品组合中的一个重要组成部分，市场营销理论中的产品整体概念也包含了服务。按照营销学观点，产品分为三个层次，即核心层、形式层和延伸层。售后服务属于产品三个层次中的产品扩展层，其质量的好坏直接影响产品综合价值的大小，尤其是对于种子这一技术性产品，售后服务具有特别重要的意义。种子是农业增产的内因，要发挥种子的增产增收作用，还必须提供良好的外因，做到良种与良法配套。种子售后服务主要有以下作用。

1. 售后服务是种子营销的重要内容

按照市场营销理论，售后服务是市场营销活动的一个重要的、必不可少的组成部分，不能把它和商品销售分割开来。种子是有生命的特殊商品，售后服务是种子营销的继续和进一步延伸，是种子营销的重要环节和内容。加之种子使用者一般购买量小，分散度高，客观上要求种子经营者向用户提供更多更有效的售后服务。种子企业必须从种子营销的这种状况出发，在提供有形种子的同时，向种子用户提供一系列售后服务，使市场营销的本质内涵得以全面实现。

2. 售后服务是种子自然属性的要求

种子具有生命性、技术密集性、使用时效性和生态区域性等自然属性，因此种子是繁衍后代的载体，是物化了的科技成果，具有较大的潜在价值。但种子价值的最终实现除了种子自身品质外，还必须与外部的自然条件、栽培技术、管理技术、加工工艺等相匹配。俗话说："三分种，七分管。"要使顾客所购种子实现最大效用，种子经营者必须搞好售后服务，做到良种与良法配套，即必须根据当地具体情况，向种子用户传授与良种相配套的栽培技术。种子的复杂自然属性决定着种子用户对各种服务的依赖性。因此，种子企业必须向种子用户提供全方位的专业服务。

3. 售后服务是提高种子市场竞争力的重要手段

随着市场体制的建立和发展及种子市场的对外开放，国有、民营、合资、集体等形式的种子企业都参与到市场竞争中来，一些大型跨国种子公司也纷纷进入我国种子市场，我国种子市场已经呈现供大于求的局面，买方市场已经形成，种子营销领域的竞争日趋激烈。种子市场竞争手段日新月异，如强行铺货、赊销、高额返利、广告促销、赠出国名额、获旅游大奖等。同时，种子用户对种子的需求日益多样化，不仅要求种子企业提供高产、优质、廉价的种子，而且更需要各种各样的附加服务，从而满足物质和精神的需要。随着农业生物技术日益发达，主要企业种子差异性逐渐缩小，种子售后服务在竞争中的地位已发生了质的变化，售后服务已上升为竞争的重要环节。产品的诞生就意味着服务的开始。种子企业不但出售产品，而且经营服务。搞好销售是第一次竞争，搞好服务是第二次竞争，而且第二次竞争有着举足轻重的作用，它带来的结果是联络客户情感，培养种子用户忠诚度，提高企业声誉和种子竞争力。

4. 售后服务是发挥良种增产增效潜力的重要条件

种子是农业增产的内在因素，但是如果没有配套的高产栽培技术，也不能充分挖掘其增产潜力，就实现不了应有的经济效益和社会效益。良种配以良法才能充分发挥其增产增效潜力。由于育种目标不同，决定良种在适用区域、气候、土壤、肥水条件等方面具有一定的局限性，在栽培上只有依据良种的特性，采取适当措施扬长避短，为其创造适宜的生长发育条件，才能达到增产增效的目的。种子用户作为良种的最终受体，他们对其认识和接受程度就直接决定于一个品种有无市场，能不能发挥其应有的作用。因此，种子企业应根据育种目标要求，建好种子示范田，运用与之配套的栽培技术，使种子用户看到新品种的抗病、高产、抗倒伏及熟性等优良增产性状。种子企业采取切实可行的措施，提供良好的售后服务和技术指导，才能发挥良种增产增效的潜力。

二、种子售后服务的内容

（一）贮存、保管服务

种子生产、销售和使用存在着一定的时间差，这需要由种子企业为种子用户提供贮存、保管售后服务。这里的贮存、保管服务是指在种子销售以后，为种子用户提供的暂存、保管等服务。在特定情况下，比如在种子用户购买种子以后，由于运输转移发生困难时，才提供此项售后服务。

（二）运输、代客办理托运服务

种子的运输服务，是指种子企业在种子销售以后为种子用户提供的运输服务。按照通俗的说法，这被称为送货上门服务。代客办理托运服务，是指在种子销售后，为种子用户办理种子托运的服务。这也是一项重要的售后服务活动。代客办理托运服务可以解决顾客运输农产品的困难，一般能比人员携带、自运种子节约费用，能增加种子营销者的收入。随着市场经济的发展，在种子销售活动中送货上门和代客办理托运服务业务，将会显得越来越重要。

（三）技术咨询服务

种子是有生命的特殊生产资料，是农业科学技术的载体，在种子使用过程中牵涉到农业科学技术的应用问题。种子企业在组织种子销售的同时，应介绍种子的栽培技术，指导顾客科学合理地栽培种子，这就需要进行技术咨询服务。种子企业要在种子销售过程中和种子销售后提供技术咨询服务，当顾客的"参谋"和"顾问"，这样才有助于促进种子的销售和种子的正确栽培，很好地发挥种子优良特性，使种子用户实现增产增收，使种子企业实现增收增效，真正实现双赢。技术咨询服务就是对种子用户提出的种子栽培技术及相关问题给予正确详细的解答和解释，为种子用户释疑解惑，使其正确地栽培和使用种子，实现种子的价值。

（四）技术指导服务

在种子售后更要提供栽培技术指导服务。种子销售后，种子企业还要通过各级销售网络为用种农户提供技术指导，并进行质量跟踪调查，为来访种子用户提供热情接待服务，对播种、田间管理及收获整个生产过程中所遇到的问题，要及时发现、及时解决。种子售后服务应采取多种方式，不仅要通过购种时指导，田间地头指导，免费赠送品种特性说明书和栽培管理技术资料，而且还要通过新闻媒体传播种子的特性、栽培要点和田间管理等新技术。种子售后服务重点抓好播前讲技术、中期讲管理、收后听反映三个环节。技术指导服务包括三个方面：一是种子企业派遣技术人员深入田间地头现场进行技术指导，手把手把良种的栽培技术教给种子用户；二是结合农时季节，通过各种途径和方式广泛宣传种子的栽培和田间管理技术，赠送和发放种子栽培技术资料，把种子栽培和田间管理技术普及到广大的种子用户；三是要建立完善的客户档案，做到定期回访，及时发现和解决农户种植过程中的问题。

三、种子售后服务的途径

（一）树立全员售后服务意识

种子售后服务是种子企业生命的灵魂。在激烈的种子市场竞争中，要树立全员服务的意识，树立服务至上的营销理念，全力做好种子的售后服务。种子售后服务具有复杂性、季节性和时效滞后性，种子售后服务是一个复杂的过程，不可能由少数几个人完成，它涉及多个部门、多个环节和全体员工，种子使用价值的最终发挥是由多个部门和多个环节共同提供服务作用的结果。种子售后服务如果出了问题，就可能影响种子使用价值的发挥，还可能影响到种子用户的满意度。因此，现代市场经济条件下，要求种子企业牢固树立全员服务意识，种子企业每个部门、每个环节、每个员工都要围绕种子市场运转，为种子售后服务出力。每一位员工都要设身处地为种子用户着想。只有全体员工树立起售后服务意识，种子企业才能搞好种子售后服务。

（二）构建完善的种子售后服务体系

售后服务体系是现代市场营销体系中非常重要的组成部分，构建一个行之有效的种子售后服务体系，将大大提升种子品牌和种子形象，促进种子企业与种子用户的相互沟通，提高种子用户的满意度和企业竞争力。一是建立覆盖各个不同区域的种子售后服务网络。各个区域的气候等自然条件不同，不同区域推广的农作物良种也不同，即使同一农作物良种在不同区域的栽培技术也不同。要充分发挥良种的潜力，提高广大种子用户的栽培技术水平，种子企业就要建立一个覆盖所有种子销售区域的完善的售后网络，如专家咨询网络、服务热线网络、售后服务人员网络，还要不定期地通过报纸、杂志、电视及招贴画等随时为广大农民答疑解惑，进行良种栽培技术及病虫草害防治技术等方面的指导，为种子用户提供及时、有效的售后服务。二是建立全程售后服务体系。全程售后服务体系就是在种子销售后，从种子播种、田间管理到收获整个生产过程负责提供售后服务的专门机构和人员组成一个完整的服务体系。售后服务就是解决种子使用中的问题，降低种子用户的使用成本和风险，增加使用效益，使种子用户成为回头客或种子的宣传员。种子行业是一个技术性强、生产周期长、市场风险和自然风险很大的行业，种子企业应树立全程售后服务理念，对用户负责，让用户满意，不断改进和完善服务态度和服务方式，搞好售后服务，从而塑造企业形象，树立企业信誉，创建企业名牌，使企业永远立于不败之地。种子企业要将优良品种与优质服务相结合，努力提高经济效益和社会效益，以促进良种的销售和推广；要做好售后服务工作，手把手地给种子用户传授配套栽培技术，指导种子用户种植和管理；要结合农事季节，注意跟踪种子在种植中的表现，对农业生产中所遇到的问题要及时发现及时解决；要履行各种承诺，对于出现的种子纠纷，应在第一时间赶到现场，本着科学、实事求是的态度及时处理，合理补偿，采取补救措施，降低损失。这样不但能留住老客户，还有助于发展新客户，提高全程服务的信誉度。

（三）建立售后服务队伍

人才是科技成果转化的第一要素，在种子售后服务过程中，种子售后服务人员起着决定性作用。因此，要实现农作物良种的有效营销，就必须重视种子售后服务队伍建设。一是建立一支由良种专家、栽培专家、推广专家、管理专家等组成的高素质售后服务队伍，充分调动他们的积极性和主动性，充分发挥他们的作用，为广大种子用户提供优质的售后服务。二是建立种子营销渠道成员售后服务队伍，通过他们为种子用户提供及时可靠的技术服务。种子技术的密集性对种子营销渠道成员的技术素质提出了较高要求，种子用户对专家的信赖心理也要求种子营销渠道成员具有专家形象，而种子终端消费者的众多和分散决定了种子企业不可能为每一个种子用户直接提供技术服务。因此，种子企业应拓宽种子营销和售后服务渠道，扩大种子售后服务范围和覆盖面。种子营销渠道成员应承担对种子用户直接提供技术、信息指导的职能。种子企业可通过对种子营销渠道成员进行专业技术培训来提高他们的技术素质，使之能胜任技术服务职能，还可以设立区域技术专员，专门负责技术指导，为种子营销渠道成员从事技术服务提供知识和技术后盾。

（四）建立种子示范田

实施良种推广的关键首先是典型示范推广带动。种子示范田能起到看得见、摸得着、以点带面、迅速推广良种的作用。种子企业要建好种子示范田，运用与之配套的栽培技术，使农民看到新品种的抗病、高产、抗倒伏及熟性等优良增产性状。通过售后服务和技术指导，促进种子营销，获得良好的经济和社会效益。农作物良种的营销对象是农民，而农民最讲实际，所以培植种子示范典型对种子营销至关重要。种子企业一定要建立种子示范田，搞好品种示范和展示。在不同区域建立示范田，通过现场观摩会等形式，使当地种子用户直观看到良种的优良特性，并形成良好的印象。这样能把推广良种的优良性状最直观地展示给广大种子用户，能最大限度地突出品种的特点，并能通过种子用户得到很好的人际传播效果。这样的宣传效果要好于报纸、电视等媒体宣传。通过良好的示范展示为以后的种子销售做好充分的准备工作，为扩大种子销售量打下良好的基础。

（五）搞好技术培训

通过多渠道、多层次、多形式的技术培训，提高广大种子用户的科技水平。一是加强对技术骨干的培训。种子企业应把各个种子营销渠道的营销人员和基层农业技术推广人员都作为自己的技术骨干，不断发展壮大自己的农作物良种推广骨干队伍，通过多种方式对他们进行扎实有效的技术培训，充分发挥他们的骨干作用，通过他们对广大种子用户进行技术指导，开展售后服务。二是加强对种子用户的培训。由于种子用户数量众多，分布区域广，培训任务繁重。可以采用灵活多样的培训方式，比如现场观摩、集中宣讲、视频播放等，对广大种子用户进行技术培训，使广大种子用户尽快地掌握良种的栽培管理技术，提高广大种子用户的栽培技术水平。通过良种与良法配套，充分发挥良种的潜力。

（六）建立种子信息网络

种子企业应从长远发展考虑，加大种业智能信息网络服务人才队伍建设和资金投入力度，建成信息互通、协调互动的种业信息网络。种子企业要树立信息智能型企业形象，建立种子销售连锁店、种子生产基地、合作经济组织、农作物种植大户与种子企业信息相通的种业信息网络，利用现代信息手段为农业生产服务。抓好种子生产、技术、价格和供求信息的搜集与发布工作，通过网络、电视、电话和报刊等多种渠道，为种子用户了解种子信息和掌握种子栽培技术提供及时准确的信息服务和良好的售后服务。

第十三章 种子管理

广义的种子管理包括种子的行政管理、经营管理、生产管理、质量管理、价格管理、财务管理等多方面的内容。本章所介绍的种子管理主要指种子行政管理和种子经营管理。

第一节 种子行政管理

我国的种子行政管理工作是和经济体制改革相适应而不断发展的。我国的经济体制经历了一个由计划经济到有计划的商品经济，再到社会主义市场经济的历史发展进程。种子行政管理工作也经历了由行政、技术、经营"三位一体"，到政企分开、实行以国有种子公司为主渠道的多家经营，再到强化种子执法、种子真正进入市场、引入竞争机制、实现种子产业化和种子管理规范化的三个发展阶段。在我国社会主义市场经济体制下，国家对经济的管理主要是宏观调控，即国家通过制定和执行法律及宏观调控市场，实现国家对经济的管理。种子行政管理工作是国家管理经济的一个组成部分。在社会主义市场经济体制下，种子作为商品和农业生产资料，也必然按照市场经济的规律进入市场。只有加强种子行政管理，提高种子行政管理水平和力度，才能维护种子市场的正常运转，确保种子的选育者、生产者、经营者、使用者的合法权益，促进我国种业的持续快速发展。

一、种子行政管理的概念和特征

（一）种子行政管理的概念

行政是国家的基本职能之一，它具有两个既相互区别又相互联系的含义：一是指不同于立法、司法机关的一种国家机关，即指国务院和地方各级人民政府组成的国家行政机关；二是指国家行政机关所进行的国家组织活动，即行政行为。

行政管理是指国家行政机关对国家事务的管理活动。它以国家的名义，在全国和全民范围内实施，是通过法律的形式并以国家的强制力为保证的。

种子行政管理是指国家行政机关依法对种子产业进行管理的活动。其中，种子行政执法是指农业主管机关和其他行政机关及其公务人员，在种子行政管理中执行法规、规章及其他规范性文件，依法对特定的人和组织所采取的各种具体的、单方面的、直接产生法律效力的活动。

（二）种子行政管理的特征

种子行政管理具有以下特征。

（1）种子行政管理的主导方是国家行政机关，即政府及其农业主管部门。它们是以自己的名义代表国家来行使职权的，具有国家的权威性，要求管理的相对方必须服从。

（2）种子行政管理活动的依据是国家的法律、法规、规章和政策。法律、法规、规章是国家相对稳定和比较严谨、严格的准则；政策则是国家在一定时期内比较灵活适宜且易变的准则。这两类依据，都是行政管理必须执行的。

（3）实现种子行政管理的手段是多种多样的，包括思想政治工作手段、行政指令手段、经济手段、纪律手段、法律手段。其中法律手段是强制性的。

（4）种子行政管理要通过行政机关不断地进行计划、组织、指挥、协调和控制来实现，通过这些行政职能来达到推广良种、促进生产和供需平衡的目标。

二、种子行政管理的组织和人员

（一）种子主管部门

根据《种子法》规定，种子的主管部门是各级人民政府的农业主管部门，如农牧厅，各市（地）、县的农牧局。它们是机关法人，以自己的名义代表国家管理本行政区域内的农作物种子工作。各级农牧厅（局）设置的种子管理站和质量检验机构是各级农业部门内设的执行机构，不是机关法人。

（二）其他种子管理机关

各级人民政府、工商行政管理机关以及税务、物价、财政、审计、粮食、技术监督、交通、邮电等部门，在对种子活动的管理中，都有其一定的职权范围，应当注意协调配合。各级各类机关都应在各自的法定职权范围内进行种子管理方面的行政执法，不得超越职权、滥用职权，也不得失职、渎职。

（三）种子管理人员

种子管理人员分为两大类：一类是正式编制的工作人员；另一类是兼职种子管理人员。兼职种子管理人员必须由县级农牧局确定，并经同级人民政府批准后才能聘请。兼职管理人员主要是从事检查和监督管理，此管理活动仍是代表国家所为的，具有法律效力，但此类活动属于行政代理，其法律后果依法由聘请人员的县级农牧局承担。种子管理人员在执行公务时，应出示相关证件，向管理对象表明身份，并依法行使职权，履行职责。

三、种子行政执法的内容

种子行政执法概括起来包括以下几个方面的内容。

（一）行政确认

由法定的机构依据一定的标准对有关的事或物进行的确定或者承认。被确定的事或物具有法律上的意义，如对种子质量的认定，对植物新品种权的认定，对种子生产者和经营者所具备的法定条件的认可。行政确认往往是行政授权或设置义务的前提。

（二）行政许可

法定的机构准许具备法定条件的单位或个人从事一定活动的授权，如种子生产许可、种子经营许可、种子准调运许可。这一许可使得行为人取得了从事某项行为的资格和权利。

（三）设置义务

这是指被许可的组织在享有一定权利的同时，必须承担相应的义务，根据这些义务主动接受行政管理，如种子企业必须向主管机关上报经营计划和财务报表，必须接受经营检查、质量检查，必须对消费者负责等。

（四）剥夺权利

由法定的机关剥夺特定的违法行为人部分或全部特定权利的行为。就行政制裁上讲，有行政处分和行政处罚之分。

（五）强制执行

由法定的机关对不履行法定义务的单位和个人，施以一定的强制手段来实现其义务内容的行为。

四、种子行政检查与种子行政处罚

（一）种子行政检查

种子行政检查是指种子管理机构及其管理人员依法对有关种子活动的人、物或场所进行的检查和督导，以监督并保证生产者和经营者必须具备的法定条件经常处于良好的运行状态，其必须履行的义务得到如期的履行。同时，从检查中发现对上述法律制度落实好的典型和违法的事例，为奖励和惩罚工作做准备。

按照检查目的不同，种子行政检查可划分为两大类，即正常情况的检查和违法案件的检查。正常情况的检查包括种子生产者、经营者的资格条件，生产、经营种子的场所、设备，种子本身的数量、质量、来源、调运，各种法律证件的颁发使用行为等。违法案件的检查是指如果在正常行政管理中发现、当事人交待和揭发检举、其他行政机关移交或一般检查监督中查出违法案件时，有针对性地对这些违法案件进行的检查。

（二）种子行政处罚

国家关于种子管理的法律法规，都对违反种子行政管理法应负的法律责任和处罚做了规定，这是进行种子行政处罚的主要依据。种子行政处罚必须做到事实清楚，证据确凿，定性准确，适用法律、法规、规章正确，程序合法，手续完备，处理得当。如果适用的法律不当，处罚显失公正，查处的程序违法，行政行为的相对人将可依照行政诉讼法向人民法院提起诉讼。

第二节　种子经营管理基础知识

种子经营是种子产业链中重要一环。如何按照市场经济的基本原理，科学地搞好企业的经营管理工作，是种子企业在市场经济大潮中能否站稳脚跟并不断发展壮大的关键。种子企业是我国种子产业的主要支柱，是经营种子的专业经济组织，是经营服务型的经济实体。在当前推进种子产业化的进程中，各类种子企业都已进入市场，市场竞争是不可避免的。种子企业如何依法经营，改善管理，提高经济效益，是迫切需要研究解决的问题。

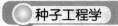

一、种子经营的基本原理和种子产品整体概念

在市场经济条件下，种子经营的基本原理是市场营销学。市场营销学是建立在经济科学、行为科学、现代管理理论基础上的综合性应用科学，研究以满足消费者需求为中心的企业营销活动过程及其规律性。它包括产品、价格、分销、促销等营销原理的有机组合。就现阶段而言，在种子生产经营中应用最广的是产品策略。

产品整体概念是对市场经济条件下产品概念的完整、系统、科学的表述。农作物种子具有一般产品的特征，因而同样具有产品的三个层次。

（一）核心产品——良种

良种是产品整体概念中最基本、最主要的部分，种子工作中的核心产品就是优良品种。如果品种不优或不对路，科技含量不高，无论怎样清选加工、精美包装、宣传促销，最终都不会占有市场。因此，种子企业必须有自己的拳头品种，并不断培育、引进有发展前途的新品种，使之成为种子产业中的"龙头"。

（二）形式产品——形象

形式产品主要是指种子产品的形象，通常表现为产品质量水平、外观特征、品牌名称和包装商标等。在市场经济条件下，我们不仅要注重种子质量，而且要充分改善种子产品的形象，树立名牌意识，争取更多的顾客。

（三）延伸产品——服务

这是指购种者在购买核心产品和形式产品时所获得的全部附加服务和利益，包括良种良法知识的宣传、咨询、指导和跟踪服务以及改善服务态度，提高服务质量，严守商业道德等。

二、种子企业经营管理的环节和职能

种子企业经营管理的环节主要有市场调查、经营预测、经营决策、经营计划等。种子企业面向市场，通过市场调查，了解市场供求信息并进行市场预测。在此基础上，便要做出符合市场供求实际的经营决策，编制企业的经营计划等。

种子企业是通过具体职能来进行经营管理的，其具体职能主要有以下几方面。

（一）决策

决策是在一定时期内对企业生产经营活动的重大问题，如经营目标、投资方向、新品种引进、市场开拓、资源利用等，做出优化选择和决定。决策的基础是经营预测，而经营预测的基础是市场调查。决策的正确与否，对于企业的发展和经营效果有决定性作用，所以决策是具有战略意义的主要职能。

（二）计划

计划是对企业未来的生产经营活动进行具体的统一安排，对各种要素进行合理的分配和使用，平衡各种关系，以保证决策目标的实现。通过实施计划，企业各方面的工作相互配合，协调发展，避免混乱和盲目性。

（三）组织

这是指把企业生产经营活动中的各种要素和各个环节,在空间和时间上合理地安排,使人力、物力、财力等合理组合,充分发挥作用,使生产、收购、销售、贮运等相互衔接,形成一个有机的整体。组织是达到目标、实现计划的保证。通过合理组织,企业的各项活动才能有条不紊地进行。

（四）指挥

这是指企业对内部各机构和各类人员的活动进行领导和督促,使其各负其责,各尽其职,完成计划规定的任务。正确指挥和调度才能保证企业的生产经营活动正常、有秩序、有成效地进行。

（五）控制

这是指按预定的目标和标准,对经营活动进行系统的监督、检查,发现偏差及时纠正,使工作按原计划进行或适当调控计划以达到预期的目标。通过有效控制才能保证生产经营活动按计划进行,实现决策目标。

（六）协调

协调即调节和处理企业在生产经营活动中各方面的相互关系,解决各部门和员工之间出现的一些矛盾和分歧,使生产经营过程中各环节达到基本平衡。协调通常又分为对外协调和对内协调。对外协调是指企业与外部环境和有关单位之间关系的协调;对内协调是指企业内部各部门之间、各生产环节之间、各种资源之间的协调。通过协调,使企业各方面的工作相互配合,步调一致,实现共同的目标。

（七）教育

教育即对企业全体职工进行思想政治教育和业务培训,进行必要的奖惩,提高职工的业务水平和工作能力,充分发挥他们的积极性、主动性和创造性。

三、种子企业经营管理的特点和内容

（一）种子企业经营管理的特点

种子企业经营管理有以下特点。

1. 种子企业经营管理的特殊性

种子企业经营的是种子这种有生命的、特殊的生产资料,由于受自然条件的影响,种子生产有较大的风险性。为了组织好种子的经营,要特别重视对农业生产发展情况、耕作改制情况和种子需求情况的预测。种子的寿命是有限的,在生产经营过程中又容易造成混杂,如果保管不好还会失去或降低种用价值。这些都是种子企业经营管理的特殊性。

2. 种子企业经营管理的复杂性

种子企业的经营管理及活动内容涉及农业生产、工业生产和商业性经营业务,不但要销售种子，还要积极开展多种经营。在种子生产经营活动中，要安排良种的生产、加工和购、销、调、存，既要为农业增产服务，又要提高自身的经济效益；既要处理企业与国家的关系，又要处理与其他经济组织和有关部门之间的关系；既要处理企业与农民的关系，又要处理企业和下属单位及职工之间的关系。所以，种子企业的经营管理比其他单纯生产性的企业或商业性的企业要复杂得多，困难得多。

3. 种子企业经营管理水平不同

不同的企业所在地区的自然条件和社会经济条件不同，发展的历史、员工的素质和改革的进程不同，因而经营管理水平也不相同。一般种子企业经营管理的基础工作比较薄弱，管理人员的业务素质不高，这些问题急需解决。

（二）种子企业经营管理的内容

种子企业经营管理的内容主要包括以下几个方面。

（1）合理确定种子企业的管理体制和组织机构，配备管理人员并努力提高其素质。
（2）搞好市场调查，掌握生产经营信息，进行经营预测和决策，确定经营目标和计划。
（3）编制经营计划，签订经济合同，加强计划管理和合同管理。
（4）建立和健全经济责任制和管理制度，正确处理各方面责、权、利关系。
（5）搞好种子生产基地建设，生产出量足质优的种子。
（6）加强种子质量检验和精选加工，把好种子质量关。
（7）加强种子收购、贮藏、调运、销售的管理。
（8）搞好资金管理和流通费管理，合理分配公司赢利。
（9）正确分析企业的各项经济活动，总结经验教训，评价企业的经济效益。

第三节　种子经营信息管理

信息技术的充分发展和运用，信息产业的迅速崛起，信息商品的不断生产、交换，信息市场的兴起并发挥作用，已经创造了一种全新的社会环境，即信息社会。经营信息是信息社会的一种重要信息。

一、种子经营信息的概念

信息是反映客观世界中各种事物特征和变化的一种可传播的知识，或者说是具有新内容的消息、数据，是人们在实践活动中为了认识某一客观事物或解决某一问题所必需的资料。信息是由信息实体和信息载体构成的整体。信息实体是指信息的内容。信息载体是指反映信息内容的数据、文字、声波、光波等。信息实体要通过信息载体才能显示和传输，如报纸登载某种子企业的广告，该广告的内容是信息实体，报纸登出的广告是文字，这是信息载体。由此可知，信息不是物质，但又不能离开物质。信息必须借助物质载体才能显示、传输和储存。

经济信息是对反映经济实况的各种消息、情报、资料、指令等的总称。经济信息是信息中的一种重要类型。经济信息是特种经济资源和无形的财富。

种子经营信息是经济信息的一种，是关于种子经营目标、经营过程和经营结果的新消息、新情报和新资料。种子企业制定经营目标需要信息，同时也发出信息。种子企业在种子经营过程中通过资料、数据、报告、图表等形式，使其不断循环流动而形成经营信息。种子经营信息应用的综合反映又成为经营结果信息。

二、种子经营信息的特点

种子经营和种子企业管理都离不开信息。信息作为经营工具，具有突出的特点。

（一）社会性

经营信息不同于生物系统内部的自然信息，它是人与人之间传递的社会信息，反映的是人类社会的经济活动，并且采用人们共同理解的文字、数码、符号和信号，可以传输和贮藏。

（二）有效性

种子经营信息是为发展经济服务的。有效的种子经营信息会帮助种子经营者采取有效的决策和管理措施，产生巨大的经济效益。

（三）时间性

由于种子经营经常处在运动之中，经营信息也在不断产生和流动。随着时间推移和经济的发展，经营信息在不断地补充和扩大。由于种子生产的季节性，种子经营信息就具有强烈的季节性，即种子经营信息随着时间的变化而变化。

（四）地域性

经济基础和发展水平的地区差别决定了种子经营信息具有明显的地域性，从而使信息的适用范围受到一定的限制。由于种子生产的地区性，种子经营信息也具有鲜明的地域性，即种子经营信息随着地点的变化而变化。

（五）分散性

由于种子的生产和使用均分散在广大农村，所以种子企业在获得、发出和应用经营信息时都表现出分散性。

（六）接收差异性

由于接收者所处的地区和科学文化水平的差异，造成种子经营信息被接收的程度差异较大。接收者所处环境状态越好，种子经营信息的接受率越高。

三、种子经营信息的内容

种子经营信息包括以下几方面的内容。

（一）市场信息

种子市场信息应立足于目前市场、地区市场和国内市场，同时也要放眼未来市场、国际市场。种子市场信息的主要内容有市场环境信息、市场需求信息、市场供给信息和市场价格信息等。

（二）生产信息

生产信息包括种子生产基地的布局与生产的品种、世代、质量和数量以及生产的技术规程和组织等。

（三）财务信息

财务信息包括种子企业和行业的财务会计信息、资金筹集和运用信息、成本和价格信息、收入和盈亏信息等。

（四）经营水平信息

经营水平信息包括种子企业和行业的经营体制、组织结构、领导素质、经营目标、经营计划、经营规模、经营信誉、经营责任、统计会计制度、经营效益信息等。

（五）其他信息

其他信息包括与种子经营有关的政策信息、法律信息和科技信息、竞争信息等。

四、种子经营信息的作用

种子市场导向作用是靠种子经营信息的导向作用实现的，市场导向的实质就是信息导向。在种子企业生产经营中，经营信息的导向作用主要有以下几方面。

（一）经营信息是搞好经营决策的依据

种子经营管理的重点是经营，种子经营的核心是决策。科学的决策必须以准确、及时的信息为依据。市场经济要求以符合实际的市场供求信息作为决策的依据。因此，只有掌握了充分可靠的信息，对情况了如指掌，才能不失时机地做出成功的决策，并使决策付诸实施。

（二）经营信息反映市场供求运动

市场需要什么，缺什么，都由种子经营信息显示，进而引导种子生产、交换、分配和消费，逐步实现供求的相对平衡。

（三）经营信息是沟通各部分、各单位和各环节的纽带

社会分工和不同占有是市场经济产生的客观条件。种子企业与其他单位之间必须互换产品和劳动，以维持各自的生存和发展。其前提是各方面要靠种子经营信息建立依存关系，保持密切的联系，使各部门、各单位和各环节的经济活动相互配合，协调发展，正常运转。

（四）经营信息是提高经济效益的基础

经营信息的数量多寡、质量优劣、传递的速度快慢，决定着种子企业的成败与经济效益的高低。种子经营者如果能经常得到及时、准确的种子经营信息，就能做出正确的决策，使自己生产经营的种子在社会同类产品中占据有利地位，从而获得较高的经济效益；反之，如果经营者孤陋寡闻，消息闭塞，对市场动向反应迟钝，不能适时地做出应变决策，就会使自己处于被动地位。因此，种子企业要提高经济效益，必须充分重视使用好种子经营信息。

五、种子经营信息管理的要求

为了科学决策和提高经济效益，种子经营信息管理有以下基本要求。

（一）准确

准确就是要如实地反映客观情况，要客观地反映经营条件的特征和变化。准确是种子经营信息的生命。准确的信息可以帮助经营者做出正确的决策，不准确的和错误的信息，则会把决策者引入歧途，并导致经营的失败。

（二）及时

及时就是要最迅速、最灵敏地在短时间内尽量收集和传递更多的信息。信息具有时效性，只有及时准确地获取瞬息万变的市场信息，才能不失时机地做出有效的决策。如果延误了时间，就会使信息的价值降低或消失。

（三）适用

适用就是按照决策的需要和不同的使用场合，给决策者提供迫切需要的、最能提高经济效益的信息。所用信息必须着眼于经营活动的实际需要，一定要围绕经营目标获取和使用信息。

（四）经济

经济就是要用较低的费用获得价值较高的信息。从经济的要求考虑，一方面应努力节省获取信息的费用，至少不能使获得信息的费用大于依据其决策而得到的纯收入；另一方面应努力提高信息质量和有效性，信息的质量和有效性提高了，其价值也就相应地提高了。

六、种子经营信息的处理和应用

（一）种子经营信息的处理

种子企业管理要十分重视种子经营信息，要将种子经营信息处理列为企业经营管理工作的主要内容。种子经营信息的处理，即对所收集来的初级信息进行分析、透视、过滤、加工，去伪存真。此项工作要达到三个方面的转化：①由"粗放型"向"效益型"转化，就是要开发高层次、能产生效益的信息；②由"零散型"向"系统型"转化，因为有的信息从表面看似乎没有多大价值，但如果加以综合分析，就有可能发现重要价值，因此，不能孤立地处理这些信息；③由"封闭型"向"开放型"转化，在市场经济条件下，进行决策时特别需要掌握"外地"行情。在信息处理中要注意一防有假，二防过时，三防片面，四防迟缓，五防讹传，六防草率。

种子经营信息的处理过程，包括信息的收集、加工、贮藏、传输和反馈等几个环节。

1. 信息的收集

这是提高处理信息能力的基础。种子经营管理首先要对整个生产经营过程进行科学的预测和决策，这需要有足够数量的信息资源。一般情况下，需要收集的信息有两个方面：一是种子企业外部的信息，包括生产资料（原材料）供应情况，市场上各类种子的投放数量和销售价格，同行业、同类种子生产的动向等；二是种子企业内部信息，包括生产进度、技术水平、生产任务和成本计划完成情况、产品销售情况、生产经营收支和盈亏情况等。收集信息的方法包括：①调查法，即走出去调查访问，请进来咨询；②阅读法，即经常阅读有关报刊资料；③会议法，即主动参加有关种子的会议；④网络法，即建立信息网络。

2. 信息的加工

这是用科学的方法对收集的大量种子经营原始信息进行筛选、分类、综合、整理、分析、鉴定，聚同分异，去伪存真，使之系统化、条理化，以确保信息的质量和真实性，便于保管、传递和使用。种子经营信息的加工，首先是对大量的原始信息进行筛选，即通过检查剔除虚伪的、过时的和与决策目标无关的信息。然后按照种子经营信息所反映的问题性质及其用途进行分类。在分类的基础上，还要对同一类别的信息进行汇集、排序、计算和整理。此外，种子经营信息加工还应包括对信息的分析研究，即运用定性分析、定量分析和经济预测的方法，对反映经营活动的信息资料进行分析评价，以便发现问题，挖掘其利用价值。

3. 信息的贮存

经过加工的种子经营信息，有的是当即使用的，有的并不当即使用。即使当即使用的信息，往往也需要在使用之后保存下来，留以后参考。信息贮存的目的，一是备今后决策使用，二是通过信息的贮存和积累对经营活动进行动态的、系统的、全面的分析和研究。信息贮存的方式，根据具体条件而异。可通过各种载体，比如书刊、图片、数据、录音（像）带、档案卷宗、计算机等，将信息积累起来，以便研究种子生产经营的规律，为种子经营管理提供信息服务。为了使用方便，对贮存的信息还应编成摘要、索引，以便使用时能迅速、准确地提取。

4. 信息的传输

种子经营信息处理的目的是为了使用。经过加工、整理的种子经营信息，只有及时传输到使用者手里，才能起到应有的作用，转化为经济效益。现在传输信息的手段大致有三种：第一种是人工传输，这是最简易的、也是较落后的传输手段；第二种是电信传输，即利用电话、电报和传真等传输信息；第三种是计算机网络传输。

5. 信息的反馈

决策者根据经济信息制定经营决策和经营计划，在决策和计划实施过程中又会产生新的信息。这些反映决策和计划实施情况的新数据和新情报，输送到经营管理人员手中来，就是信息的反馈。企业经营者根据反馈的信息，修正决策，调整计划，改进生产。这样循环往复，就形成了一个经济信息与产品生产的反馈信息系统。这个系统使企业不断改进生产和管理。因此，信息反馈能及时发现决策和计划执行中的偏差，是有效地进行控制和调节的重要依据。

（二）种子经营信息的应用

种子经营信息的应用注意要做到如下几点。

（1）把种子经营信息开发与本企业的经营实际情况结合起来，从而有效地实现其信息价值。

（2）把种子经营信息的开发利用与宏观和微观市场综合分析结合起来，预测并掌握种子市场发展趋势。

（3）把种子经营信息开发利用与解决本企业的难点问题结合起来。

（4）把种子经营信息的开发和利用与政策研究结合起来，预测市场的动态和规律。

同时，应用种子经营信息要注意以下几方面的问题。

（1）信息的时效性。即在有效的时间内，要充分发挥信息的作用，避免因信息过时而导致经营决策失误。

（2）信息的角度性。即要注意从不同的角度去观察、分析，对每一条信息都要进行纵向思维、横向思维、逆向思维，挖掘其潜在价值。

（3）信息的系统性。即掌握大量而全面的信息并提高信息的系统化程度，形成全面、正确的认识，避免因信息片面而导致经营决策失误。

（4）信息的开放性。有的信息在本地区没有多大价值，甚至没有市场，但换一个地区却非常有价值。

（5）信息的保密性。对当地急需的新品种、新技术信息，如能及时捕捉并率先开发利用，在一定的阶段注意保密，就可能捷足先登，领先一步，在市场竞争中取得主动权。

第四节 种子市场调查

种子市场调查是种子企业市场经营活动的重要内容。它通过对市场环境的分析研究，使种子企业的生产经营活动自觉地适应市场经济的发展和要求，同时能够更好地保证种子企业经营决策与经营计划的正确性和科学性。

一、种子市场调查的概念及意义

（一）种子市场调查的概念

传统上，种子市场调查是以种子市场为对象，用科学的方法系统地收集和整理有关种子市场营销的信息和资料，为搞好种子市场营销工作提供依据。随着社会经济的发展，市场调查概念的外延更为扩大。它不仅以市场为调查研究的对象，而且以市场营销的每个阶段及市场运营的所有功能作为调查研究的对象。因此，种子市场调查是指运用科学的方法，有目的、有计划、系统地收集、整理和分析研究有关种子市场的信息，以便了解种子营销环境，发现问题及机会，为种子企业的市场预测、经营决策和制定营销策略提供可靠的依据。

（二）种子市场调查的意义

种子市场调查是种子企业经营管理和种子营销的一项重要工作。种子企业经营种子的目的是获取最高利润。要达到此目标，就要掌握种子市场的各种信息，研究经营策略，面向市场，适应市场，取得主动权。市场不仅是经营的终点，而且也是经营的起点。种子市场上需要什么种子，需要多少，只有通过种子市场调查才能做到心中有数，才能把握种子市场的状况和发展趋向，为种子企业经营预测和决策提供真实可靠、充分完整的信息资料，而经营预测和决策是否正确，直接关系到种子企业的兴衰成败。市场调查对种子企业的生产经营活动的重要意义主要有以下几个方面。

1. 种子市场调查是了解和认识种子市场的重要手段

种子市场调查是了解和认识种子市场的重要手段。一个种子企业能否生存和发展，关键看其种子商品和提供的服务能否满足种子市场的需求。而种子市场的供求规律又受到种子商品供应和需求两方面因素的影响。通过对种子库存和生产情况的调查，可以了解种子的供应总量。通过对种子用户的种子购买情况及影响因素的调查，可以了解产品的需求总量与需求结构。在对种子市场的调查中获取了相关信息资料，掌握了种子市场供求状态，就可以制定种子供应总量计划和品种计划，合理均衡地组织种子市场供应，科学有效地引导种子市场需求，从而根据市场和企业本身的实际，决定企业的发展方向。

2. 种子市场调查是种子企业制定和调整市场营销策略的重要依据

市场调查有利于种子企业把握其种子产品在市场竞争中的位置，便于制定相应的种子营销策略，为选择目标市场、采用促销手段、建立分销渠道、制定合理价格、开发新产品等提供决策的依据。在经营决策的实施过程中，通过种子市场调查获取的情报资料，可以了解种子市场实际的供求变化状况，检验种子企业的种子营销策略是否可行，监测和评价营销活动还有哪些疏漏、不足和失误，认识营销环境是否发生了新的变化以及时修改或矫正市场营销策略。

3. 种子市场调查是种子企业进行企业经营预测和科学决策的基础

现代种子企业管理的中心在经营，经营的重点在决策，而信息是一切经营管理决策的前提。只有通过种子市场调查收集到比较齐全和准确可靠的信息，并对信息做出科学而切合实际的分析，种子企业才能对市场变化趋势做出科学的预测，才能制定正确的经营战略与计划，减少失误，把风险降到最低程度。

4. 种子市场调查是种子企业参与市场竞争不可缺少的工具和手段

通过种子市场调查，可以掌握本企业的客户和市场占有情况，了解主要竞争对手在市场营销四大要素方面的方法及策略，知己知彼，取长补短，增强本企业的竞争能力，在市场竞争中占据优势。

二、种子市场调查的内容

在市场经济条件下，种子生产经营要以市场为导向，以销定产，这就要求种子企业对种子市场进行认真的调查研究。根据各种子企业不同的目的和要求，种子市场调查的范围、内容和侧重点各不相同。但按照种子生产经营的一般要求，种子市场调查的基本内容有下面几方面。

（一）种子市场环境调查

种子市场环境有政治、经济和社会环境。政治环境主要指国家关于种子工作的法律、方针、政策规定。经济环境主要是国家和地方财政、信贷对种子工作的支持程度和农业种植结构的变化情况以及农民经济收入的状况等。社会环境主要是农民价值观念、科技水平和传统习惯的变化情况。

（二）种子市场需求调查

种子市场需求量调查的主要内容有以下几方面。

1. 市场需求量调查

市场需求量调查即对种子企业所服务的范围内种子需求总量的调查。种子企业要对种子市场的现实需求和潜在需求做出量的分析，用数量表示市场需求。

2. 市场需求结构调查

市场需求结构的调查着重考虑农作物种植结构和种各种作物的品种结构等因素。

3. 市场需求趋势调查

随着农村经济的发展和科学技术的进步，农业对种子的需求也不断发展变化。为此，必须对种子需求的发展趋向进行调查，以便了解未来种子需求情况。

4. 种子用户调查

种子用户调查主要调查种子用户的购买动机和购买行为以及影响其种子需求的各种因素，从而弄清现实和潜在的市场容量。通过对新老种子用户的增减以及各地销售情况进行分析，找出原因，对症下药，把失去的用户请回来，保住老朋友，发展新伙伴。

（三）种子市场供给调查

在一定时期和一定市场范围内，可以投放市场的种子数量为种子的市场供给量。要在查明种子的生产量、商品量、储备量和进口量的前提下，调查种子市场的供给量，并对总供种量中各类种子的比例进行调查。

（四）种子生产基地调查

由于各制种基地的自然条件、地理情况、物质基础、管理水平等各不相同，再加上受自然灾害的影响也各不相同，导致各地的单产和总产与原来预计的有出入，这一结果直接影响到各地种子的成本变动，最终影响到种子的最后价值。只有对整个种子市场有一个准确的了解，才能制定出合理的价值，既要避免价格定得过高，把种子用户推给别人，造成自己种子积压；也要防止价格定得偏低，影响企业的经济利益。

（五）种子营销策略调查

这主要是对种子企业的品种、价格、促销和营销渠道等情况的调查。通过调查了解自身营销策略的实施情况，提出改进措施，以利于扩大销售。

1. 品种调查

无论什么品种都有其一定的适应范围，种子企业要想使自己所经营的种子有恰当的市场，就有必要知道需种地的生态区划，各个生态区划的主推品种以及种子用户希望得到什么样的品种。要想达到这个目的，就要进行认真深入的调查，用调查的结果来指导种子的生产，这样种子企业所生产的种子才有市场，即所说的品种对路。同时，还可以用调查的结果指导育种工作，使育种有明确的目标。

2. 价格调查

为了在激烈的种子市场竞争中立于不败之地，就必须对种子的预测价与实际价相符合程度进行实地调查，并贯穿于整个销种季节，把种子市场的每一点变动都及时准确地提供给决策者，以争取主动。

3. 促销调查

首先，要对包装、广告和服务等促销手段和方法进行调查。购种者不仅对种子实体有需求，而且对种子包装、广告和服务也有较高要求，了解购种者这方面的需求情况，也是市场调查的重要内容。其次，要对本企业各个品种及各地区每年的销售情况进行分析，对那些销售量逐渐减少的品种进行认真研究，找出原因，及时调整品种。

4. 营销渠道调查

种子营销渠道反映着种子从生产者手中转移到用种者手中所经过的流通渠道状况。对营销渠道应调查其类型、各类型所处的地位和作用以及购销网点的设置和变化等。

（六）种子竞争形势调查

这主要是调查竞争对手的数量和规模，拥有的资金、技术和装备以及经营动向，新品种研发等情况，还要调查其经营种子的品种、数量、质量、价格、分布、市场占有率和服务等情况。通过调查，做到知己知彼，以便确定竞争策略，生产出更具竞争力的品种来占领市场，提高市场占有率，从而战胜竞争对手。

三、种子市场调查的步骤

种子市场调查必须按照一定的科学程序，有目的、有计划地进行，并保证调查的准确性。市场调查全过程分为三个阶段六个具体步骤。

（一）调查准备阶段

首先要针对企业在市场营销中存在的问题确定调查目标并拟订调查方案，主要包括两个步骤。

（1）确定调查目标。市场调查是为了解决种子企业市场经营中存在的问题（即生产经营现状与应达到的目标之间的差距）。

（2）拟订调查方案。根据调查目标，拟订调查方案。调查方案一般包括调查目的、调查内容、调查地点、人员组织、调查步骤、调查方法、调查表格和调查问卷的设计准备等内容。

（二）正式调查阶段

正式调查阶段也有两个具体步骤。

（1）现场调查。按照调查方案开展深入、细致、全面的调查。

（2）收集资料。在调查过程中要全面收集与调查有关的各种资料。一类是一手资

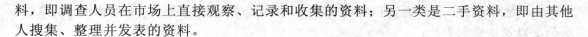

料，即调查人员在市场上直接观察、记录和收集的资料；另一类是二手资料，即由其他人搜集、整理并发表的资料。

（三）结果处理阶段

结果处理阶段的两个具体步骤。

（1）对正式调查阶段取得的资料进行分类、整理、校对、统计、列表、绘图，并在此基础上进行分析，以掌握市场发展的动态，供书写调查报告之用。

（2）根据调查研究和分析的情况写出调查报告，以供企业决策之用。

四、种子市场调查的类型和方法

（一）市场调查的类型

市场调查按调查对象可分为全面调查与非全面调查（全面调查即普查，非全面调查包括重点调查、抽样调查和典型调查等）；按调查方式可分为直接市场调查和间接市场调查等；按调查目的可分为探索性调查、描述性调查、因果关系调查等；按调查的范围可分为专题性市场调查和综合性市场调查；按调查时间可分为一次性调查、经常性调查和追踪调查。这里只介绍探索性调查、描述性调查、因果关系调查。

1. 探索性调查

探索性调查是当企业对需要调查的问题不清楚，无法确定需要调查哪些具体内容时的试探性调查，一般是在正式调查之前进行的初步、肤浅的、具有试探性的调查。这种调查的特点是面广而不深，仅是探测情况的调查，是为专题调查提供情况的。它可以帮助企业查明问题产生的原因，找出问题的关键，确定进一步调查的重点内容，以便再采用其他类型的调查。

2. 描述性调查

它是指如实地、详细地、全面地对调查对象所进行的调查。这种调查的特点是广度不宽，而深度较深，它要求实事求是地描述市场情况。这种调查通过详细的调查和分析，对市场营销活动的某个特定方面进行客观的描述，以说明其性质与特征。描述性调查的主要目的是真实地描述和反映调查对象目前的现状，以便企业对此有比较全面的了解和正确的认识，同时了解有关问题的相关因素和相关关系。

3. 因果关系调查

它是指为了弄清问题的原因和结果之间的关系，搜集有关自变因素与因变因素的材料，分析其相互关系的调查。它可分为两类：一类是由果探因的追溯性调查；一类是由因测果的预测性调查。其主要目的是确定有关事物的因果联系或者影响事物发展变化的内在原因，为企业经营决策提供信息。通常是在描述性调查所收集、整理资料的基础上，通过使用逻辑推理和统计分析方法，找出不同因素之间的因果关系或函数关系。

（二）种子市场调查的方法

市场调查的方法，按调查方式划分，有直接调查法和间接调查法；按调查范围分，有普查、抽样调查、重点调查和典型调查。下面仅介绍直接调查法中的询问法、观察法、实验法以及抽样调查法。

1. 询问法

这是由调查人员用提出问题征求答案的方式，向调查对象搜集市场资料的方法，也就是调查人员将要调查的内容以走访面谈、电话询问、书面信函等形式向被调查者提出询问，从而获得所需的各种资料。这种方法是请求对方回答要调查问题的事实、原因和意见。其优点是方法较直接，提问的方式和深度可以灵活掌握，对不清楚的问题可以当面解释和补充，所得资料的准确性和真实性较高，资料搜集效率高。其缺点是此方法中信函的回收率可能低。

2. 观察法

它是指调查人员亲临现场直接观察、记录被调查的人和事，以了解商品的营销情况，判断消费者的购买态度、行为和感受，收集有关资料的一种方法。此法又分为直接观察法、亲身经历法和行为记录法等。其优点是调查时被调查者并不感到正在被调查，调查者能深入调查真实情况，调查结果具有较高的准确性和可靠性。其缺点是观察不到被调查者的内在反映，不能探究市场内在的因果关系和消费者的动机。

3. 实验法

它是指通过各种营销实验调查市场和搜集市场营销资料的方法，也就是对调查项目进行实验。此法常采用设立商品销售区（点）、商品展销会、看样订货会等形式来进行市场调查活动。同时，调查人员也可装扮成顾客，对本企业的商品及销售服务进行身临其境的实验购买活动。种子经营策略改变时，可先采用实验法进行市场调查。比如，当某种子销量大时，可做降低价格的试销实验，以确定降价多少，尽量减少损失；又如，包衣种子对销量影响的实验等。其优点是方法客观、切合实际，缺点是时间长、费用大。

4. 抽样调查法

市场调查时，要根据调查对象的多少分别采用全面调查和抽样调查法。一般对于数量少的用户可采用全面调查法。但对于数量多的用户，如种子用户只能采用抽样调查法。抽样调查法就是根据数理统计与概率论理论，在全体调查对象中随机选择其中部分（样本）进行调查，以获得总体情况的方法。抽样调查法又有随机抽样与非随机抽样两种方法。

第五节　种子经营预测

一、种子经营预测的概念和意义

预测就是对未来事情状况的研究和推测，是一门研究如何对未来事物状况做出估计的学问，是对客观事物未来发展的预料、估计、分析、判断和推测。

种子经营预测是在市场调查的基础上，运用科学的方法和手段，根据种子市场的过去和现状，对种子经营未来的变化及其发展趋势所做出的预见和推测的过程。种子经营预测是种子生产经营活动中的一个重要环节。

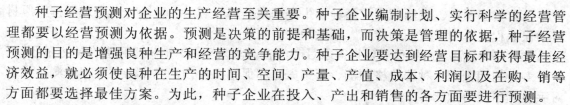

种子经营预测对企业的生产经营至关重要。种子企业编制计划、实行科学的经营管理都要以经营预测为依据。预测是决策的前提和基础，而决策是管理的依据，种子经营预测的目的是增强良种生产和经营的竞争能力。种子企业要达到经营目标和获得最佳经济效益，就必须使良种在生产的时间、空间、产量、产值、成本、利润以及在购、销等方面都要选择最佳方案。为此，种子企业在投入、产出和销售的各方面要进行预测。

预测是实行科学经营管理的重要依据，主要表现在以下几方面。

（1）科学的经营预测，能根据已掌握的经济信息和调查资料，推测未来一定时期内种子市场供求情况及其发展趋势，为种子企业生产经营决策提供依据。

（2）科学的经营预测，能提高种子企业生产经营管理水平，增强企业的市场竞争能力，实现企业生产经营目标。

（3）科学的经营预测，能反映种子商品需求和供给情况，以指导种子企业的种子生产和营销，即对种子生产和营销具有导向作用。

二、种子经营预测的原理

（一）可测性原理

一切事物的运动、变化，总是有其规律的，因而也是可以预测的。可预测性原理是种子经营预测一条最根本的原理。

（二）连续性原理

事物发展过程，总是从过去到现在再到未来。未来市场是过去市场和现在市场的延续。连续性原理的理论基础是时间序列方法。

（三）因果性原理

种子市场需求变化受多种因素影响，某一因素变动将影响种子市场需求的变化，这种相关性表现为因果关系。根据因果性原理，常用线性回归的因果关系预测法进行种子经营预测。

（四）类推性原理

世上之事物数以万计，但许多事物有类似之处，其发展和变化也存在着相似性。因此，掌握了某一事物的发展变化规律后，便可以此类推，推测出同类事物的发展变化规律。

（五）系统性原理

种子企业的生产经营活动是在特定的系统内进行的。系统是一个整体，其某一构成变量的变动，会影响其他变量乃至整体的变化。因此，可采用系统性原理来推断预测种子市场需求等变化及其发展趋势。

三、种子经营预测的内容和程序

（一）种子经营预测的内容

种子经营预测的内容可概括为以下几种。

（1）资源预测。资源预测包括种子生产基地的开发利用、劳动力的合理安排、原材料的保证程度、中试产品的转化、环境的变更等。

（2）市场预测。市场预测包括需求量和潜在需求量预测、销售量和潜在销售量预测、种子寿命周期预测、种子价格预测、营销渠道和促销手段预测、市场占有率预测、竞争对手及竞争能力预测等。

（3）品种预测。品种预测包括品种资源、新品种引进开发、种子基地产种量、种子贮藏寿命及经济效益等方面的预测。

（4）经营成果预测。经营成果预测主要是流通费、利润、劳动生产率、人均收入、积累和消费比例关系的预测。

（二）种子经营预测的程序

经营预测是一个由输入和输出及其转换过程构成的系统，输入的是目标、数据、假设、经验等，预测就是运用预测方法进行判断、计算，输出的是预测结果。种子经营预测的程序一般分以下步骤。

（1）确定预测的目的。确定预测目的就是确定要解决的问题。经营决策者要有明确的目的，根据其目的搜集必要的资料，然后确定预测工作的进程和范围。

（2）搜集、整理和分析资料。进行经营预测，必须掌握大量准确的数据和第一手资料，并对资料进行筛选、审查和整理，使资料在时间间隔、计算范围、计算方法、计量单位和计算价格上保持一致。同时，还要建立资料档案，系统地积累资料，以便分析研究经营活动的发展趋势、演变过程和市场动向。经营预测所使用的资料大致有三类：①企业内部的计划、产量、成本、销售量、利润等资料；②企业外部的政治、经济、科技等资料及国家公布的统计数据；③市场调查资料。

（3）选定预测方法和模型。根据预测的目的、所占有的资料、对预测准确度的要求和预测费用等，选择合适的预测方法和模型。

（4）进行实际预测。对预测问题经过分析或计算进行判断、测算，确定其预测结果。根据历史资料进行预测时，应以相对的自然条件、生产条件和经济条件为前提，如自然条件发生突然变化，必然要影响生产条件的变化。

（5）分析预测结果。对预测结果进行研究、分析、判断，修正预测误差，最后确定预测数值。如果搜集的数据和情报不够准确，采用的预测方法不当，就会使预测值和实际值之间出现差距，这就是预测误差。分析预测误差的目的，在于研究产生误差的原因，从而改进预测方法和预测模式，不断提高预测质量。

（6）书写预测报告。预测报告应包括预测目的、预测方法、预测结果、误差范围、预测结果分析、提供此预测值的注意事项以及保证预测值应用的策略、措施等内容。

四、种子经营预测的方法

种子经营预测方法包括定性预测法和定量预测法两类。

（一）定性预测法

定性预测又称判断预测，是预测者根据已有的资料，依靠个人经验和分析能力，对市场未来的变化趋势做出的判断。此方法主要用于两种情况：一是在市场调查所获得的数据和资料不够充分的情况下；二是预测问题受外界因素的影响比较复杂，不便采用定量预测方法时。常用的定性预测法有以下几种。

1. 种子用户调查法

此法选择具有代表性的种子用户，了解其在预测期内的种子需求，以此推断种子商品的市场需求量。可采用派人、发函、电话等形式进行调查。此法预测较准确，但仅限于用户较少的种子商品预测。

2. 集体判断法

此法由种子企业的负责人召集熟悉市场行情的有关部门负责人，集体讨论、研究、分析、判断，以预测今后一定时期内种子商品供求变化及其发展趋势。此法的优点是迅速、及时和经济，并能发挥集体的智慧。其缺点是主观因素多，且易被少数权威的意见所左右，带有一定的风险性。

3. 德尔菲法

德尔菲法又称专家意见调查法，是由对市场营销有专门研究且有丰富经验的专家进行判断的预测方法。此方法让专家充分发表意见，并反复多次，能集中专家的集体智慧，可避免权威人士的影响，提高预测的可靠性，但费时间，工作量大，支付经费较多。

4. 主观概率调查法

主观概率调查法由预测人员对预测问题做出预测判断，再征求各位专家的意见，以形成主观概率，然后求出各位专家主观概率的平均值，确定出预测结果。此法是集体判断法与专家意见调查法的综合，特点是简便易行，又能充分发挥专家的作用，预测的准确性较高。

（二）定量预测法

此法是根据较完备的历史和现实的统计资料和市场调查资料，运用统计公式和数学模型对未来市场需求及其发展趋势做出的定量测定。采用定量预测法的条件包括：①有较完整、准确的历史和现实统计资料和市场调查资料；②预测问题的发展变化趋势较为稳定，即事物的发展变化具有一定的内在规律性；③预测的问题能用数量指标进行描述。定量预测法按处理资料方法的不同，可分为时间序列分析预测法和相关分析预测法。

1. 时间序列分析预测法

此法又称历史引申预测，是将历史的市场需求量或销售额资料按时间顺序排列起来，分析、计算其变动趋势并加以延伸，作为未来的市场需求量或销售额的方法。

（1）简单算术平均数法。此法是将预测期以前的若干期数字相加得和，除以期数得平均数，以此作为下期预测值。此法只适用于短期近似平均状态问题的预测。

（2）加权平均数法。此法是将预测期以前的若干期数据，由远至近逐期扩大权数，然后相加，求出平均值，以此作为下期预测值。

2. 相关分析预测法

此法又称因果预测法，它强调找出事物变化的原因，找出原因与结果之间的联系方法，并据此预测未来。它多用于复杂的预测，需要考虑多种变量之间的关系。最常用的有回归分析法（因果分析法），它是处理变量之间相关关系的一种数理统计方法。（变量之间的关系一般可分为确定性和非确定性两类。确定性关系，就是由一个或几个变量可以精确地求出另一个变量值的关系。非确定性关系，就是指变量之间既存在着密切的关系，又不能由一个或几个变量的数值精确地求出另一个变量值，这类关系也称相关关系。）这种方法是以影响因素为自变量，以研究对象为因变量，根据历史数据资料，预测研究对象未来数量变化的预测方法。它在处理相关关系的经济、技术问题中得到越来越广泛的应用。回归分析法根据有关变量的多少，可分为一元回归、多元回归和非线性回归三种。种子企业在经营预测中，主要运用一元回归预测方法。这种方法是利用一个自变量与另一个因变量之间的关系进行预测的。

第六节　种子经营决策

一、种子经营决策的概念

决策就是判断、选择和决定。种子经营决策是指种子企业为达到预定的目标，在多种可行的生产经营方案中选定一种最优方案的行为过程。从狭义上讲，在种子企业的经营管理活动中，决策是要在可能达到同一目标的多种可行方案中，选择一种最佳方案。从广义上讲，决策除选择决策方案以外，还包括在做出最后选择之前必须进行的一切活动，比如市场调查和经营预测。

种子经营决策是种子企业经营管理过程的核心和基础。经营管理过程就是一个不断做出决策和实施决策的过程。决策贯穿于种子企业经营管理活动的各个环节和各个方面，决定着经营活动的全过程。

二、种子经营决策的特征与要求

（一）种子经营决策的特征

1. 种子经营决策是选优抉择

经营决策是对未来经营活动所做的事先选择和安排，是在进行生产经营活动之前，按照预先确定的经营目标，从各种可行的经营方案中选择最优方案的抉择过程。

2. 种子经营决策是一个过程

种子经营决策包括提出问题、确定目标、搜集资料、拟订方案、分析评价、选优抉择、组织实施和反馈调节等一系列工作过程。选优抉择是其中最关键的环节，但其他任何一个环节的正确程度都会影响到决策的效果。因此，经营决策应是种子企业在对内部条件和外部因素进行综合分析研究的基础上，确定种子企业的生产经营目标，选定行动方案，并付诸实施的过程。

（二）种子经营决策的要求

种子企业的经营决策，实质上是解决外部环境、内部条件和经营目标三者在动态上平衡的问题。由于多种因素影响，这三者常常会出现不平衡，这就必须通过正确的经营决策，尽量使三者的不平衡性降到最低限。这是对种子经营决策的基本要求。种子经营决策应符合下列基本要求。

1. 可行性

可行性是决策的前提。可行性方案是指实施程序比较简单、实施条件容易满足、实施的可能性较大的方案。一定的技术、经济条件对实现预定目标有着约束作用，称为约束条件。其中影响最大的而又有限的条件，称为限制因素。这些约束条件和限制因素，是权衡决策方案是否可行的主要依据。在各备选方案中，对各项约束条件均能适应并能使限制因素得到最大限度利用的方案便是可行性最大的方案。

2. 科学性

决策方案要符合自然规律、经济规律和技术规律的要求。正确的决策必须综合研究自然规律、经济规律和技术规律，坚持科学态度，进行充分的调查、严肃的分析论证和科学的选优。

3. 经济性

决策方案的经济效果要好。在确定经营项目时，一项合理的决策应尽量选择投资少、见效快、收益大的方案。在确定投资方向时，应尽量选择回收期短和专用设备少的方案。决策目标应尽量做到数量化，以便选择经济效益最佳的方案。

4. 时效性

决策要有时间观念。社会经济和科学技术不断发展，种子市场供求不断变化，种子企业决策与时间有密切的关系。当断不断，议而不决，贻误时机，就会降低决策的时效性及其价值。

5. 灵活性

决策要有一定弹性，有回旋的余地。因为种子生产经营中存在着气候、市场等不可控制的因素，决策难免会有一定的偏差，并可能导致严重的后果。因此，种子经营决策应具有一定的弹性并有备选方案，以便应付出现的不利情况。

三、种子经营决策的分类和内容

（一）种子经营决策的分类

种子经营决策按不同的标准、角度和情况可以划分为若干主要类别。

按决策问题的性质，种子经营决策可分为战略决策和策略决策。战略决策即与确定种子企业发展方向和远景有关的重要决策。策略决策是为实现种子企业战略目标所采取的必要手段，它比战略决策更具体，考虑的时间也短，主要依靠和动员企业内部的力量来实现战略目标。

按决策问题能否用数量表现，种子经营决策可分为数量决策和非数量决策。数量决策是指决策的目标要求有一定的准确度，比较容易采用数学方法做出最优方案。非数量决策就是用数学方法解决比较困难，主要依靠决策者的分析判断来做出决策。

按决策问题出现的情况和处理的方法，种子经营决策可分为常规性决策和非常规性决策。常规性决策是指经常的、大量的、反复出现的事物的决策。由于这类决策经常出现，容易摸出规律，可以采用一套常规的处理办法和程序。非常规性决策是指对偶然出现的事物的决策。事物都是在不断发展、变化的，新情况、新问题也在不断出现，所以必须准备预案，以应付不测，及时做出决策。

按决策问题所处条件的不同，种子经营决策可分为肯定型决策、风险型决策和非肯定型决策。肯定型决策就是了解未来的有关资料状况，依据准确可靠的资料而做出的决策。风险型决策就是不能完全肯定未来的有关状况，对其发生的可能性，虽然有初步估计，也能掌握初步的统计数值，但做出的决策有一定的风险。非肯定型决策就是对未来的有关状况不清楚，根据分析推理所做出的决策。

（二）种子经营决策的内容

种子经营决策包括以下内容。

1. 生产决策

生产决策主要包括经营品种的选择和组合、生产基地的选择和实施、生产组织、生产要素组合、原材料采购和储备、设备更新等方面的内容。

2. 销售决策

销售决策包括市场销售渠道、销售方式、销售量和销售地点以及运输方式的选择，销售价格、服务内容和方式的决定，包装、商标及广告种类的选择等。

3. 品种和经营量决策

种子作为商品有其特殊性：①种子是有生命的商品；②种子使用价值有区域性、单一性和重复性；③种子使用时间有季节性和局限性；④种子用量有有限性。根据种子商品的这些特性，在进行品种决策时，要依据种子的生命性、区域性和季节性；在种子经营量决策时，要依据种子使用价值的单一性和重复性、时间的局限性和用量的有限性进行全面权衡和综合考虑。

4. 财务决策

财务决策主要是筹资决策和投资决策。筹资决策要确定资金来源和筹措办法，研究各种非货币投资的折价办法。投资决策是解决资金的投向和投资项目的选择，应选择投资少、见效快、收益大的投资方案。

5. 经营方式决策

种子营销的复杂性和用种户需求的多样性，要求经营方式多样化。种子企业可采用多种多样的经营方式，如单一经营、综合经营、自营、联营等。企业要根据其外部环境和内部条件选择最有效的经营方式。

6. 经营目标决策

经营目标决策即决定在一定时期内预期达到的目标，如种子购销增长目标、提高经济效益目标、品种结构调整目标等。

四、种子经营决策的基本步骤

种子经营决策包括以下基本步骤。

（一）确定决策目标

决策目标是根据种子企业所要解决的经营问题而确定的。经营问题是指企业的现状与标准之间存在的差距。标准一般是指同行的先进水平、本企业历史的最好成绩和科学预测的发展结果等。目标是指在一定的环境和一定条件下，在一定时期内经过努力所希望达到的结果。为此，需要认真研究应解决的问题。

（1）决策目标的依据。正确的决策目标必须对决策问题的性质、特点和范围有清楚的了解，尽量以差距的形式把问题的症结表达出来，应找到产生差距的真正原因。

（2）目标必须具体、明确，即目标必须是单一的，而且只能有一种理解。

（3）目标的约束条件。在约束条件中，一类是客观存在的限制条件，另一类是给目标附加一定的主观要求。

（4）多目标问题的处理。处理多目标问题的基本原则是在满足决策需要的前提下，尽量减少目标个数，同时要分析各个目标重要性的大小。

（二）拟订各种可能方案

可能方案是指具备实施条件，能够解决某一经营问题，保证决策目标实现的经营方案。供选择用的可能方案，称为备择方案。决策在于选择，没有选择便没有决策。因此，拟订一定数量和质量的备择方案，是经营决策的前提。根据决策问题的复杂程度及影响因素的多少确定可供选择方案的拟订数量。对于比较复杂的决策问题，拟订方案的工作一般可分成两个阶段。第一阶段是大胆设想，即从不同角度和多种途径，设想出多种可能性方案，以便有选择的余地；第二阶段是精心设计，即确定方案的细节，估计方案的实施结果。拟订备择方案，要符合整体详尽性和互相排斥性的原则。整体详尽性是指拟订的全部备择方案应把所有的可能方案都包括进去，不能遗漏，特别是要防止遗漏最佳方案。互相排斥性是指不同的备择方案之间必须互相排斥，方案之间不能互相包含。

（三）选择方案

拟订备择方案以后，接着便要对备择方案进行评价、比较，并在此基础上进行优选。评价和比较方案要采用价值标准。在众多的备择方案中会有最优解，但在复杂的情况下，只能得到简化和近似令人满意的解。所以，最优选择即令人满意的选择。要选择好的方案要满足两个条件：一是有合理的选择标准；二是有科学的选择方法。

（四）执行决策

种子企业决策的目的是要使这一决策付诸实施，实现其经营目标。同时，种子企业做出的决策是否正确，也只有在执行决策的过程中才能得到检验，并不断反馈于决策的全过程，使决策更加合理化，不断提高决策的水平。在决策的执行中，由于内外环境的变化，一定要进行跟踪检查，以保证决策执行结果与决策目标一致。

五、种子经营决策的方法

（一）主观决策法

这是在整个决策过程中充分发挥决策者智慧的方法。它是利用决策者的知识、经验和能力，特别是利用在某些方面有丰富经验的专家的集体智慧和创造力，根据已知情况和现有资料做出的决策。此法是在对决策的全过程进行全面系统分析的基础上做出决策，灵活简便，省时省力，但也有一定的局限性。

（二）数量决策法

这是建立在数学基础上的决策方法。它是把决策的变量与变量以及变量与目标之间的关系，表示为数学关系，建立起数学模型，然后根据决策条件通过计算求得决策方案。它主要适用于重复性的决策。按照数量决策法的决策因素的可知程度，可分为确定型决策方法、风险型决策方法和不确定型决策方法。

1. 确定型决策方法

它是在对未来情况能准确掌握的情况下进行的决策。其因素是定型化的，各因素之间数量关系肯定，只要按一定的决策程序进行，便能做出确定的决策。确定型决策常用的有盈亏平衡点分析法和线性规划法等。

（1）盈亏平衡点分析法（又称量本利分析法），是分析产量（销售量）、成本（费用）和利润三者数量关系的定量决策法。

（2）线性规划法。线性规划所处理的是在一组约束条件下寻求目标函数极大值（或极小值）的问题。如果约束条件都可以用一次方程来表示，目标函数也是一次函数，则函数式的坐标图像就是直线。线性规划的数学形式包括目标函数和约束条件两部分。目标函数反映决策者的目的，它是由一些能为人们控制的变量所组成的函数。约束条件是对目标函数中变量的限制范围，它是指为达到一定生产目的所存在的各种具有一定限制作用的生产要素。用线性规划法决策，先要把决策目标列成一个函数式，把约束条件列成一个联立方程组，然后求出能够满足方程组的那些未知数。每组能满足方程组的未知数都是一组可行解，其中有一组是可以满足目标函数式要求的称为最优解。最优解所反映的就是最佳方案。

2. 风险型决策方法

它是对未来情况不完全明确的情况下进行的决策。经营决策者只能估计一种可能性，决策有一定风险，但有自然状态的概率作为参考。风险型决策的变化情况都属于既可预测、又不能准确掌握的变动因素。种子生产经营过程中的大多数问题都属于风险型决策问题。风险型决策一般采用决策树分析法，其步骤包括：第一步，根据决策问题，画成决策树图形；第二步，估算各种自然状态出现的概率；第三步，计算益损期望值；第四步，比较益损期望值，在各方案中选优，作为实施的方案。

3. 不确定型决策方法

不确定型决策问题与风险型决策问题的不同之处在于只能预测可能出现的几种自然

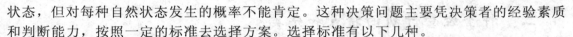

状态，但对每种自然状态发生的概率不能肯定。这种决策问题主要凭决策者的经验素质和判断能力，按照一定的标准去选择方案。选择标准有以下几种。

（1）最大最小决策标准（即小中取大标准）。决策方法是先从每种方案中选择一个最小收益值，然后从这些最小收益值所代表的不同方案中，选择一个收益值最大的方案作为决策方案。用这种办法选择的方案，在最坏的自然状态下不会受多大损失，但在较好的自然状态下也不会得到较高的效益。该方法是一种保守和悲观的决策方法。

（2）最大决策标准（即大中取大标准）。这种方法与小中取大标准相反。其决策方法是先从每个方案中选择一个最大的效益值，然后从这些方案的最大效益值中选择一个最大值作为决策方案。这是一种乐观的决策方法，它在最好的自然状态下，可以获得最高的效益值。

（3）等概率决策标准（即平均效益值标准）。这种方法就是计算每一个方案在各种自然状态下的平均效益值，然后选择平均效益值最大的方案为决策方案。此方法计算方便，易于理解，较为常用，但由于自然状态总是处在发展变化之中，所以决策结果往往不够理想。

（4）最小最大后悔值决策标准（即大中取小标准）。后悔值是指在某种自然状态下，最优方案效益值与其他方案效益值之差额。如果决策人当初没有采取最优方案，而采取了其他方案，就会感到后悔。所以这两种方案的效益值之差称为后悔值。用这种方法决策时，先在每种自然状态下，用最大效益值依次减去其他方案的效益值，计算出每个方案的后悔值，并找出每个方案的最大后悔值，然后在其中选择数值最小的方案作为最优方案。

第七节 种子经营计划

一、种子经营计划的概念和意义

种子经营计划是种子企业根据市场需求和决策，对未来一定时期的经营目标和经营活动所做的统筹安排。

种子企业制定和实施经营计划一是种子企业本身生产经营活动的客观要求，二是具体落实经营决策和经营管理职能的需要，三是提高经济效益的重要手段。在市场经济条件下，种子企业要采用计划手段，编制企业经营计划，组织和调节企业的生产经营活动，以实现经营决策目标。编制和实施经营计划是种子企业的一项重要的经营管理职能。依据预测、决策制定的符合客观实际的经营计划，是种子企业经营管理的依据。种子企业按经营计划组织生产经营，合理安排人力、物力和财力，开展市场营销活动，对整个生产经营过程进行有效地调节和控制，以达到预定的经营目标。也就是说，种子企业的经营计划是在认识客观规律的基础上，根据经营决策所规定的经营目标，协调企业生产经营的各个方面、各个环节的活动及其相互关系而制定的。因此，经营计划是经营管理众多职能之首，起着主导作用。

二、种子经营计划的特点和分类

（一）种子经营计划的特点

种子经营计划有以下特点。

（1）以市场为导向。种子企业的经营计划要以市场需求为出发点，面向市场，实行产销结合、以销定产，符合市场供求规律。以市场需求为导向是种子经营计划的基础。

（2）以营销为核心。种子企业经营计划的内容包括种子生产计划、财务计划、种子营销计划、成本计划、利润计划等，但以种子营销计划为前提。因为种子企业生产的种子，只有销售出去，满足社会需求，才能实现种子的价值，使再生产继续下去。

（3）以利润为目标。种子企业的经营目的，是用种子销售收入补偿生产消耗后有利润。种子企业经营计划强调经济效益。种子企业编制和实施经营计划，必须以提高经济效益为目标，将种子企业的生存、发展和员工的切身利益紧密联系起来，实现利润目标。

（4）以需要定形式。种子企业经营计划在时间、内容和形式上具有较大的灵活性。在时间上可长可短，在内容上可多可少，在形式上多种多样。种子企业可根据复杂多变的内外部具体条件编制经营计划，也可采取不同内容和形式编制经营计划。

（5）以实施为目的。编制种子经营计划只是手段，而不是目的。经营计划编制得再好，如不实施或执行不力，也便失去了编制计划的意义。因此，经营计划以实施为目的。

（二）种子经营计划的分类

种子企业的经营计划可分为综合计划和专题计划两大类。

1. 综合计划

综合计划的内容较全面，通常为企业的整体计划。由于计划期限的长短不同，又可分为长期计划、年度计划和阶段计划。

（1）长期计划（也称远景规划）。它在战略上、总体上确定种子企业的发展方向，展示出未来应该达到的目标，以及为完成计划指标所应采取的重大措施和实施步骤。长期计划的年限一般不少于 3 年或 5 年，多则 10 年，最好与国民经济发展的 5 年、10 年规划一致，在国民经济发展总体目标的指导下决定企业的发展方向。其内容有确定经营方向、生产规模、设备投资、生产成果的主要指标及员工队伍建设的指标。

（2）年度计划。它是种子企业在一年内，根据长远规划的目标和已实现的程度，对生产经营活动做出比较具体、详细和接近实际的安排。它是计划体系中最基本的计划。年度计划有种子流转计划、良种生产繁育计划、种子收购销售计划、种子加工运输计划、基本建设计划、职工培训计划、劳动工资计划、财务计划等。

（3）阶段计划。它是实现年度计划的工具。种子企业的阶段计划主要指对种子的购、销、调、存的作业计划，是保证企业按品种、数量、质量、时间均衡完成流转任务的有力措施。

2. 专题计划

专题计划是为完成某一特定的、关系重大而复杂的任务拟订的专项计划，其特点是以某一项任务为中心，计划对象集中，计划具体详细。

三、种子经营计划的编制

（一）编制依据

编制计划时，一方面要依据国家或上级主管部门下达的指导性计划，另一方面还要依据社会需要、市场调查和历史发展水平，来确定生产经营目标，使计划在国家计划指导下同市场及用户需要挂起钩来。

（二）编制目的

以良种生产经营为中心，以提高经济效益为重点，围绕满足农业生产对良种的需要，组织生产经营活动。

（三）编制原则

编制经营计划时应遵循目的性、科学性、群众性、平衡性的原则，同时坚持以销定购、以购定产和留有余地的原则。

（四）编制程序

首先，要明确种子企业经营所要达到的总目标和具体要求；其次，要收集与生产经营计划有关的一切数据、定额和资料；最后，要调查了解和预测外部环境（如市场）的变化情况。在对这些资料和情况进行全面分析研究之后，再运用科学的方法编制计划。

（五）编制步骤

种子经营计划的编制包括以下步骤。

（1）根据市场调查确定下年度本地区主要作物当家品种、搭配品种、接班品种和有苗头品种的用种量，结合企业当年及历年的平均种子销售量，预测各种种子的销售量。

（2）制定方案并进行评价，以便决策。编制出几种不同的综合计划方案，进行分析比较，从中选出最佳方案。

（3）通过综合平衡，确定正式的计划草案。

（六）编制方法

1. 综合平衡法

这是编制计划最基本的方法。在种子企业的经营活动中，需要通过编制各种平衡表并经过反复核算，达到产需平衡、购销平衡、价值平衡等。经营计划综合平衡包括企业内部平衡和企业与外部的平衡两方面。一是种子企业内部的各层次之间、各部门之间、生产资源供需之间的协调和平衡，即种子生产经营任务与各生产要素之间的平衡。它包括种子生产经营任务与劳力、机器、畜力的平衡，与水、土等自然资源的平衡，与种子、肥料以及原材料的平衡，与资金来源的平衡等。实现上述的平衡，其目的是使完成各项种子生产经营任务的人力、物力、财力等得到保证。二是企业与外部的协调平衡，即产、供、销之间的平衡，包括各种原材料供应与需要之间的平衡及种子的生产量与销售量之间的平衡等，以便沟通供产销渠道，合理组织原材料的采购、储存、供应和种子的销售。

综合平衡法一般采用平衡表法。平衡表反映资源需要与来源之间的数量关系以及各个生产部门、各个项目之间的比例关系。平衡表的内容一般由需要量、供应量和余缺三部分组成。根据三部分相互之间的制约关系，进行比较、试算和调整，实现基本平衡。编制平衡表时，首先根据所掌握的资料进行初算，通过初算发现矛盾，再按照生产经营活动的客观要求，采取相应的平衡措施，积极地促进需要量和供应量之间达到平衡。需要量大于供应量，说明资源条件不能满足生产任务的要求，应挖掘资源潜力，增加采购量和节约消耗量；供应量大于需要量，说明资源条件有剩余，应充分运用各种资源，扩大销售，增加收益。可见，采取平衡措施，既要解决不足，又要安排剩余，兼顾双方。

2. 滚动计划法

滚动计划法就是按照近细远粗的原则制定一定时期内的计划，然后根据计划的执行情况和条件的变化，调整和修订未来的计划，并逐步向前移动。它是一种把近期计划和长远计划结合起来的方法。其程序是：①通过调查和预测，掌握各种有关情况，然后按照近细远粗的原则，制订一定时期的计划；②在一个计划期终了时，摸清计划的执行结果，找出差距，了解其存在的问题；③分析企业内外部条件的变化，对原计划进行必要的调整和修订；④按照原则将计划期向前滚动一个计划期，再制订出下一个时期的计划。

四、种子经营计划的执行和控制

编制种子经营计划的目的是为了把计划蓝图变为现实。下面是种子经营计划执行的过程。

（1）分解和落实计划指标，把计划指标分解为若干具体标准，这些标准既能测定生产经营活动是否按计划进行，又能反映活动的具体效果。

（2）通过统计和会计把计划执行结果与计划目标比较，如发生偏离，及时采取措施纠正。

（3）做好计划的补充和修订工作，使计划在经营管理职能中起到主导作用。

在种子经营计划执行过程中，一方面要随时检查计划的执行情况，另一方面要对计划的执行情况进行控制。所谓控制，就是在计划执行过程中对各个环节的计划执行情况进行经常的测定、记载和分析，及时发现问题和差距，并采取相应的调节措施。种子企业在生产经营活动中，由于自然条件、市场状况和国家方针政策的变化，往往会发生计划执行情况与计划目标之间有一定差距的情况。较小的差距，采用调节方法；较大的差距，需要对计划进行修改和调整。计划控制的任务，一是在正常条件下，监督计划任务全面、均衡、及时地完成；二是在情况发生变化时，及时采取有效措施，修改和调整计划，最终目的是保证计划目标的实现。经营计划的执行过程，也是监督、检查、控制计划的过程。一个计划期终了，要进行总结，为下期计划提供经验教训，以逐步提高种子企业计划管理工作的水平，促进种子企业经营效益的提高。

参 考 文 献

[1] 王连成. 工程系统论[M]. 北京：中国宇航出版社，2002.

[2] 杜鸣銮. 种子生产原理和方法[M]. 北京：中国农业出版社，1993.

[3] 毕辛华，戴心维. 种子学[M]. 北京：中国农业出版社，1993.

[4] 朱文祥. 作物育种及良种繁育学[M]. 成都：成都科技大学出版社，1993.

[5] 中国农学会，中国农业部农业司，中国种子集团公司. 种子工程与农业发展[M]. 北京：中国农业出版社，1997.

[6] 李艳军. 基于商品特性的营销策略[J]. 商业时代，2005（17）.

[7] 王子文，邵长勇，孔繁涛，等. "4P"与"4C"理论在种子营销实践上的应用初探[J]. 中国种业，2010（3）.

[8] 青志新. 运用市场营销观念促进种子企业发展[J]. 中国种业，2003（8）.

[9] 王瑞霞. 谈种子企业的服务营销[J]. 中国种业，2009（7）.